Windows Server 2003

技術手冊 系統管理篇

蔡一郎・許雅惠 著

序

Windows Server作業系統是目前網路上常用來建置伺服器服務的選擇，而Microsoft所推出的新一代伺服器作業系統Windows Server 2003，能夠提供更完善的功能，本書對於各種伺服器的建置都詳細的進行介紹，以提供正確而且實用的建置技術，足可因應實際建置上的需求，Windows Server 2003歷經多次的改版，目前已經是一套相當完整的作業系統，能夠與目前的網路環境緊密的結合，能夠建置出符合企業內部需求的系統環境。

全書分成「系統管理篇」以及「伺服器建置篇」兩部份，在本書中主要著重在系統管理內容的介紹，針對各種伺服器系統的管理技術進行深入的介紹，包括了系統管理以及各種環境的設定與調校，針對目前企業內部所需要的作業環境、系統服務，都能夠符合實際的需求，包括了檔案與列印服務、叢集系統的建置、AD的規劃與建置、WINS伺服器、VPN伺服器、遠端存取伺服器等，這些在目前的企業網路環境中，都是相當好用的資源，能夠提供系統服務的品質，也可以增加資訊處理的效能。

建置一個智慧型的系統環境，透過網路環境的整合，能夠提供資訊化的服務，對於技術人員而言，可以節省人力與時間的花費，全書分成了「基礎篇」、「系統設定篇」、「系統服務篇」，循序漸進的針對Windows Server 2003所提供的功能進行深入的介紹，內容涵蓋了各種層面的系統管理與系統服務。

最後，這是筆者第一次採用BOD的方式發行著作，感謝秀威資訊提供所需要的協助。

蔡一郎・許雅惠

yilang@mail.index.idv.tw

sunny@mail.index.idv.tw

目次

基礎篇

系統設定篇

系統設定篇

Chapter 7 遠端存取與VPN伺服器

網路管理篇

Chapter 8 網路管理

Chapter 9 網路認證與加密技術

系統管理進階篇

Chapter 10 系統管理技術

Chapter 11 磁碟與檔案管理

基礎篇

Chapter 1

Windows Server 2003 新世紀

1-1 認識Windows Server 2003家族

Windows Server 2003是微軟最新一代的作業系統，對於全功能的伺服器而言，提供了更完整的支援，Windows Server 2003延續Windows 2000 Server的優點，具有高度的可靠性與完善的使用者操作界面，以提供系統管理人員在最短的時間內，完成環境的建置，同時可以兼顧安全與效能的提昇，以可用性、擴充性以及安全性為核心主軸，透過整合的平台，來提供各種完善的服務。

隨著時代的演進，除了繼承以往Windows 2000的管理觀念外，更導入最新的管理方式，尤其是增強Active Directory目錄服務的功能，配合目前以DNS服務為基礎的網路架構，更可以有效的整合網路中的資源，Windows雖然不是目前唯一能夠提供服務的伺服器平台，不過卻是圖形化界面做得最好的平台，透過圖形化的設定，可以大幅節省使用者所花費在管理上的時間，能夠空出更多的時間，來思考管理的機制，以系統管理的角度而言這是較有效率且較重要的，因為再好的管理工具，還是得有效的運用，才能夠發揮預期的效用，而Windows所提供的圖形化管理平台，就能夠提供使用者較佳的操作界面，而不需要花費過多的時間在系統的設定上，而可以將心思著重在制度的建置上。

Windows Server 2003

Windows Server 2003提供了各種管理的工具，可以讓使用者針對系統的服務以及功能進行設定與維護的工作，比起其它的作業系統而言，Windows在使用者界面的設計上，仍然略勝一籌，同一台電腦主機，會因為所啟用的服務不同，而扮演著各種不同的角色，例如：檔案伺服器、郵件伺服器、DNS伺服器等，如果這些不同的網路服務，無法採用統一的管理界面，這對於使用者而言，將會是相當麻煩的一件事，在新版的Windows Server 2003中，提供了伺服器角色的管理，可以透過簡單的設定，就能夠讓伺服器扮演不同的角包，來提供各種不同的網路服務。

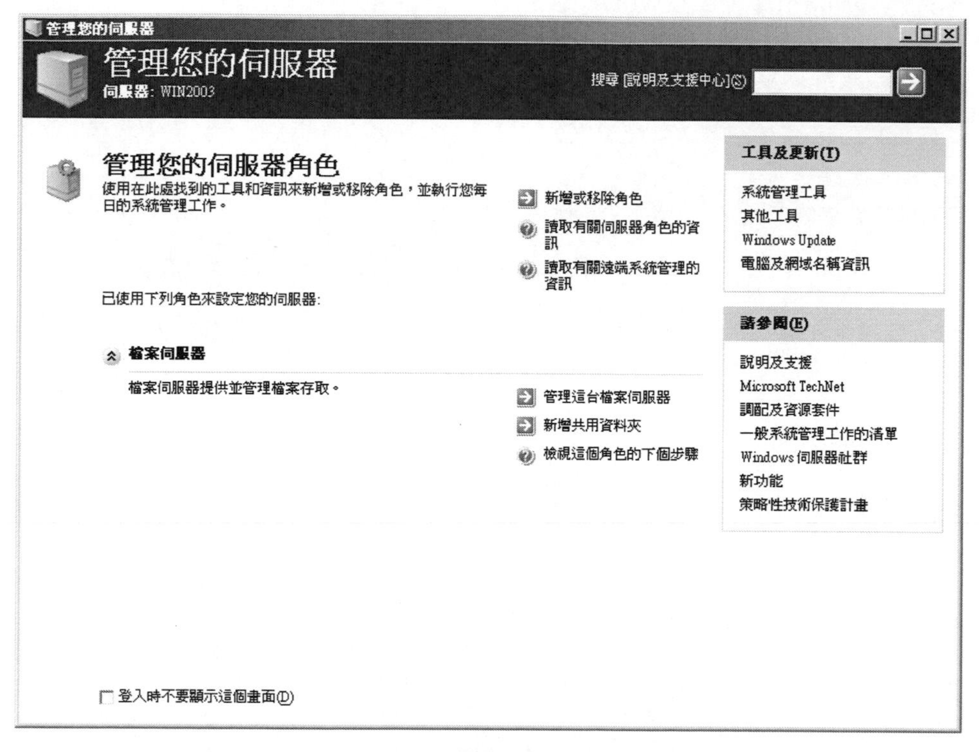

伺服器的管理

Windows Server 2003各個版本的比較

這次Windows Server 2003針對不同的需求，發行了四個不同的版本，以下是微軟所提供的資料，對於這四個版本之間的差異性，做個詳細的比較，因此對於使用者而言，可以輕易的根據自已本身的需求，來選擇合適的版本即可，針對這些功能的介紹，將會在下一節進行詳細的說明。

功能	標準版	企業版	Datacenter Edition	Web Edition
硬體規格				
IntelR Itanium? 電腦 64 位元支援	○	●	●	○
免關機增加記憶體	○	●	●	○
非統一記憶體存取(NUMA)	○	●	●	○
資料中心計劃	○	○	●	○
支援2 GB的隨機記憶體存取	○	○	○	●
支援4 GB的隨機記憶體存取	●	○	○	○
支援32 GB的隨機記憶體存取	○	●	○	○
支援64 GB的隨機記憶體存取	○	◖	●	○
支援512 GB的隨機記憶體存取	○	○	◖	○
支援2顆對稱多處理器	○	○	○	●
支援4顆對稱多處理器	●	○	○	○
支援8顆對稱多處理器	○	●	○	○
支援32顆對稱多處理器	○	○	●	○
支援64顆對稱多處理器	○	○	●	○
目錄服務				
Active Directory	●	●	●	◖
支援中繼目錄服務(MMS)	○	●	●	○
安全性設定服務				
網際網路連線防火牆	●	●	○	○
公開金鑰基礎結構、憑證服務及智慧卡	◖	●	●	◖
終端機服務				
遠端桌面管理	●	●	●	●
終端機伺服器	●	●	●	○
終端機伺服器工作階段目錄	○	●	●	○
叢集技術				
網路負載平衡	●	●	●	●
叢集服務	○	●	●	○
通訊及網路服務				
支援虛擬私人網路 (VPN)	●	●	●	◖
網際網路驗證服務 (IAS)	●	●	●	○
網路橋接器	●	●	●	○
網際網路連線共用 (ICS)	●	●	○	○
IPv6	●	●	●	●
檔案及列印服務				
分散式檔案系統 (DFS)	●	●	●	●
加密檔案系統 (EFS)	●	●	●	●
陰影複製還原	●	●	●	●

卸除式及遠端存放裝置	●	●	●	○
傳真服務	●	●	●	○
Macintosh 服務	●	●	●	○
管理服務				
IntelliMirror	●	●	●	◖
群組原則結果	●	●	●	◖
Windows Management Instrumentation (WMI)命令列	●	●	●	●
遠端 OS 安裝	●	●	●	●
遠端安裝服務 (RIS)	●	●	●	○
Windows系統資源管理員(WSRM)	○	●	●	○
.NET 應用程式服務				
.NET Framework	●	●	●	●
Internet Information Services (IIS) 6.0	●	●	●	●
ASP.NET	●	●	●	●
企業UDDI服務	●	●	●	○
多媒體服務				
Windows Media? Services	●	●	●	○

說明：●支援此項功能 ◖部份支援 ○不支援此項功能

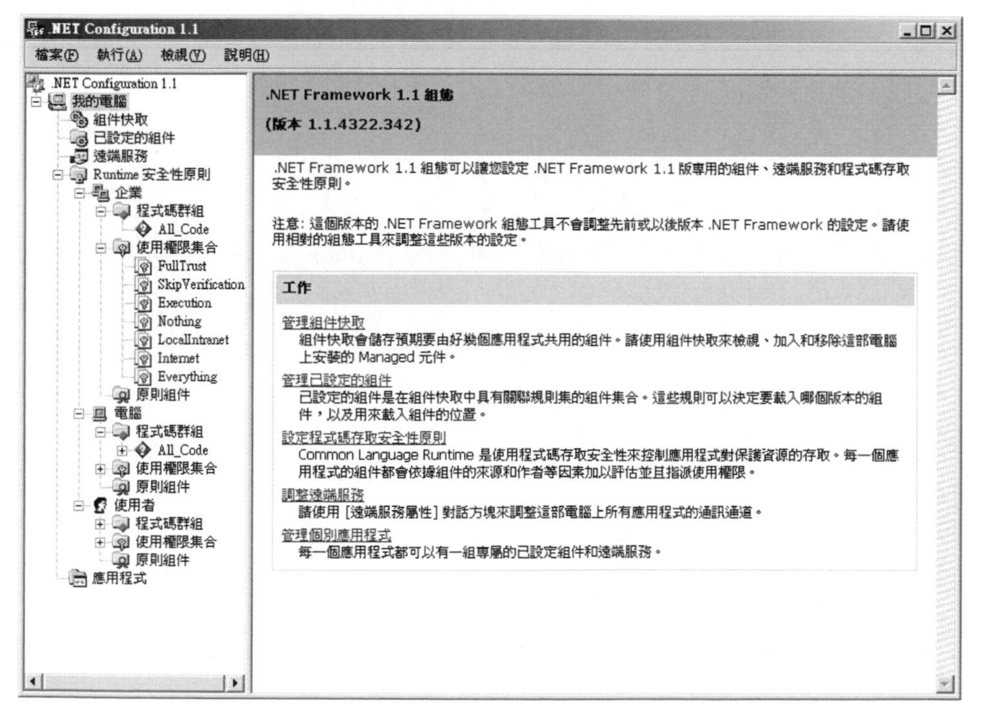

與Framework的整合

第一次接觸Windows Server 2003的使用者，對於關機時還要輸入相關的原因或是註解，都會感到相當的困惑，這是以前Windows Server所沒有的設計，不過由系統管理的角度來看，只要據實的輸入關機的原因，對於日後系統的維護而言，將會是相當有用的資訊，因為在正常的情況下，提供服務的伺服器應該是24小時運作，不應該無緣無故的關機維護，因此透過關機時所留下的記錄，未來就可以提供維護的人員一份有用的參考資料，瞭解系統的運作情況，以及關機維修的紀錄，如果系統經常發生問題，必須關機維修而且過於頻繁時，就必須特別留意了。

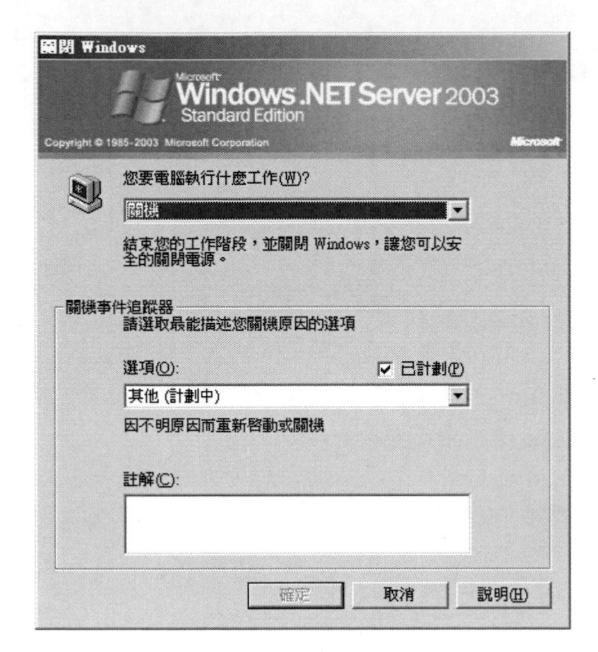

關閉Windows的管理

整體而言，Windows Server 2003除了朝向更人性化以及更具親和力的使用者導向的方式設計外，也針對系統的穩定與多樣化的網路服務做了改善，不論是初次接觸到Windows Server 2003的使用者，或是以往Windows 2000 Server的使用者，都可以感受到新版本所帶來的便利性，配合強大的功能，在目前網路的時代中，可以適用於不同規模的網路環境，提供給個人、工作室、中小企業、跨國企業符合實際需求的系統平台，本書將深入的針對Windows Server 2003主要的功能進行介紹，並配合系統管理的精神，提供全方位的資訊與技術，以建置一個完善的系統環境。

1-2 新功能與特色

Windows Server 2003提供了比以往更完整的功能，除了具有原先版本的特色外，針對以往版本在使用上的問題做了調整，以提供使用者更完整的系統環境，能夠完

成想要處理的工作，簡化功能的設定，以節省進行系統調校時所花費的時間，這些新的功能有些是延續舊版本的功能，根據以往使用上的缺點做了改進，有些是新增加的功能，而這些功能都建構出更完整的系統環境，能夠符合各種用途的需求，在這一節中將先針對幾項新功能以及上一節所提供的主要功能進行介紹，先讓大家在深入Windows Server 2003之前，能夠瞭解所提供的功能以及新版本所具有的特色。

Windows Server 2003新功能

Windows Server 2003針對Windows Server 2000做了一些功能上的增強，在原有的架構中，提供了更具有擴充性以及完整性的功能，以符合現有網路環境的需求，以下針對一些增強的功能，做了簡單的介紹與說明。

新功能概觀	說明
Active Directory	Active Directory服務可以整合以Windows為基礎的環境，建立可配合實際網路架構，提供管理模式與建立個別實體與整體環境之間的關係，以做為Windows伺服器作業系統的集中儲存區，能夠快速的整合所有資源，並且提供管理的方法。
應用程式服務	在Windows Server 2003中的先進功能提供了應用程式開發優勢，可以產生較低的總體擁有成本（TCO）和更佳的效能。
叢集技術	在Windows Server 2003中，叢集技術在可用性、延展性及管理能力等方面提供了很大的改善，安裝作業更為容易及穩固；而增強的網路功能，則提供了更多容錯的能力及更高的系統運作時限。
檔案和列印服務	Windows Server 2003提供了改善的檔案及列印功能，使組織單位得以降低整體的總體擁有成本，而且對於整個網域或是群組環境而言，能夠提供完整的檔案與列印資源服務。
Internet Information Services 6.0	在Internet Information Services（IIS）6.0中，重新檢討了整個Windows伺服器作業系統中的IIS架構，針對企業客戶、網際網路服務供應商（ISP）和獨立軟體開發商（ISV），開發出符合實際需求的環境。
管理服務	在管理方面更容易部署、配置及使用的Windows Server 2003，可以提供集中以及自訂的管理服務，能夠降低總體擁有成本。
網路及通訊	在Windows Server 2003中有關網路管理功能方面的改善及新功能，擴充了網路基礎設施的多用性、管理能力及可信度，這些都是從既有的基礎進行延伸的。
安全性	Windows Server 2003為能夠適用商業環境中的安全平台，讓組織單位可以善用既有IT投資的優點，並且將這些優點擴展到合作夥伴、客戶及供應商身上，而同時又能夠兼顧在到安全性。
存放管理	Windows Server 2003針對儲存管理方面，提出了新的加強功能，使得硬碟及儲存區的管理及維護、資料的備份及回復以及連接到SAN設備等動作，變得更容易、更可信賴。
終端機伺服器	Windows Server 2003的終端機服務元件，為組織單位提供更可信、更具延展能力、更好管理的伺服器運算平台，能夠讓應用程式部署有了新的選擇，在較低頻寬的環境中，能夠提供更有效率的存取資料。

Windows Media 服務	Windows Media Services 是Windows Media 技術的伺服器元件，用以在企業內部網路及網際網路中散佈數位媒體內容。Windows Media Services 為影音資料流的散佈作業，提供了更具可信度、延展性、管理能力及經濟的解決方案。
企業 UDDI 服務	企業UDDI（Universal Description, Discovery, and Integration）服務，讓找尋、共用及重複使用XML Web Services以及其他可程式化的資源，變得更為容易。

主要功能

針對Windows Server 2003的幾項主要的功能，以下提供相關的說明，在實際運作Windows Server 2003當做企業網路伺服器之前，先對於這些功能有初步的認識，再配合後續章節，針對各項不同的功能所進行的介紹，能夠提供最完整的系統與網路伺服器管理的資料。

延展性	
支援Intel Itanium 64位元電腦	對於64位元處理器的支援，可藉由提供大量的虛擬位址空間和分頁集區，以提供處理大量的使用者和與提昇連線的能力，透過可預測的錯誤檢查和錯誤通知所增加的硬體可靠性，能夠提供比32位元的檔案伺服器更高的延展性。
免關機增加記憶體	免關機增加記憶體允許在電腦上加入一定範圍的記憶體，並讓作業系統和應用程式可以依正常記憶體集區般使用它們，整個程序並不需要重新啟動電腦，因此不會造成系統的停機，不過這項功能必須配合硬體的支援，才能夠提供這樣的服務，在伺服器運作時，就直接進行增加記憶體的程序，但是目前大多數的伺服器並不支援這樣的硬體環境，因此目前大多數的伺服器，都必須先進行關機，然後才能夠進行增加記憶體的處理，不過Windows Server 2003系列的64位元版本並不提供這項功能。
非統一記憶體存取 (NUMA)	隨著處理器的時脈持續增加，對處理器匯流排架構施予了些許壓力，於是藉由實作多個處理器匯流排來解決擴充的問題，這會造成一種由一些處理器和記憶體的較小子系統組成的架構。在其他節點中，處理器存取記憶體的時間會比存取同一節點中的記憶體要來得久。對其他節點較長的存取時間，會造成軟體效能的降低，因此作業系統藉由將來自相同處理序的執行緒，排程至相同節點中的處理器，並在處理器做出請求時，將所有的記憶體請求分派到相同節點，以改善效能降低的問題。
資料中心計劃	「資料中心計劃」乃是由Microsoft和一些合格的伺服器廠商所推動的，以原始裝備製造商（OEM）而言，所執行的就是提供客戶一個整合的硬體、軟體和服務內容，結合這三方面以建立整體的環境。
最大隨機存取記憶體支援量	
支援2GB的隨機存取記憶體	隨機存取記憶體（RAM）有助於系統延展性和效能的改善。對伺服器加入越多超過最低系統需求的 RAM，應用程式就有越多的記憶體可以使用。Windows Server 2003 Web版是專為建立及主控網頁應用程式、網頁和 XML Web Service 所設計，它可支援最高至 2 GB RAM 的新系統。
支援 4 GB 的隨機存取記憶體	Windows Server 2003標準版是為小型組織和部門使用所設計，它可支援最高至 4 GB RAM 的新系統。

支援 32 GB 的隨機存取記憶體	Windows Server 2003企業版是為高負荷的企業應用程式所設計，能夠支援最高至32 GB RAM的系統。
支援 64 GB 的隨機存取記憶體	Windows Server 2003 Datacenter Edition是為任務型應用程式所設計，它可在以x86為基礎的電腦上支援最高至64 GB的RAM，不過64位元版本的Windows Server 2003企業版則一樣可以支援最高至64 GB RAM的系統。
支援 512 GB 的隨機存取記憶體	64位元版本的Windows Server 2003 Datacenter Edition最高可支援至512 GB RAM的系統。
最大對稱多重處理器 (SMP) 支援量	
支援兩顆對稱多重處理器	Windows Server 2003系列支援依循對稱多重處理器（SMP）標準的單一或多重的中央處理器（CPU），而使用SMP的架構，可以讓作業系統在任何可用的處理器上執行執行緒，讓應用程式在需要額外的處理器來增加系統性能時，能夠使用多重處理器來完成所需要的工作，新功能包括了SMP的鎖定效能、改善的登錄效能以及增加的終端機伺服器工作階段。Windows Server 2003 Web版是專為建立及主控網頁應用程式、網頁和XML Web Service所設計，能夠支援最高至2顆對稱多重處理器的系統。
支援 4 顆對稱多重處理器	Windows Server 2003標準版是為小型組織和部門使用所設計，它可支援最高至4顆對稱多重處理器的系統。
支援 8 顆對稱多重處理器	Windows Server 2003企業版是為高負荷的企業應用程式所設計，它可支援最高至8顆對稱多重處理器的系統，而64位元版本也能夠支援。
支援 32 顆對稱多重處理器	Windows Server 2003 Datacenter Edition是為任務型應用程式所設計，它可支援8至32顆對稱多重處理器的系統，而64位元版本也能夠支援。
支援 64 顆對稱多重處理器	Windows Server 2003 Datacenter Edition是為任務型應用程式所設計，它可支援最高至64顆對稱多重處理器的系統，僅Windows Server 2003 Datacenter Edition的64位元版本提供超過32顆處理器的支援，另外Microsoft也為Datacenter Edition提供了一個128顆的SKU，因此Windows可以在擁有128顆處理器的機器上執行，不過所支援的最大分割區僅達64顆處理器。
目錄服務	
Active Directory	Active Directory是Windows Server 2003標準版、企業版和Datacenter Edition的目錄服務，提供儲存網路上實體的資訊，並讓系統管理員及使用者更容易尋找及使用這些資訊，Active Directory服務使用結構式的資料儲存，做為邏輯性、階層式的目錄資訊組織狀況的基礎。
中繼目錄服務 (MMS) 支援	「Microsoft中繼目錄服務」（Microsoft Metadirectory Services，MMS）是一項集中式的服務，它儲存並整合來自一組織中多個目錄的識別資訊。中繼目錄的目標，在於提供組織一個關於所有已知的使用者、應用程式和網路資源識別資訊統一的檢視。中繼目錄解決了組織因為將資訊儲存在多重的、分散的資訊存放位置，所衍生的重要商業問題。
安全性服務	
網際網路連線防火牆	網際網路連線防火牆（ICF）以防火牆的型式，提供了網際網路的安全性。ICF是設計供家庭及小型商業使用，它為直接連線至網際網路的電腦提供了基本的保護，這項功能可應用於區域網路（LAN）或撥號網路、虛擬私人網路（VPN）和乙太網路上點對點通訊協定（PPoE）連線方式，能夠阻止由外部來源對連接埠和資源（像是檔案和印表機共用區）進行掃描，Windows Server 2003系列的64位元版本並不提供這項功能。

公開金鑰基礎結構、驗證服務和智慧卡	使用「驗證服務」和驗證管理工具，可以讓使用者部署自己的公開金鑰基礎結構（PKI）。例如智慧卡登入功能、透過「安全通訊端層」（SSL）和「傳輸層安全性」（TLS）的用戶端驗證、安全的電子郵件、數位簽章和使用「網際網路通訊協定安全性」（IPSec）的安全連線能力。
終端機服務	
系統管理員遠端桌面	使用系統管理員遠端桌面，使用者可以從您網路上的任何電腦對一台電腦進行系統管理，這對於系統管理員而言是相當方便的，而「系統管理員遠端桌面」是根據「終端機服務」所採用的技術，專為伺服器的管理所設計的。
終端機伺服器	「終端機伺服器」可以讓使用者將以Windows為基礎的應用程式或是Windows桌面本身，傳送到任何電腦裝置上—包括無法執行Windows的裝置。例如：一位使用者可以從無法在本機上執行軟體的硬體，存取虛擬的Windows XP Professional桌面和以x86為基礎的Windows應用程式。「終端機伺服器」對Windows和非Windows的用戶端裝置皆可提供此能力。當一位使用者在「終端機伺服器」上執行應用程式時，所有應用程式的執行過程均發生在伺服器上，網路上所流通僅有鍵盤、滑鼠和顯示器的資訊。
終端機伺服器工作階段目錄	「終端機伺服器工作階段目錄」是一項可讓使用者在負載平衡的「終端機伺服器」伺服陣列中，輕易將斷線的工作階段重新連線的功能。「工作階段目錄」與Windows Server 2003負載平衡服務相容，並受到協力廠商外部負載平衡器產品的支援。
叢集技術	
網路負載平衡	之前稱為Windows NT負載平衡服務（WLBS），「網路負載平衡」可將多台伺服器之間傳入的TCP/IP資料流加以分配。網頁伺服器應用程式可以透過叢集的技術，可以處理更多的資料流、提供更高的可用性，但卻擁有更快的回應時間。
叢集服務	叢集是一組獨立電腦所共同組成的，以同時進行的方式，完成同一件工作，透過叢集服務的建立，可以提供高度的可用性，不過如果叢集中的某一節點發生錯誤，應用程式的錯誤可能會延續到下一個節點。
通訊及網路服務	
虛擬私人網路 (VPN) 支援	虛擬私人網路（VPN）是目前常見的一種技術，在企業網路環境中經常可以看到，能夠為使用者提供對於內部網路的存取，VPN連線可跨越網際網路，建立一個安全的通道，通向私人網路。Windows Server 2003系列中具有兩種類型的VPN 技術：點對點通道通訊協定（PPTP），它運用了使用者層級的「點對點通訊協定」（PPP）驗證方法，以及「Microsoft點對點加密」（MPEE）進行資料加密，另一種類型是採用含有「網際網路通訊協定安全性」（IPSec）的「第二層通道通訊協定」（L2TP），這運用了使用者層級的PPP驗證方法和含有IPSec的機器等級驗證，以進行資料加密。在Windows Server 2003 Web版和標準版上，最多可以建立100個PPTP連接埠，以及最多100個的L2TP連接埠，但是Windows Server 2003 Web版一次只能接受一個VPN連線，而Windows Server 2003標準版經由連接埠，最多可以接受1000個的VPN同時連線，當達到VPN用戶端連線數目的上限時，接下來的連線嘗試都會被拒絕。

網際網路驗證服務 (IAS)	網際網路驗證服務（IAS）的Proxy元件，具有支援將連線請求的驗證和授權加以分離的能力。IAS Proxy 可以將使用者驗證轉送至外部的「遠端驗證撥號使用者服務」（RADIUS）伺服器，以進行驗證，並使用在Active Directory網域中的使用者帳戶及本機所設定的遠端存取原則，進行它自己的授權。有了這項功能，您可以利用其他可用的使用者驗證資料庫，但是透過本機的系統管理來決定連線的授權和限制。在Windows Server 2003 標準版中，最多可以為IAS設定50組RADIUS網路存取伺服器，以及最多為兩組的遠端RADIUS伺服器群組，和無限制的使用者。
網路橋接器	「網路橋接器」提供一個簡易的方法連接不同的區域網路（LAN）片段，可以讓使用者在他們網路上的不同電腦和裝置之間，架起連線關係，即使他們是透過不同方法連接上網路亦然。
網際網路連線共用 (ICS)	使用「網路連線」的「網際網路連線共用」（ICS）功能，可以將家庭網路或小型辦公室網路與網際網路連接。例如：您可能有一個透過撥號連線連接至網際網路的網路環境，藉由啟動撥號連線的電腦上的ICS，就能夠為網路上的所有電腦提供「網路位址轉譯」（NAT）、定址和名稱解析服務。
IPv6	IPv6是一套網際網路標準通訊協定，這將有可能會成為下一代網際網路在網路層通訊協定上的標準，而IPv6主要是設計來解決位址耗盡、安全性、自動設定、延伸性和等方面的問題。
檔案及列印服務	
分散式檔案系統	Windows Server 2003企業版和Datacenter Edition藉由啟用單一伺服器上的多重DFS根目錄，改進了「分散式檔案系統」（DFS）。可以使用此功能來主控單一伺服器上的多重DFS根目錄，降低管理多重命名空間和多重複製命名空間的系統管理和硬體成本，使用Active Directory目錄，DFS共用可以發佈為大量實體，並進行系統管理的代理系統。
加密檔案系統 (EFS)	「加密檔案系統」（EFS）可補充其他存取控制項，並為重要的資料提供一個額外的保護層級。EFS在所有的磁碟，包括叢集磁碟上以一個整合系統的服務形式執行，讓它更容易管理、更不易攻擊。
陰影複製還原	「陰影複製還原」（之前的版本）提供了網路資料夾的時間點複本，使用者可以在檔案或資料夾上按一下右鍵，透過Windows檔案總管輕易存取他們檔案之前的版本。
卸除式和遠端儲存裝置	「遠端儲存裝置」使用您所指定的準則，自動將較少使用的檔案複製到卸除式媒體上。如果硬碟空間下降到指定的層級之下，「遠端儲存裝置」會移除磁碟上的（快取）檔案內容。如果稍後需要這些檔案，其內容可以自動由儲存裝置中回復。「卸除式儲存裝置」可以輕易追蹤卸除式儲存裝置媒體，並輕易管理包含它們的硬體，因為卸除式光碟和磁帶的每百萬位元組（MB）成本較硬碟便宜許多，因此「卸除式儲存裝置」和「遠端儲存裝置」可以降低您的成本。Windows Server 2003標準版和Web版並未提供「遠端儲存裝置」的功能。
傳真服務	「傳真服務」可以讓使用者使用數據機或傳真機界面卡來接收與發送傳真，可以從任何應用程式列印為傳真、發送封面頁，並追蹤及監視傳真動態，新的精靈將設定及發送傳真更容易設定與使用。

Services for Macintosh	Services for Macintosh為Macintosh 使用者提供服務，存取儲存在執行Windows Server 2003電腦上的檔案，檔案伺服器可以經由TCP/IP網路和AppleTalk網路加以存取，「列印」服務可以讓 Macintosh 用戶端經由AppleTalk通訊協定，列印至Windows NT或以Windows 2000為基礎的列印共用區。除了列印伺服器之外，還有一個300 dpi的PostScript RIP引擎，可以將由Macintosh所產生的PostScript列印工作，傳至像是噴墨印表機等非PostScript印表機。
管理服務	
IntelliMirror	為了協助降低成本，系統管理員需要對可攜式和桌上型系統擁有高層級的控制能力。IntelliMirror 對於執行Windows 2000 Professional或Windows XP Professional的用戶端系統，正提供了這樣的控制能力。可以使用IntelliMirror，根據商業角色、群組成員和位置定義原則，因此不論使用者登入的位置，都可以直接提供相關的環境，以符合該使用者的需求。
群組原則結果	「群組原則結果」可以讓系統管理員看到「群組原則」在目標使用者或電腦上的效果。「群組原則結果」包括在「群組原則管理主控台」內，它提供系統管理員一個強大及彈性的工具，來規劃、監控和疑難排解「群組原則」。
遠端 OS 安裝	「遠端 OS 安裝」使用「群組原則」、「遠端安裝服務」和Pre-Boot eXecution Environment（PXE）伺服器硬體，以一個Windows Server 2003為基礎環境的全新安裝，對伺服器重新進行映像處理。這項功能也可以用來重新對Windows 2000 and Windows XP桌上型電腦進行映像處理。系統管理員可以一起使用「遠端OS安裝」和IntelliMirror，簡化為其網路環境交換或加入新電腦的工作：「遠端OS安裝」可以直接在電腦硬體建立一個完全初始化、可運作的穩定映像。IntelliMirror可以儲存以原則為基礎的設定，供資料、設定和軟體使用。與IntelliMirror合併使用或單獨使用，「遠端OS安裝」都可為使用者增加在組織中管理電腦的效率，同時簡化在以Windows為基礎的伺服器和桌上型電腦上，維持公司標準環境的工作。
Windows Management Instrumentation (WMI) 命令列	Windows Management Instrumentation（WMI）提供對本機和遠端系統管理功能的統一存取，藉著加入對WMI的命令列存取，系統管理員可以直接存取這些管理功能，並依據這些資料建立查詢，能夠直接監視本機和遠端的Windows Server 2003和Windows XP系統，透過命令列檢視結果，或以XML格式經由內建或自訂的XSL輸出格式處理，讀取管理資料。
Windows系統資源管理員(WSRM)	WSRM提供資源管理，並能夠依據商務的優先性，在多個處理序之間進行包括處理器和記憶體資源的配置，系統管理員可以為執行應用程式的硬體資源，或允許消耗的使用者（通常是在「終端機伺服器」環境當中）設定目標。

.NET 應用程式服務	
.NET Framework	.NET Framework可以讓開發人員憑藉ASP.NET和其他技術的協助，建立的網頁應用程式，它也可以協助他們建立與現今所設計及開發相同類型的應用程式。.NET Framework 是語言中立的，幾乎任何程式設計語言都可用以開發，開發人員能夠以包括Visual C++、Visual Basic .NET、JScript 和Visual C#等多種語言，建立以.NET為基礎的應用程式及服務。.NET Framework已整合至Windows Server 2003系列當中，它是.NET的基礎結構，.NET Framework提供了一個完全管理的、受保護的和豐富功能應用程式執行環境、簡化的開發及部署工作，以及與多種不同的程式設計語言緊密地整合，Windows Server 2003系列的64位元版本並不提供這項功能。
Internet Information Services (IIS) 6.0	Internet Information Services（IIS）6.0是一個全功能的網頁伺服器，它為Windows Server 2003系列及現有以網頁為基礎的應用程式和 XML Web Service提供了基礎，配合專用的應用程式模式，它可以在隔離的環境中執行所有的應用程式程式碼，另外IIS 6.0也支援Web處理序區，電腦上一組相等的處理序會個別收到一份請求，通常會以單一處理序提供服務，以達到最佳的多處理器延展性。
ASP.NET	ASP.NET是以網頁為基礎的應用程式和XML Web Service的引擎。它為伺服器帶來快速的應用程式開發過程，ASP.NET網頁是.NET Framework中類別程式庫的一部份，它使用了一個已編譯、事件導向的程式設計模型，能夠改善效能，並將應用程式邏輯與使用者介面加以分離。
企業 UDDI 服務	「通用描述、探索與整合」（UDDI）是一項用來發佈和定位關於網路服務資訊的業界規格，Windows Server 2003系列中的部份產品包含了UDDI服務，以及一項提供UDDI功能，在企業內或跨組織間使用的網路服務。
多媒體服務	
Windows Media Services	Windows Media Services在公司內部網路和網際網路上提供串流音訊和視訊，在Windows Server 2003 Enterprise和Datacenter Edition，Windows Media Services可達到先進的串流功能，像是多點傳送、無線網路支援、網際網路驗證、伺服器外掛程式和快取應用程式開發介面（API），而Web Edition或64位元版本的Windows Server 2003家族並不包含Windows Media Services。

1-3 系統需求

以伺服器所需要的硬體需求而言，大多會著重在記憶體的多寡以及儲存容量的大小，至於中央處理器的速度，倒不是最重要的，不過因為目前硬體的發展，已經遠遠超過微軟所建議的基本需求，所以在系統需求的考量上，可以依據所使用的Windows Server 2003版本不同，以及所提供的服務不同，來決定使用的系統需求。

微軟針對各個版本所建議的系統基本需求如下：

需求	Web版	標準版	企業版	Datacenter版
可運作的CPU速度	133 MHz	133 MHz	x86型態：133 MHzl Itanium型態：733 MHz	x86型態：400 MHzl Itanium型態：733 MHz
建議的CPU速度	550 MHz	550 MHz	733 MHz	733 MHz
可運作的記憶體容量	128 MB	128 MB	128 MB	512 MB
建議的記憶體容量	256 MB	256 MB	256 MB	1 GB
安裝所需的磁碟空間	1.5 GB	1.5 GB	x86型態：1.5 GBl Itanium型態：2.0 GB	x86型態：1.5 GBl Itanium型態：2.0 GB

不過以目前市面上主流的電腦系統等級而言，都已經超越微軟所建議的系統需求，以系統管理的角度來看，伺服器主要以提供服務為主，當使用者增多時，需要較大容量的磁碟空間來儲存資料，當處理的資料量大時，也需要較高容量的記憶體可供系統運用，因此如果以規劃網路伺服器為主要的用途，在磁碟容量以及記憶體大小這兩方面要特別的留意，至於中央處理器的速度，以目前主流的處理速度而言都已經足夠了。

針對大型的企業，或是需要提供大量服務的環境，則需要考量到系統資源的負載，以及網路頻寬的大小，這些屬於硬體處理或是網路的瓶頸，都會影響到所提供的服務品質，因此面對這樣的環境時，必須仔細的評估整體的架構，以確定出能夠符合系統運作需求的環境，而不能夠單單考慮硬體的需求。

1-4 啟動與關閉Windows Server

Windows Server 2003配合使用者管理的機制，可以讓擁有登入帳號與密碼的使用者，可以直接使用Windows Server所提供的各項功能，不過針對各種不同的服務與功能，會受到使用者與所屬群組使用權限的限制，在啟動Windows時必須指定登入的使用者身份，配合密碼進行管制，因此每一位擁有帳號的使用者，必須做好確實保管的工作，在啟用Windows時以自己專屬的帳號登入，完成所需要處理的工作項目後，再進行登出的程序，這也是資訊安全的一環，確保系統主機的安全。

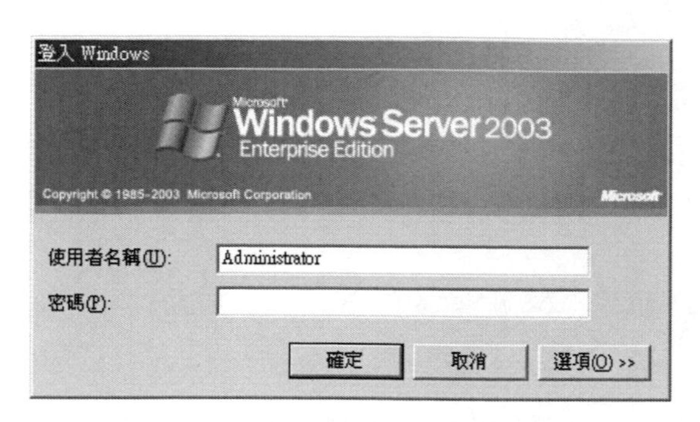

輸入帳號與密碼

對於一個提供網路服務以及架設各種網路伺服器的設備而言，能夠保持七天廿四小時（7×24）不中斷的服務是一件相當重要的事，因為每次重新啟動電腦或是關機進行維修，都會影響到使用這些服務的使用者，因此對於系統管理人員而言，確實掌握系統進行維護的時機，以及記錄每次關機或是重新啟動的原因，可以協助我們更瞭解系統每一次重置的情況。

關閉 Windows
Microsoft Windows Server 2003
Enterprise Edition
Copyright © 1985-2003 Microsoft Corporation
Microsoft
您要電腦執行什麼工作(W)?
關機
結束您的工作階段，並關閉 Windows，讓您可以安全的關閉電源。
關機事件追蹤器
請選取最能描述您關機原因的選項
選項(O):
已計劃(P)
應用程式: 安裝 (計劃中)
重新啟動或關機以執行應用程式安裝。
註解(C):
安裝軟體
確定
取消
說明(H)

輸入重新啟動或關機的原因

啟動與關閉Windows Server時，大多是發生在系統環境重新設定，或是進行硬體維護與變更時，這種情況對於不中斷服務的網路伺服器而言是相當嚴重的，因此面對必須關機進行維護的情況時，建議研擬支援的機制，如果需要停機的時間較長，則必須規劃代替的主機，以避免因為進行主機的維護而發生服務中斷的情況。

1-5 .Net與Windows Server 2003

Windows Server 2003系列含有.NET Framework，這是一種新的電腦運算平台，能夠簡化在網際網路分散式環境中開發應用程式的程序，而.NET Framework的設計，提供了一種物件導向的程式設計環境，以確保程式碼的執行安全無虞，並消除撰寫環境的效能問題，對於與.Net結合的開發環境而言，能夠提供一個相當好的平台。

關於.Net Framework的介紹

.NET Framework有兩個主要元件：公用語言執行時間以及.NET Framework類別庫，其中ASP.NET主控Runtime，以提供核心服務，例如記憶體管理、執行緒管理及遠端管理，同時加強了精確類型的安全性，以及其他形式之程式碼的正確性，而程式碼的管理是Runtime的基本原則，因此將Runtime設為目標的程式碼稱為受管理的程式碼，而沒有將Runtime設為目標的程式碼則稱為不受管理的程式碼，另外.NET Framework類別庫是一個含有廣泛、以物件導向且可重新使用的類型集合，開發人員可用來建立ASP.NET應用程式。

.NET Framework 預設會與 Windows Server 2003伺服器作業系統一起安裝，再配合應用程式伺服器的建置，就可以提供程式運作的環境，關於應用程式伺服器的安裝與設定，在後續的章節中將會深入的探討。

1-6 系統啟用

啟用安裝好的作業系統，可以確保本身權益以及獲得微軟所提供的各項服務，因此在完成系統的安裝後，在所指定的期限內，必須進行系統的啟動程序，才算是完成整個安裝的程序，而系統啟用也是微軟針對Windows OS以及相關的套裝軟體，目前所採用的檢核方式，不過在完成系統的啟用後，對於安裝系統的硬體環境而言，就不能夠大幅度的變更，否則必須再向微軟進行確認，才能夠重新進行系統的啟用程序。

在軟體安裝期間，「安裝精靈」提示會需要輸入產品金鑰，這組產品金鑰通常位於Windows CD-ROM片匣的背面，而產品金鑰是由25個英數字元所組成，五個為一組，因此我們必須將產品金鑰放在安全的位置，不可將這組產品金鑰與他人共用，而這個產品金鑰是安裝及使用Windows的基礎，在完成系統的安裝後，Windows將會建立產品識別碼，每個Windows的授權都有唯一的產品識別碼，產品識別碼有20個字元，在完成軟體的安裝後，就可以進行系統啟用的程序，建議直接透過網際網路進行啟用的程序，因此在進行啟用之前，必須先確定網路的連線沒有問題，透過網際網路連線啟用，則會自動傳送安裝識別碼，當我們決定透過網際網路啟用時，Windows會嘗試透過網際網路建立與Microsoft的連線。

啟用是完全匿名的，在整個啟用的過程中，並不會將個人的識別資訊傳送出去，而安裝識別碼將產品識別碼的關聯記錄到電腦上，並傳送回確認，此時產品金鑰現在可以用於在該電腦上不限次數安裝Windows，不過如果電腦的硬體設備經過變更時，而變更的幅度又超過限制時，或是要在不同電腦上使用同一組產品金鑰來安裝Windows時，此時就可能會發生無法安裝或是啟用的情況，然後就必須與客服人員聯絡，以取得解決的方法。

使用產品啟用精靈，可以依循畫面上的引導，輸入相關的資料，或是選擇適合的項目，就可以開始進行啟用的程序了，首先在這必須選擇是否要進行啟用Windows的程序，同時決定啟用的方式，在這提供了「網際網路」以及「電話」的方式來進行啟用的程序。

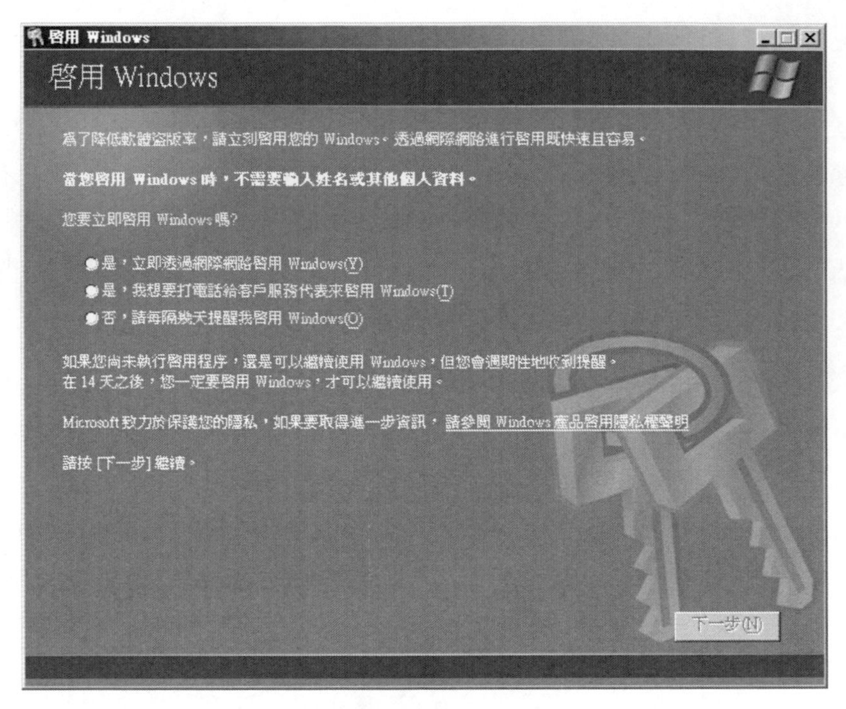

選擇啟用的方式

如果在啟用時也一併向微軟進行產品的註冊，則必須再提供個人的基本資料，因此是否要進行註冊的程序，則可以依個人的考量來選擇，如果不進行註冊的程序，就僅是單純的進行Windows的啟用。

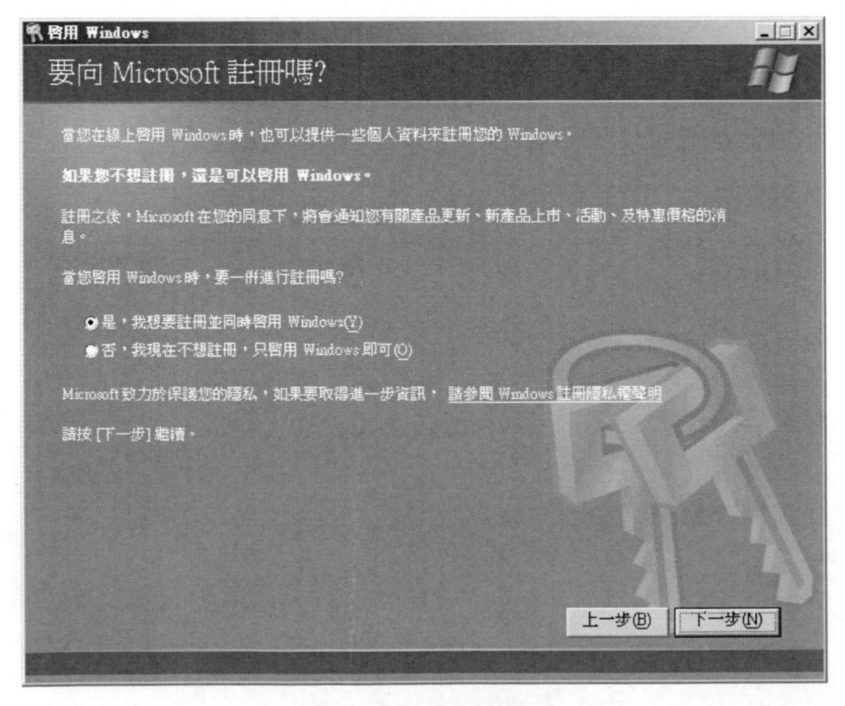

選擇是否進行註冊的程序

選擇了註冊的程序時，必須再提供一些個人的基本資料，但如：姓名、國家、城市、地址等，如果希望取得較新的產品資訊，則可以在這選擇收到相關的資料。

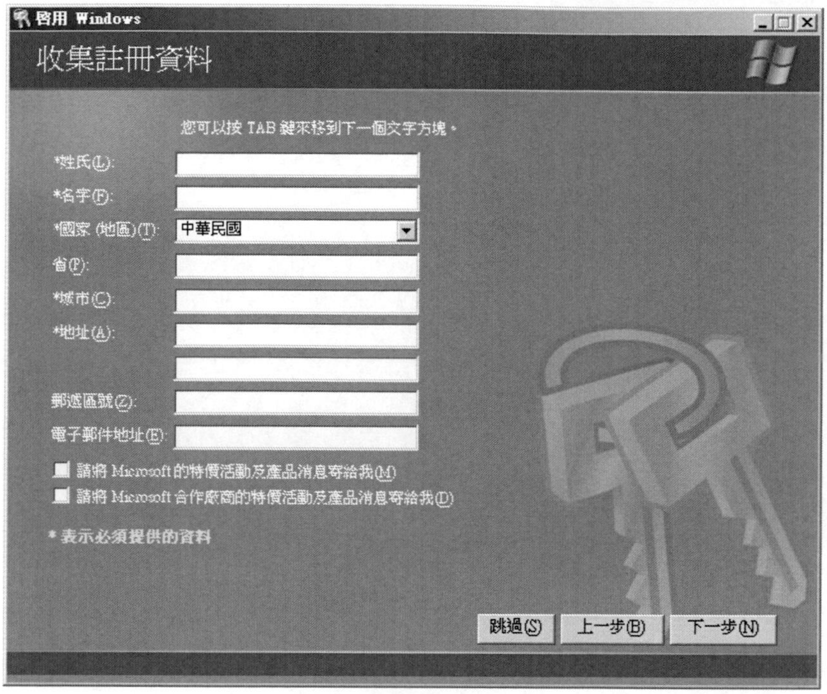

啟用 Windows

收集註冊資料

您可以按 TAB 鍵來移到下一個文字方塊。

*姓氏(L):

*名字(F):

*國家 (地區)(T): 中華民國

省(P):

*城市(C):

*地址(A):

郵遞區號(Z):

電子郵件地址(E):

請將 Microsoft 的特價活動及產品消息寄給我(M)

請將 Microsoft 合作廠商的特價活動及產品消息寄給我(D)

* 表示必須提供的資料

跳過(S) 上一步(B) 下一步(N)

填寫註冊的資料

因為目前所採用的啟用與註冊方式，是直接透過網際網路連線來完成的，因此在進行連線之前，必須先選擇是否使用Proxy代理伺服器的方式進行連線，這會因為所在的網路環境不同，所以必須選擇適合的項目，在部份的網路環境中，必須透過Proxy代理伺服器才能夠完成連線的程序，在這可以選擇是否「自動偵測」或是「直接指定」Proxy代理伺服器。

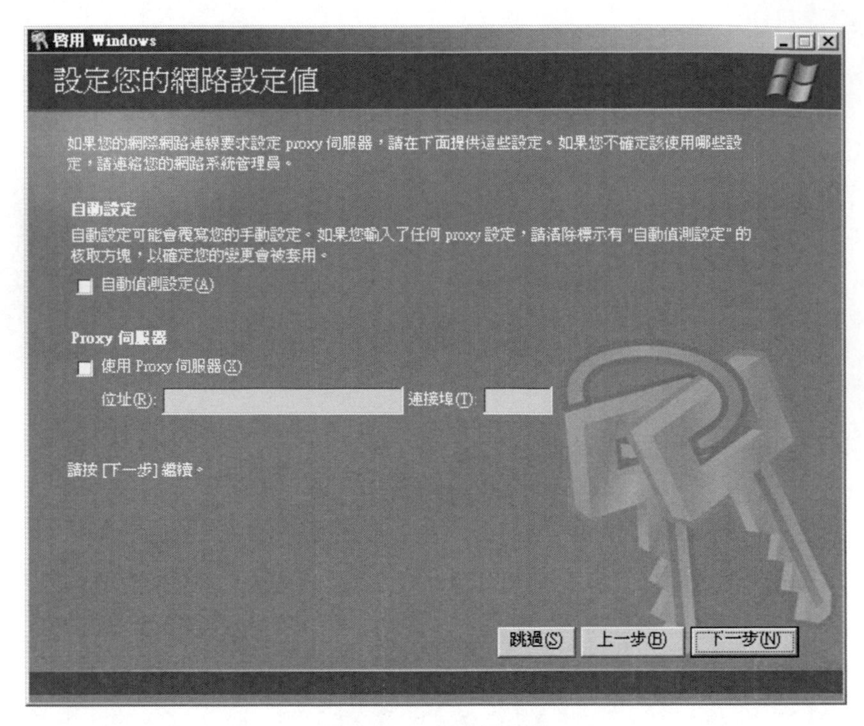

設定Proxy代理伺服器

如果在整個啟用的過程中有發生錯誤，例如：產品金鑰未經授權等問題時，則必須提供正確的資料後，才能夠進行啟用的程序。

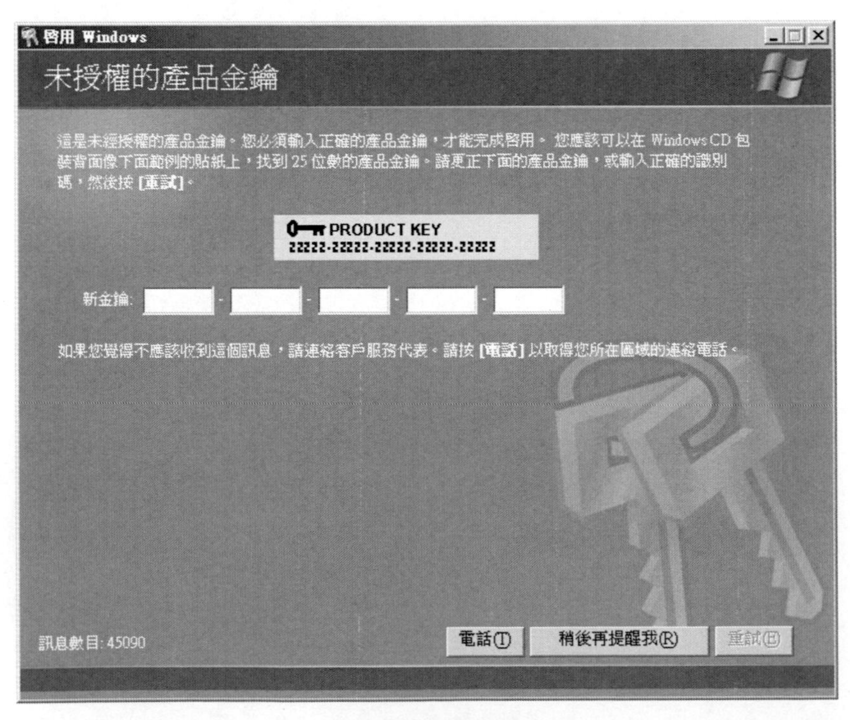

未授權的產品金鑰

完成相關的項目與選項的設定後，接著就可以進行連線以完成整個產品啟用以及註冊的程序了，整個啟用的過程是相當容易的，只需要配合畫面上的說明就可以完成，產品啟用主要是為了防制盜版，透過啟用的機制，可以保障合法使用者的權利，在完成安裝的程序後，必須在期眼內完成產品的啟用，以確保系統能夠正常的運作。

Memo

系統設定篇

Chapter 2

各種環境的設定

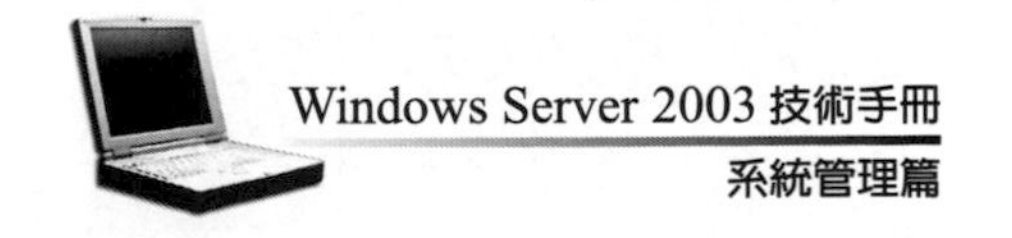

2-1 使用者介面

Windows採用圖形化的使用者界面，針對各項功能，提供各式各樣的精靈，能夠快速的協助使用者完成各項複雜的設定，不論是一般的使用者或是系統管理人員，都能夠享受到操作上的便利性，因此不論對於初次接觸Windows的新手，或是使用Windows有段時日的老手，在轉換到Windows Server 2003的作業環境時，都可以在最短的時間內，熟悉作業系統所提供的各項功能。

不同的工具所使用的介面並不會差異太多，因此在熟悉與學習操作的過程中，可以較為容易，而且一致性，再配合不同功能所提供的各種選項設定，通常在整個設定的過程中，並不需要花費太多的時間在學習介面的操作上，而可以將心思花費在系統的功能設定以及調校上，因此在對於學習而言，透過Windows所提供的使用者介面，大多不會遇到操作上的問題，不過這也是系統維護上的重點，因此將時間運用在系統維護上，而不是在熟悉系統界面的學習，這樣比較能夠建置出符合實際運作以用較不易發生問題的系統平台。

精靈

使用過Windows的人一定會對於系統所提供的各式各樣精靈不會感到陌生，不論在安裝驅動程式，或是進行系統環境的調校，Windows都會配合不同功能的精靈，協助使用者快速且正確的完成各項設定，對於系統的管理與維護而言，減輕了使用者不少的負擔，因此當我們進行系統環境或是伺服器服務的設定時，大多數的情況下都是在一種一問一答的方式，透過互動式的方式完成參數與選項的設定，而且如果關聯到其它功能的設定時，亦會自動呼叫其它相關的精靈，不需要單獨進行個別功能的設定，因為在Windows的作業環境中，部份的功能或是系統服務，彼此之間是息息相關，而對於一位系統管理人員而言，所應該著重的是整體系統的規劃與維運，這些關聯性的設定可直接由系統本身來提供，能夠減化設定的程序以及節省花費的時間。

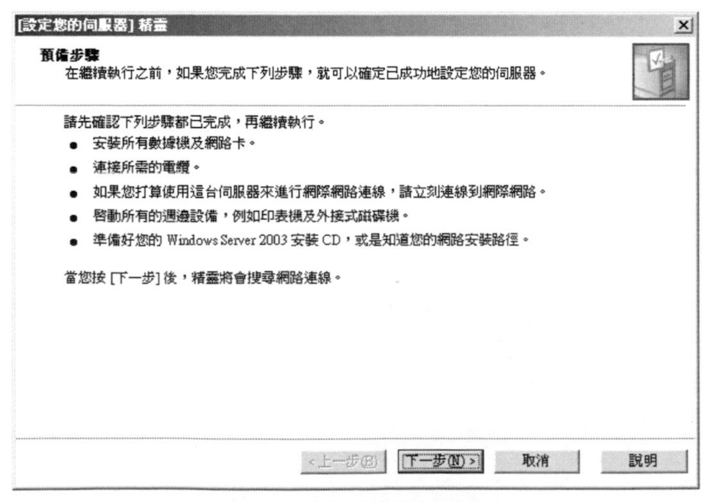

透過精靈的引導進行設定

Windows提供了相當詳細的線上說明文件，當我們進行某一項功能或是伺服器服務的設定時，如果對於其中的過程或是需要設定的項目不瞭解，就可以直接查詢這些線上說明文件，就能夠取得相關的資訊，利用搜尋的功能，配合所輸入的關鍵字，就能夠快速的取得相關的資訊，對於使用者而言，這些文件可以讓我們更加的瞭解系統的運作，以及各項功能所提供的服務。

精靈所提供的線上說明

嵌入式管理界面

整合多項資訊的嵌入式管理界面，除了作業系統本身所提供的整合功能外，使用者可以依據實際進行系統管理上的需求，來建立專屬的管理界面，例如：可以將系統管理的工作，整合在同一個界面中，後續進行系統的維護時，能夠快速的取得本身所需要的工具。

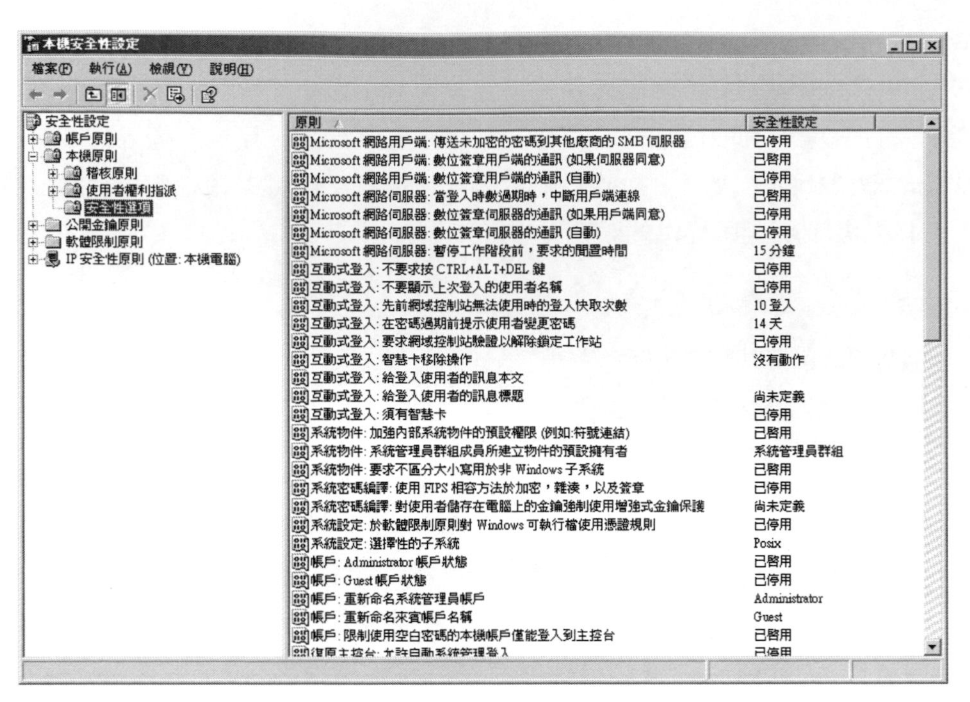

本機安全性設定

建立的新的主控台是相當容易的，只需要透過新增主控台的方式，就可以建立符合個人需求的管理界面，從「開始」按鈕的執行功能，輸入「mmc」再按下Enter鍵，就可以開啟一個新的主控台，如果先前曾經建立過主控台，也可以利用同樣的方式，開啟先前設定好的主控台項目。

執行MMC

在新建立的主控台中，我們可以利用「新增/移除嵌入式管理單元」的功能，將想要加入的管理單元，整合到同一個控制界面中，對於日常的管理工作而言，可以提昇不少的工作效率，以下將介紹如何建立自己專屬的主控台。

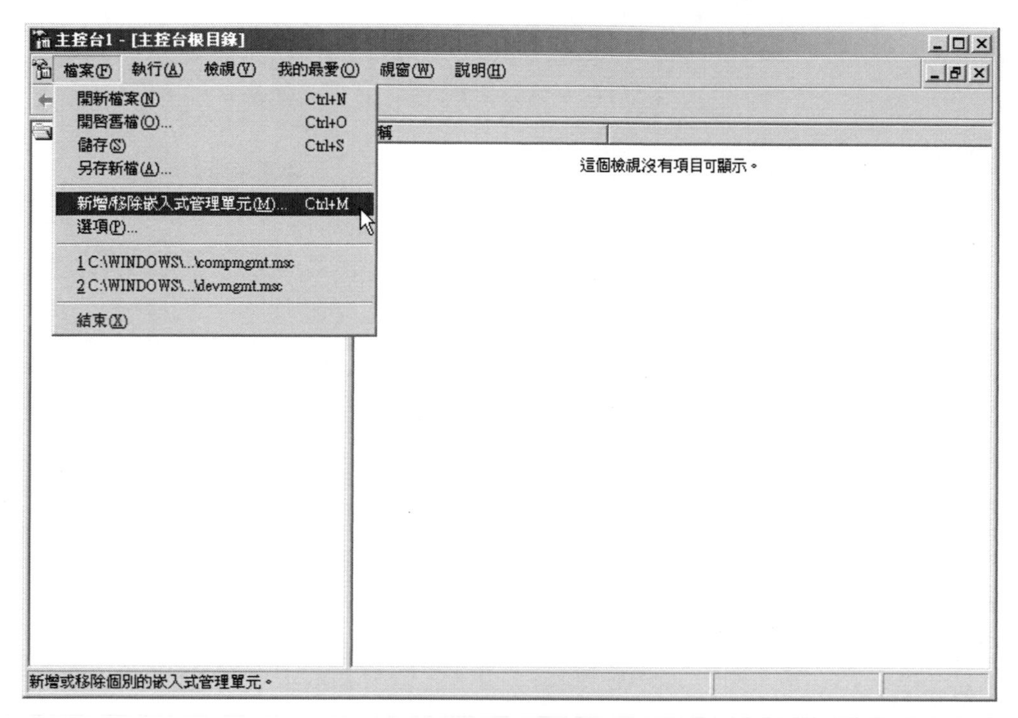

檔案功能表選單

在新增/移除嵌入式管理單元中，分成了「獨立」以及「延伸」單元兩個部份，在「獨立」單元的部份，可以利用「新增」的方式，將想要使用的管理單元加入嵌入式的管理界面中，配合指定加入的位置，即可組織想要使用的管理單元。

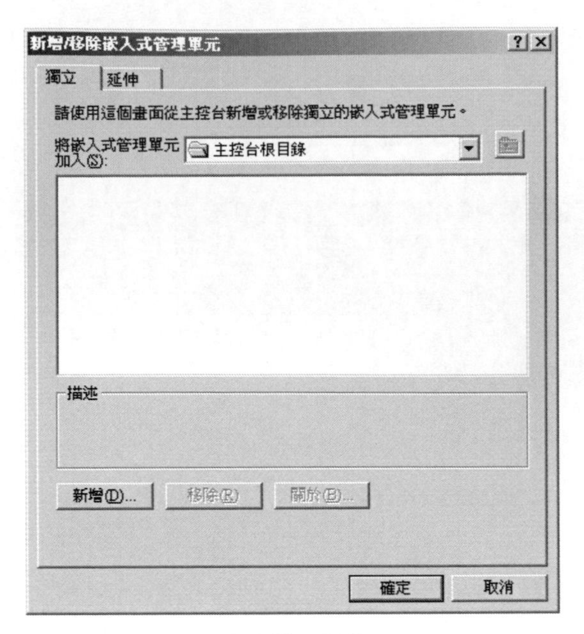

獨立管理單元

執行新增管理單元的功能後，將會顯示目前可用的獨立嵌入式管理單元供我們選擇，在這所提供的大多是針對系統管理方面的項目，對於目前系統已經提供的功能，或是日常維護時經常會使用到的工具，都可以直接選擇將這些嵌入式管理單元，加入先前所建立好的主控台。

可用的嵌入式管理單元

當我們選擇不同的嵌入式管理單元時，會因為不同的項目，而必須進行相關的設定，例如：需要指定目前所選擇的這個嵌入式管理單元，想要進行管理的對象，可以選擇本機電腦或是網路上的另一台電腦，這些項目必須配合系統管理人員在建立不同用途的主控台時，所考量的因素與建立主控台的目的，因此在指定這些參數時，必須與實際的用途相互配合，才能夠符合實際使用上需求。

選擇管理的目標

完成新增與選項設定的程序後，我們就可以在「獨立」嵌入式管理單元中，看到剛剛所新增的嵌入式管理單元，這些管理單元將會出現在主控台的畫面中，往後需要進行這些項目的管理時，只需要開啟主控台，就可以將需要處理的工作整合到同一個控制界面中，對於系統管理的工作而言增加不少的助益。

新增好的嵌入式管理單元

使用自行建立好的主控台，我們就可以直接使用這些管理單元所提供的功能，使用上就如同直接執行這些功能或是開啟這些工具一樣，使用上並沒有任何的差異，因此對於一位系統管理人員而言，建立一個符合本身需求的主控台，這是一件相當重要的課題。

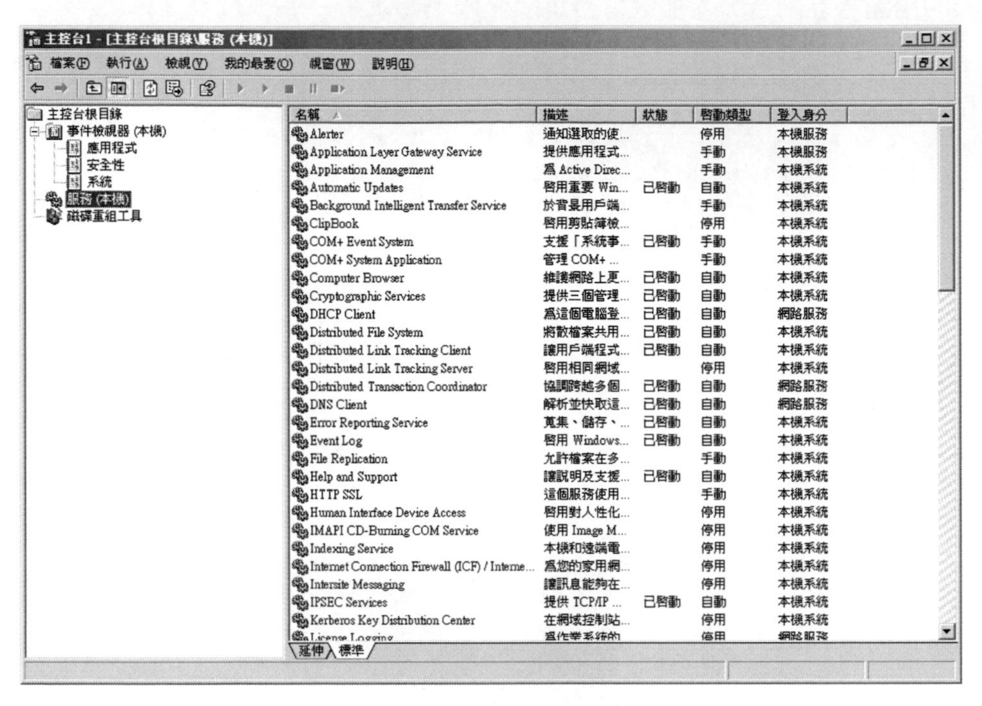

使用管理單元的功能

完成主控台的設定後，可以將目前的環境儲存起來，以備日後使用，透過這樣的方式，可以將不同用途或是不同需求的管理單元整合成多個不同的主控台，當往後需要使用這些功能或是工具時，就能夠直接透過開啟主控台的方式，快速的取得所需要的工具與功能，對於工作的處理而言，可以節省不少的時間。

儲存檔案

快捷功能表

使用Windows的過程中，針對目前滑鼠指標所在的位置，依據所指定的物件，可以利用滑鼠的右鍵呼叫出快捷功能表選單，在這系統將會依據該物件或是項目最常被使用的功能，將這些項目顯示出來讓使用者選擇，而不必一定要使用工具列或是功能表上的功能才能夠達成想要處理的目標，這樣減少移動滑鼠的機會，節省操作時所花費的時間。

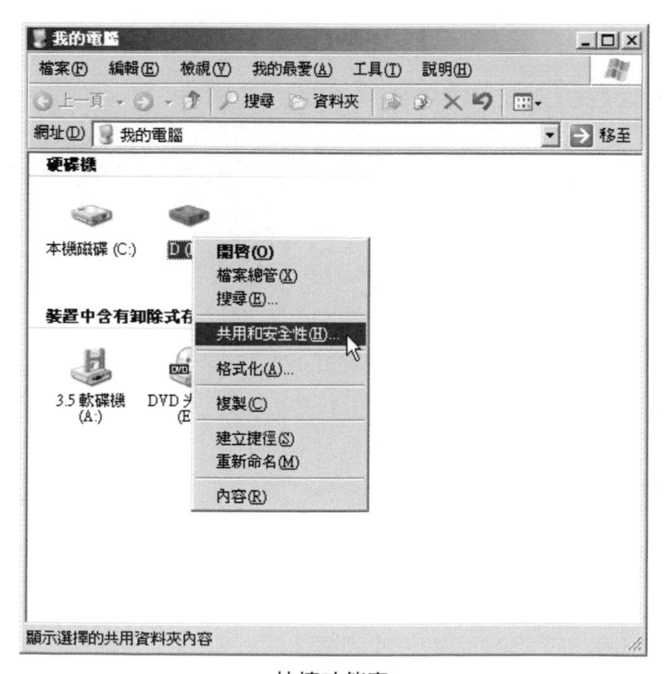

快捷功能表

因此在大多數的情況下，都能夠配合快捷功能表，快速的取得相關的常用指令或是工具，加快所需要處理的工作，而系統本身能夠依據目前滑鼠所在的位置，根據指定的物件提供相關的工具。

2-2 硬體環境

掌握硬體目前的運作狀況是相當重要的，電腦中不同的硬體、介面卡都負責特定的工作，例如：網路卡提供網路接取服務、音效卡提供聲音的錄製與播放，因此硬體的運作是否正常，都會影響到系統應有的功能，在Windows中提供了「裝置管理員」的功能，能夠讓使用者完全掌握目前的硬體環境，透過不同的分類，以及狀態服務，能夠快速的找到發生問題的硬體，再依據所提供的訊息，進一步的尋求解決的方案。

裝置管理員

裝置管理員提供了圖形的界面，能夠讓使用者對於目前系統上所安裝的硬體一目瞭然，透過圖示也能夠快速的找到有問題的硬體，再根據所提供的錯誤訊息，進行重新安裝、更新驅動程式等處理，以解決硬體無法正常運作的原因。

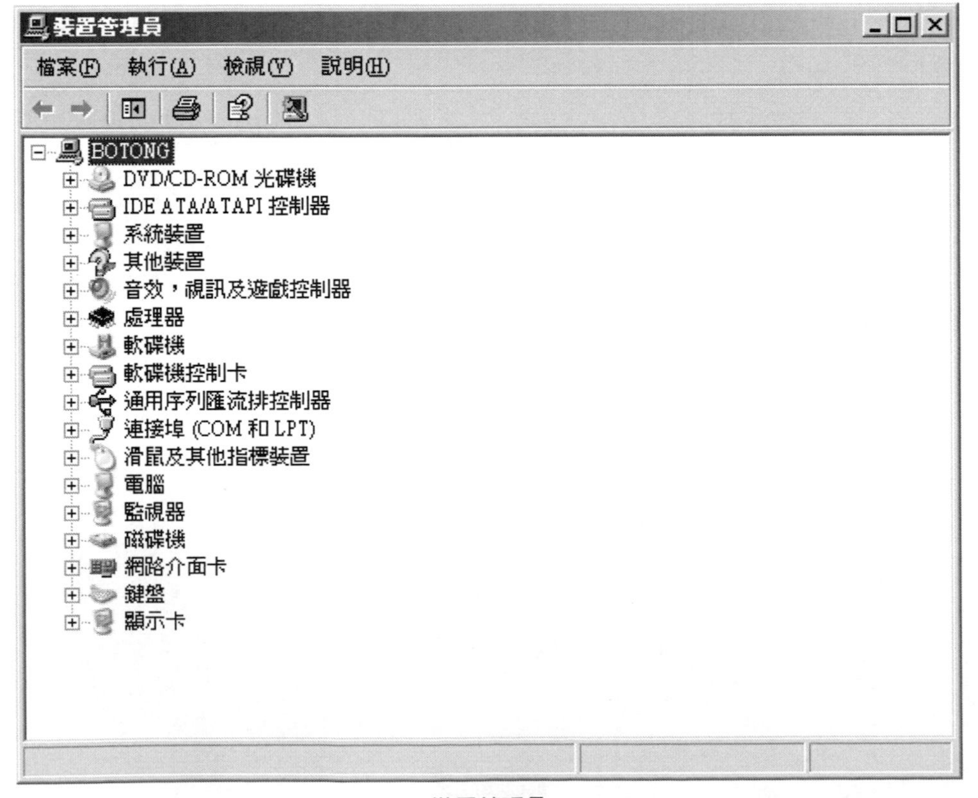

裝置管理員

展開想要檢視的硬體類型，就可以看到該項目中，關於硬體裝置的詳細資訊，包括了硬體裝置的名稱、廠牌、型號、規格等相關的訊息，一般的情況下，在系統中所安裝好的硬體，都會進行歸類，將這些硬體依照用途與規格進行分類，如果被分配到「其它裝置」的類別，則代表這項硬體可能裝置有問題，驅動程式不正確無法提供正確的辨識資料，也有可能是硬體本身太舊了，無法被正常的劃分到其它適合的類別，因此在處理上需要先進行裝置的檢視，並且進一步的檢查該裝置所提供的功能是否能夠正常的運作，有時候可能會發生無任何的錯誤訊息，但是被分類到「其它裝置」，但是又可以正常運作的情況，總而言之，只要確定硬體裝置能夠正常的提供我們所需要的功能與服務即可，而透過裝置管理員則是讓我們更瞭解系統所安裝的硬體裝置目前的狀況。

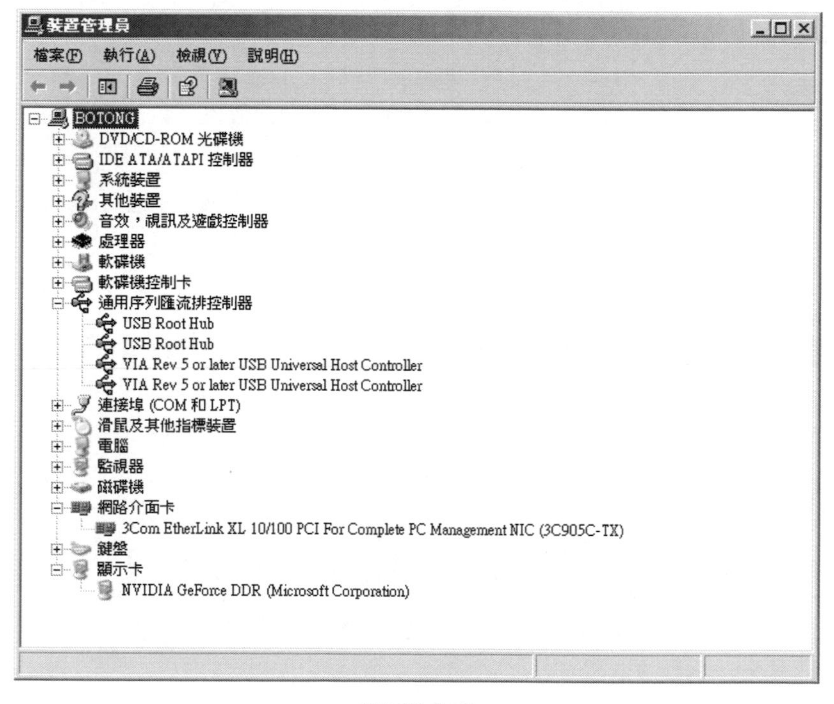

裝置的內容

當硬體裝置前出現了警示的符號時，則可能是因為硬體停用、無法順利驅動，或是資源相衝突等情況所造成的，利用裝置管理員則可以輕易的找到發生問題的裝置，並且針對所發生的原因進行處理。

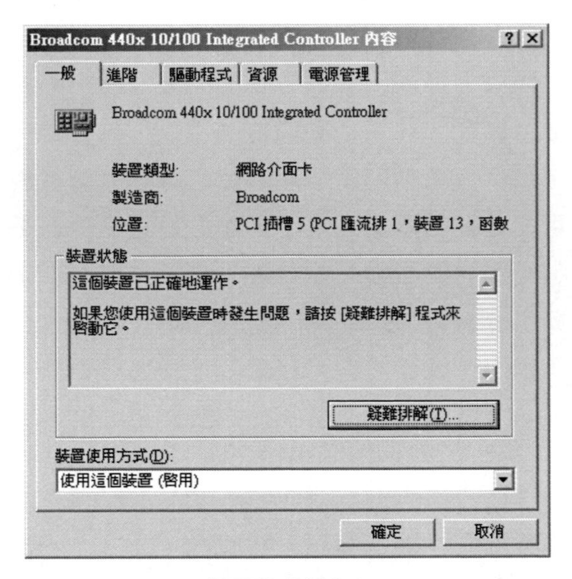

裝置的詳細內容

不同的硬體裝置在所提供的內容設定上有些差異，主要是針對這些硬體所提供的功能以及使用的系統資源進行調校，除了避免與其它的硬體裝置使用相同的資源外，也可以對於裝置的運作進行詳細的設定，例如：網路卡的進階設定中，會依據所使用的廠牌不同、晶片組不同，而有不同的選項，除了基本的項目外，有部份的功能是由廠商所提供的，並非所有的廠商都會提供相同的選項功能，以下以系統所安裝的網路卡為例，則在進階的功能選項中，提供了流量控制、速度、半/全雙功等方面的設定，這些設定一般都會使用出廠時的預設值，不過如果所使用的網路環境不同，有時候需要進行相關的調校。

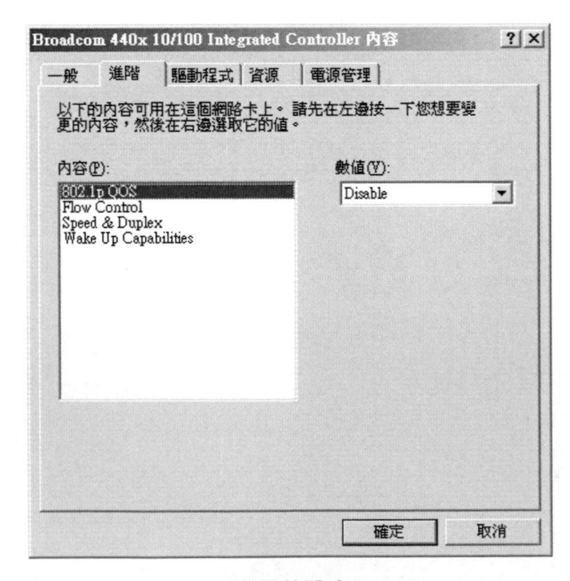

進階的設定

以硬體裝置而言，驅動程式是能夠與作業系統運作的主角，因此對於驅動程式的管理、更新、回復，或是直接解決驅動程式的安裝，都能夠在裝置內容的「驅動程式」標籤頁中找到相關的功能，不過一般而言會進行驅動程式的更新、回復或是解除的處理，都是由於硬體裝置無法運作或是發揮正常功能時，所進行的各種處理程序，因此在進行驅動程式的變更時，最好先確定目前驅動程式的提供者、程式的日期、版本以及是否通過數位簽署等資料，再根據預備進行更新的驅動程式版本，來決定更新的方式與必要性。

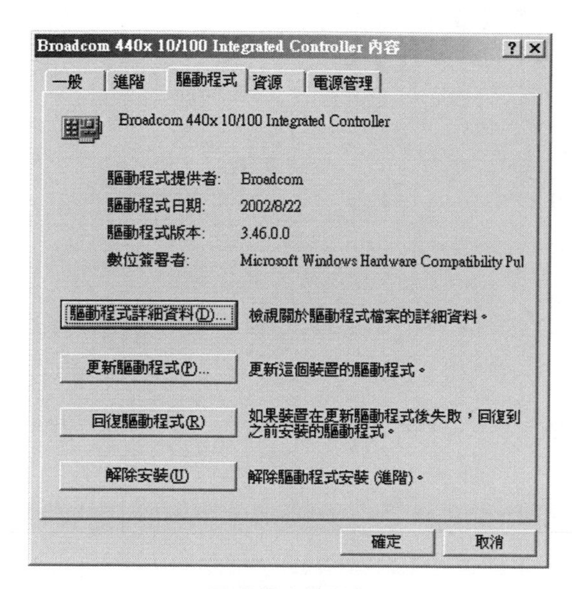

驅動程式的設定

在資源標籤頁中，主要顯示了目前這個裝置所使用的記憶體範圍、IRQ中斷號碼等資源項目的設定值，一般而言這裏所使用的系統資源不可以與其它裝置相衝突，否則會造成硬體無法正常運作的情況，不過因為目前絕大多數的硬體裝置都支援隨插即用（Plug and Play）的功能，因此在資源的調校上應該都會避開目前已經使用中的記憶體範圍或是IRQ中斷。

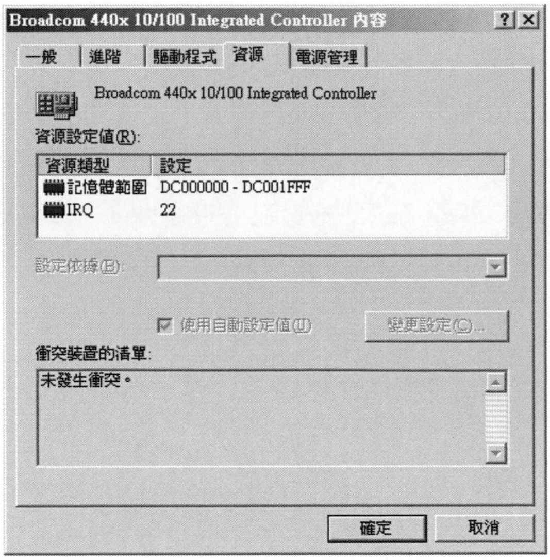

系統資源的狀態

電源管理的功能，主要是應用在電腦從休眠狀態或是待命狀態脫離時，是否允許電腦將這個裝置關閉，不過電源管理的功能，在筆記型電腦或是使用電池為電力來的電腦系統中，必須考量到目前所設定的這個裝置，是否會經常性或是可能每隔一段時間就被喚醒一次，這樣的情況發生時，將有可能會消耗電池的電力，不過如果是伺服主機而言，在設定電源管理的功能時，則必須確定所設定的裝置如果關閉了電源，是否會影響應該提供的服務，這是相當重要的一個考量因素。

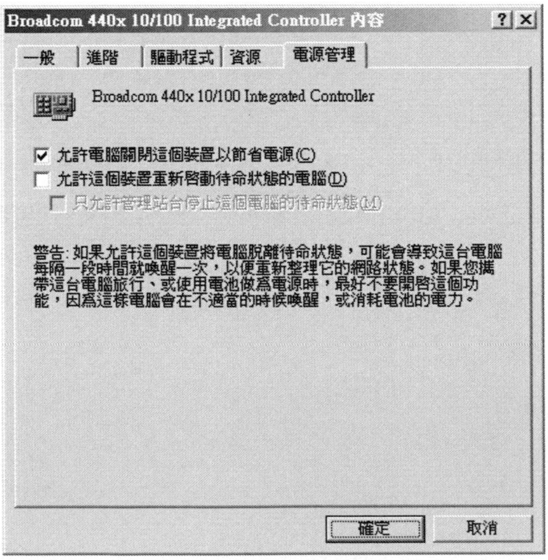

電源管理的設定

安裝新的硬體

Windows內建了許多種類的硬體驅動程式，配合隨插即用的功能，在我們完成硬體的安裝後，就可以順利的辨識所安裝的硬體，並且從驅動程式資料庫中，找尋合適的驅動程式，然後自動完成所需要的安裝程序，對於使用者而言這是相當方便的設計，如果在目前的驅動程式資料庫中無法找到需要的驅動程式，則自動執行新增硬體精靈，再指定驅動程式所在的位置，或是直接提供硬體廠商所提供的驅動程式，都能夠順利的完成硬體的安裝程序。

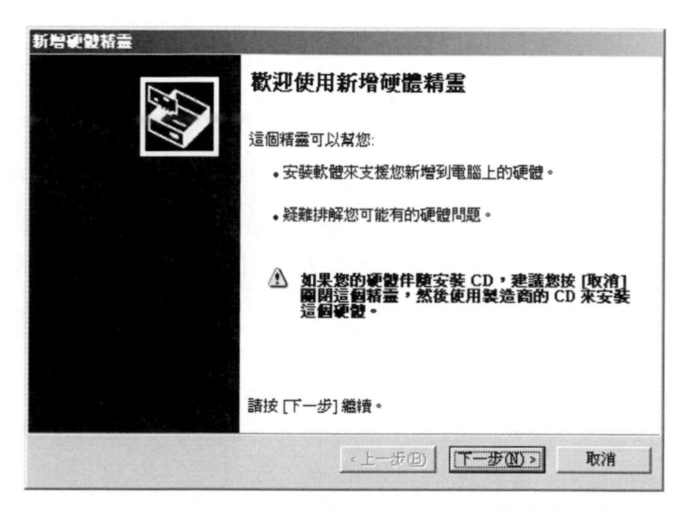

新增硬體精靈

◆介面卡

如果想要加入新的介面卡時，例如：SCSI卡、網路卡等，則必須先將介面卡安裝到主機中，然後啟動電腦，因為目前Windows已內建了絕大多數的硬體驅動程式，一般而言都可以自動偵測到所安裝的介面卡，如果所安裝的介面卡無法讓系統自動偵測，或是尚未提供相關的驅動程式時，都需要再提供由介面卡廠商所附的驅動程式，這樣才能夠完成介面卡的安裝程序。

◆磁碟機

軟式磁碟機以及硬式磁碟機都能夠自動被Windows偵測到，因此只要正確的安裝，設定好Master以及Slaver，進行BIOS或是作業系統中，就可以正確的完成硬體的偵測，以提供我們使用。

◆週邊裝置

目前絕大多數的週邊裝置，例如：掃瞄器、滑鼠、印表機等，只要是較具知名度的品牌，都能夠支援隨插即用的功能，因此只要是系統本身能夠辨識的裝置，在完成偵測的程序後，就會直接進入驅動程式的安裝，待驅動程式安裝完成就可以直接使用了，對於使用者而言是相當方便的，不過如果無法順利的完成驅動程式的安裝，或是所使用的週邊裝置較新，目前的系統尚無法正確辨識時，就需要提供適當的驅動程式，以供新增硬體精靈可以正確的載入所需要的驅動程式。

更新驅動程式

當硬體裝置的驅動程式過於花舊，無法支援新的功能，或是作業系統無法正確的驅動硬體時，必須進行更新驅動程式的處理，以解決硬體裝置無法驅動的問題，不同版本的Windows所使用的驅動程式不見得一樣，因此在進行驅動程式的更新程序前，必須先取得符合目前作業系統的程式，才能夠提供作業系統適用的驅動程式。

在想要更新驅動程式的硬體裝置上使用「更新驅動程式」的功能，系統就會自動啟動硬體更新精靈，指定「自動安裝軟體」或是「從清單或特定位置安裝」的方式，進行驅動程式的更新，一般而言會先讓系統自動安裝，如果系統本身無法找到合適的驅動程式，再利用自行設定的方式進行驅動程式的安裝，在這個步驟中，如果手邊有廠商所提供的驅動程式，可以直接放入讓更新精靈進行搜尋。

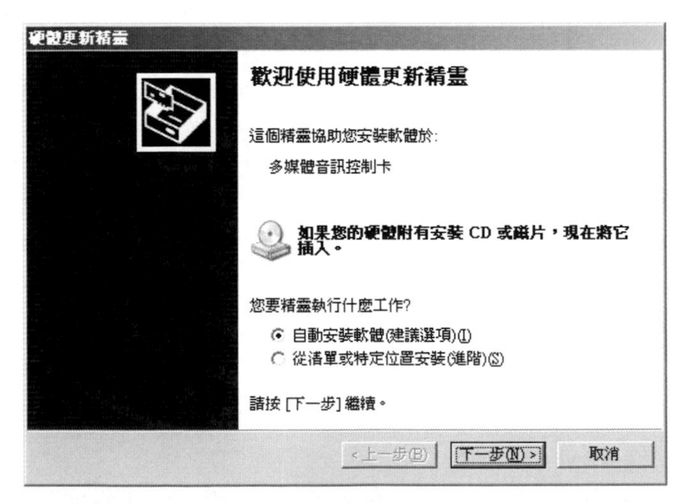

硬體更新精靈

使用「自動安裝軟體」的方式後，硬體更新精靈會自動進行驅動程式的搜尋，包括了系統本身的驅動程式資料庫以及網際網路，如果可以找到合適的驅動程式，就會自動進行檔案的複製以及環境的設定，以更新硬體的驅動程式，不過在進行更新之前，仍會進行驅動程式的比對，再由使用者確定是否繼續進行更新的程序。

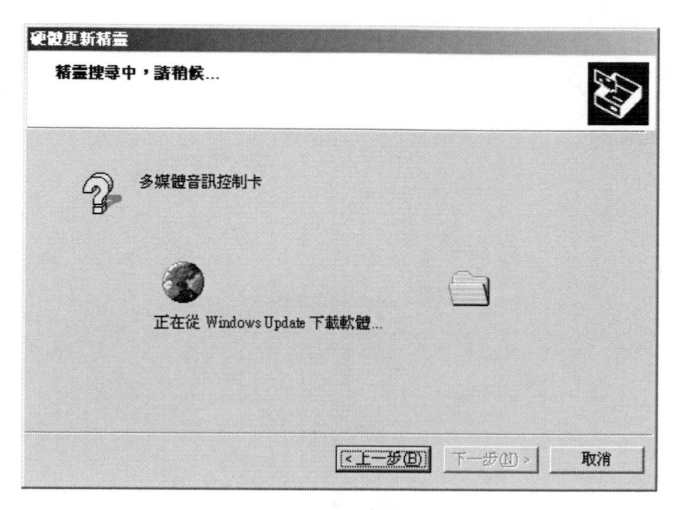

正在搜尋驅動程式

如果選擇「從清單或特定位置安裝」的方式，則必須指定搜尋的位置，例如：軟碟、光碟或是特定的位置，在確定驅動程式所在的位置後，就可繼續進行驅動程式的更新程序，不過在這並不建議直接指定要安裝的驅動程式，除非在嘗試過以上的更新方式都無法順利完成驅動程式的更新後，才使用直接選擇安裝指定驅動程式的方式進行更新。

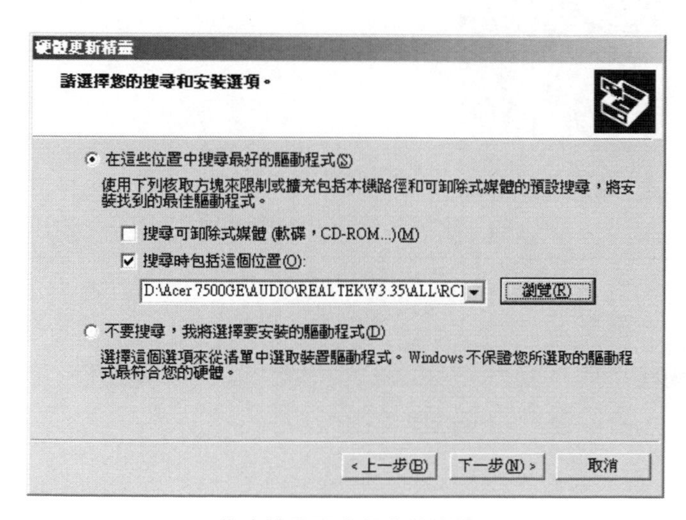

指定搜尋驅動程式的位置

不論使用那種方式，在硬體更新精靈能夠找到合適的驅動程式後，除了會自動辨識所使用的硬體裝置外，也會自動進行相關程式的複製與系統環境的調校。

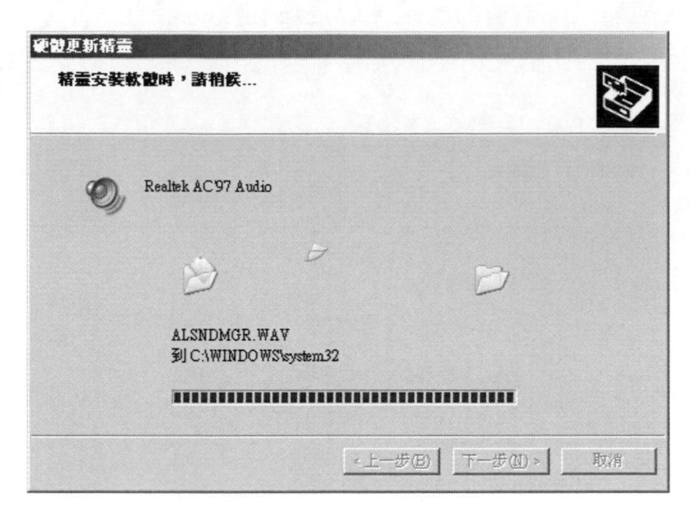

正在複製檔案

等檔案複製完成後，整個更新驅動程式的程序就完成了，最後硬體更新精靈會顯示完成安裝的硬體裝置名稱。

完成驅動程式的更新

在裝置管理員中，原本發生問題的警示符號，在完成驅動程式的更新，系統確定能夠使用該裝置後，這個警示的符號將會自動消失。

裝置管理員

停用已安裝的硬體

當所安裝的硬體發生問題而無法運作時，或是想要停止某一個硬體裝置時，則可以利用「停用」的功能，將所指定的硬體裝置停用，再進行相關的處理，只需要利用快捷功能表選單，或是工具列上所提供的功能，就能夠將所指定的硬體停用。

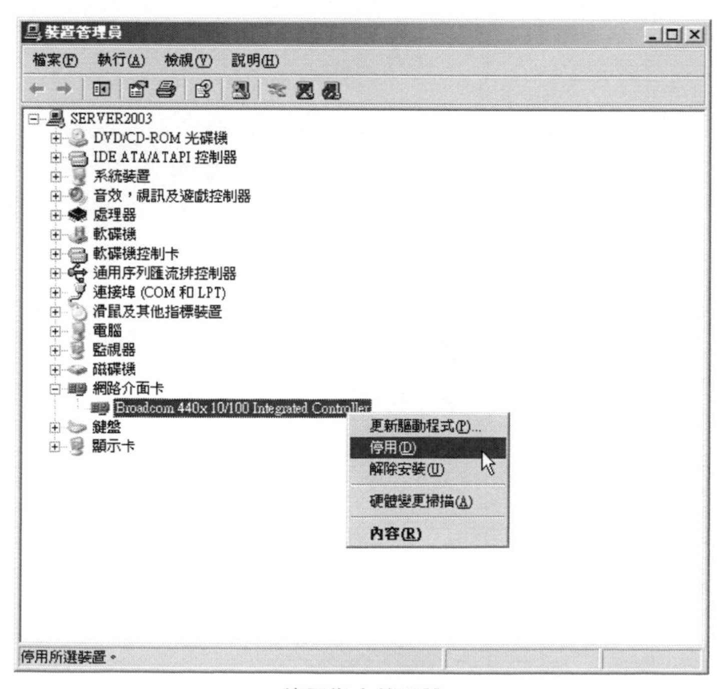

停用指定的硬體

在執行停用的程序之前，系統會再次詢問是否確定停止該裝置的功能。

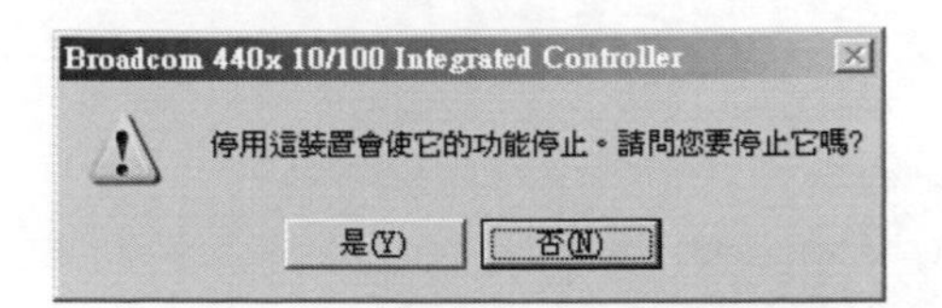

確認的畫面

如果想要再度啟用被停用的裝置，則一樣可以利用快捷功能表選單或是工具列上所提供的功能，將停用的裝置重新啟用，啟用後將會使用所設定的運作環境啟動該裝置。

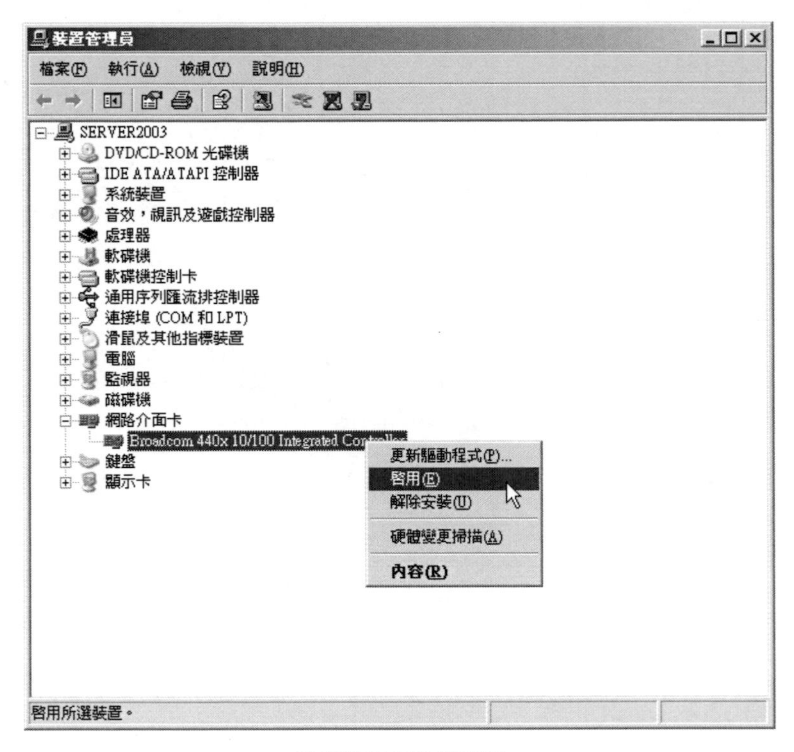

啟用停用的硬體裝置

硬體裝置在完裝到電腦系統後，並不能夠立即使用，都必須完成驅動程式的安裝，才能夠發揮硬體應有的功能，而驅動程式的來源，可以是作業系統本身的驅動程式資料庫，或是直接使用由廠商所提供的驅動程式，而且對於驅動程式的安裝上，必須符合目前的作業系統，因為不同版本的作業系統，所使用的驅動程式並不見得相同，因此不論是新增硬體裝置或是針對現有硬體裝置進行驅動程式的更新，都必須確定所提供的驅動程式能夠符合使用上的需求，因為正確的驅動程式，才能夠確保硬體裝置能夠正常的運作，發揮應有的功能。

2-3 系統環境

系統環境的掌握，對於伺服器的管理而言是相當重要的，而且大多的設定，都與系統的運作方式與作業環境息息相關，因此在系統環境的設定中，除了必須瞭解每一項功能或是參數所代表的涵義外，也必須熟悉各項功能的操作，在這一節中將介紹系統內容的設定與調校，包括了電腦名稱、工作群組、硬體裝置、進階設定、系統自動更新以及遠端協助等項目，這些項目會影響系統本身的運作。

一般內容

在一般內容中，主要是提供系統版本、授權的使用者以及目前的電腦的處理器、記憶體等基本的資訊，這些資訊可以提供一份簡單的資訊，讓我們瞭解目前系統所使用的硬體環境，以提供服務的伺服器而言，最好增加記憶體的容量，一般而言，大多會配置512MB以上的記憶體容量，不過處理器的速度就不一定要求最高速了，應該是以整體的系統穩定性為主要的考量。

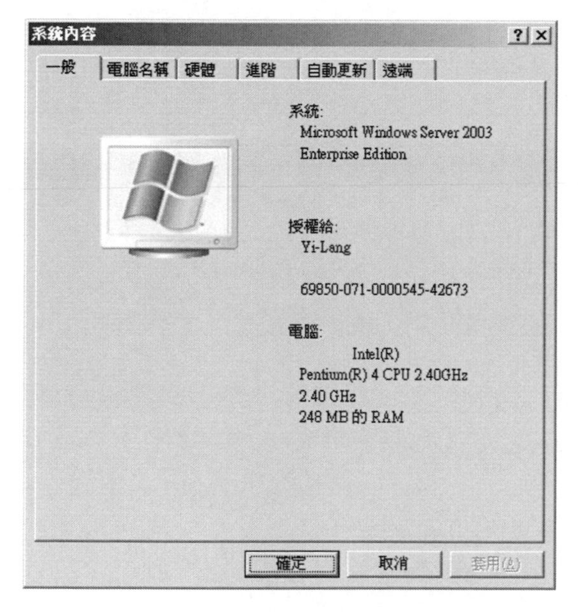

一般內容

電腦名稱

電腦的名稱主要是代表目前這個電腦在網路上的身份，除了使用電腦名稱外，也必須選擇加入工作群組或是網域，至於要選擇那一種，必須依據實際的網路環境而定，如果在目前的網路環境中，並沒有DNS伺服器的建置，就只能夠選擇加入工作群組，設定好工作群組後，在網路的環境中，將會依據所設定的工作群組進行歸類，使用相同工作群組的電腦，將會放在一起，以企業內部而言，會將不同的部份以不同的工作群組進行劃分，否則當同的網段中的設備數量增多時，對於電腦的管理以及網路資源的整合而言，將會是一件相當麻煩的事。

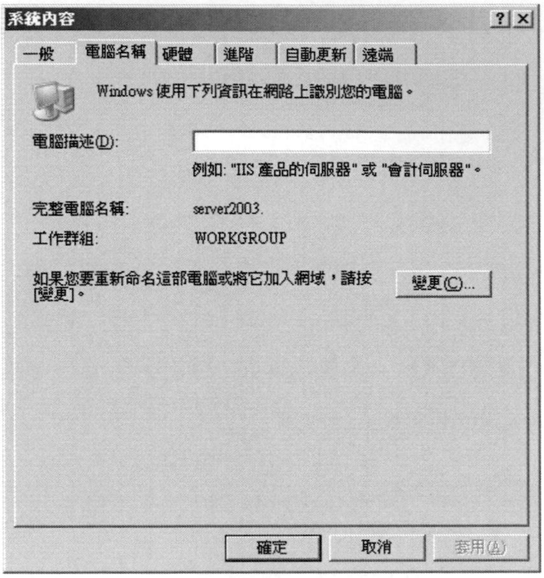

電腦名稱

電腦名稱在同一個網段中，不能夠與其它現存的設備相同，因此在設定電腦的名稱時，必須先確定目前的網路中已存在的設備名稱，另外在成員隸屬的設定上，則需依據實際的網路環境，來選擇使用「網域」或是「工作群組」的方式。

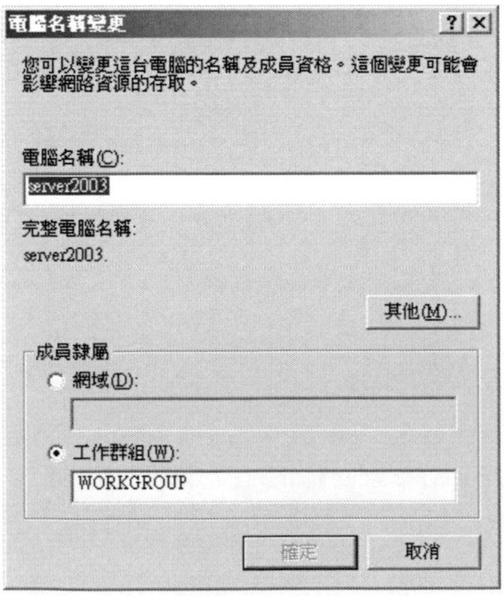

電腦名稱變更

硬體內容

硬體的內容中，包括了新增硬體精靈、裝置管理員以及硬體設定檔等三個主要的項目，其中新增硬體精靈，顧名思義就是協助使用者在目前的電腦系統中，進行新增硬體的設定，這包括了驅動程式以及系統環境的調整，不過因為目前絕大多數的硬體都採用隨插即用的設計，因此在安裝完成硬體，啟動電腦進入作業系統後，大多會自動偵測到剛完成安裝的硬體裝置，並且自動進行驅動程式的安裝程序，這也是新增硬體精靈所提供的功能，因此除非系統無法自動偵測出現有的硬體裝置，使用者才必須自行啟動新增硬體精靈。

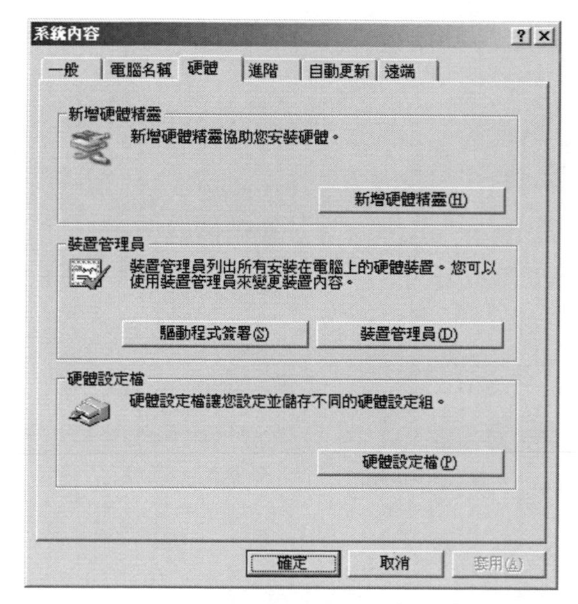

硬體的設定

在「裝置管理員」的項目中，除了裝置管理員可以檢視一下目前系統中所安裝的硬體之外，其中「驅動程式簽署」的功能，則是微軟為了提高硬體與系統本身的相容性，而所提出來的機制，透過驅動程式的簽署，就可以確保通過測試的硬體裝置以及驅動程式，能夠與現有的系統完全相容，這可以提供使用者選購設備時的參考依據，在這所設定的項目，主要是在安裝硬體的過程中，如果偵測到未通過Windows標誌測試檢驗的設備時，預設進行的處理程序，可以選擇「略過」、「警告」或是「封鎖」，預設值為「警告」，讓使用者遇到此種情況時，再選擇是否繼續進行安裝的程序。

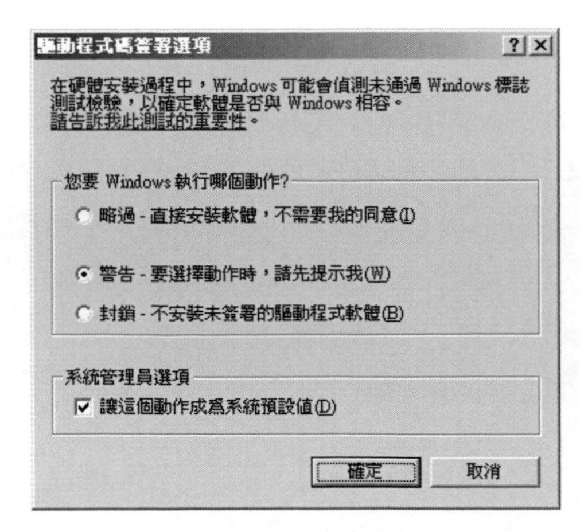

驅動程式碼簽署選項

在「硬體設定檔」的部份，主要是針對目前的系統磁碟，可能會運作在不同的硬體環境，或是硬體環境可能會經常變更的情況，當然我們也可以針對不同的需求，來設定所啟用的硬體裝置，這些情況都可以透過硬體設備檔的設定來達成，如果目前的系統中存在兩個以上的硬體設定檔時，就可以選擇要用那一個啟動系統了。

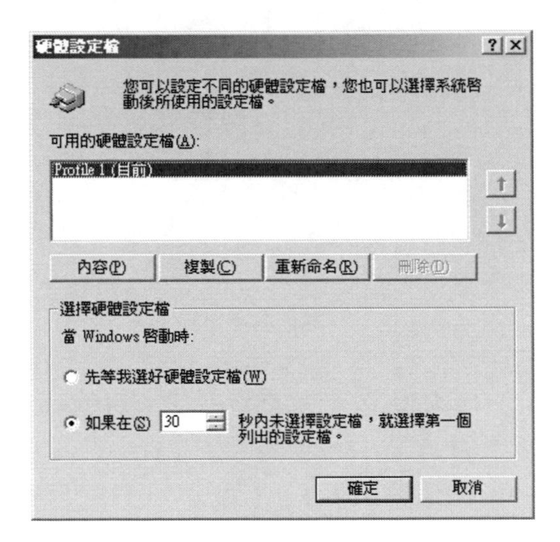

硬體設定檔

進階系統內容

進階系統內容的設定，包括了「效能」、「使用者設定檔」以及「啟動及修復」三個主要的項目，這三個設定的項目，都與作業系統的運作有關，效能的設定主要會影響系統使用記憶體的方式，而不同的視覺效果，都會對系統產生不同等級的負擔，

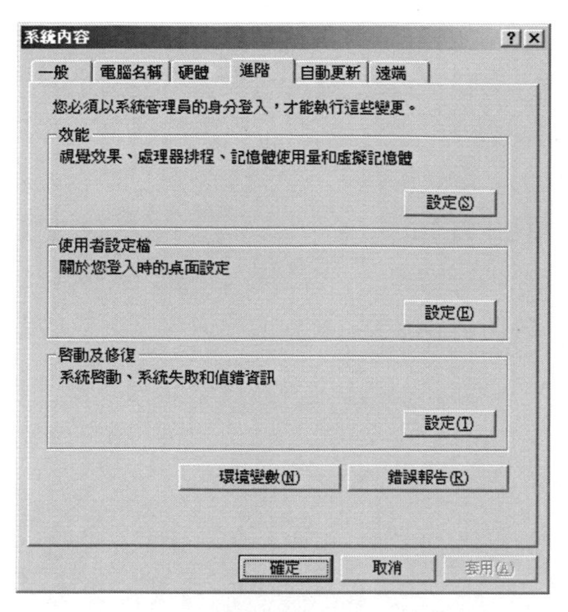

進階系統內容

一般而言Windows作業系統都會自動定義好效能的設定值，不過當系統在執行上有特殊的需求時，則可以透過手動的方式，自行設定視覺效果、處理器排程、記憶體使用量以及虛擬記憶體的使用量，在視覺效果的設定中，在這可以選擇Windows的最佳化模式，調整成最佳外觀、最佳效能等不同的模式，也可以依據自己的需求，從自訂效果中選擇想要使用的項目，能夠掌握最大的控制權。

視覺效果設定

在進階效能的設定中，主要是針對處理器排程、記憶體使用量以及虛擬記憶體進行設定，在處理器排程中可以選擇將「程式」或是「背景服務」調整為最佳效能，如果選擇以「程式」為最佳效能，則會將較多的處理器資源指派給前景程式，而不是背景程式，反之如果調整為「背景服務」為最佳效能，則將會較多的處理器資源指派給背景程式。而「記憶體使用量」的項目中，則可以選擇系統記憶體的配置方式，選擇將「程式」或是「系統快取記憶體」調整為最佳效能，這會影響到系統在配置記憶體給程式使用的方法，一般而言會將「系統快取記憶體」調整為最佳效能。

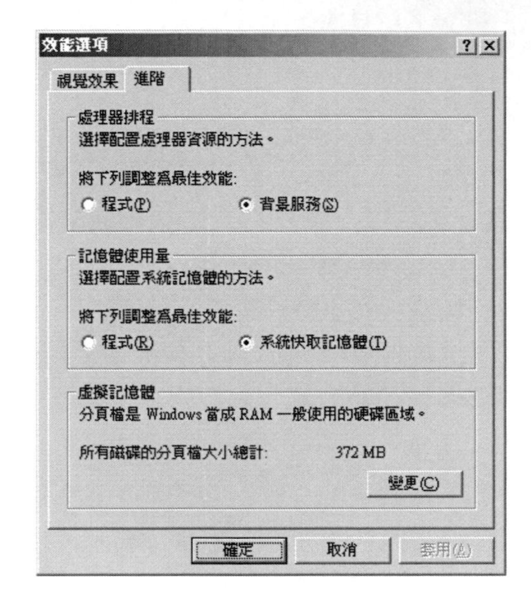

進階內容設定

因為目前的作業系統以及應用程式都越來越龐大，實體的記憶體並無法完全容納作業系統或是應用程式的執行，不過系統或是應用程式在運作的過程中，並非隨時都要使用到所有相關的檔案，而虛擬記憶體主要就是提供一個暫存的空間，可以讓系統將執行過程中，已執行完或是暫時不用的檔案，由實體記憶體移到虛擬記憶體中存放，待需要再度使用時，系統可以直接由虛擬記憶體載入，在整個運作的過程中，系統會以為「虛擬記憶體」是「實體記憶體」的延伸，因此對於系統執行的效能而言，有效的運作虛擬記憶體，提供足夠的空間，這是相當重要的一件事，不過如果指定過多的虛擬記憶體，將會佔用過多的磁碟空間，造成磁碟空間使用上的浪費，因此在調整虛擬記憶體的大小時，需要在兩者之間仔細的評估與考量，作業系統本身會進行管理，使用者也能依據個人的需求，直接指定虛擬記憶體的大小，不過在設定時可以參考建議值，再適當的增加一些虛擬記憶體即可。

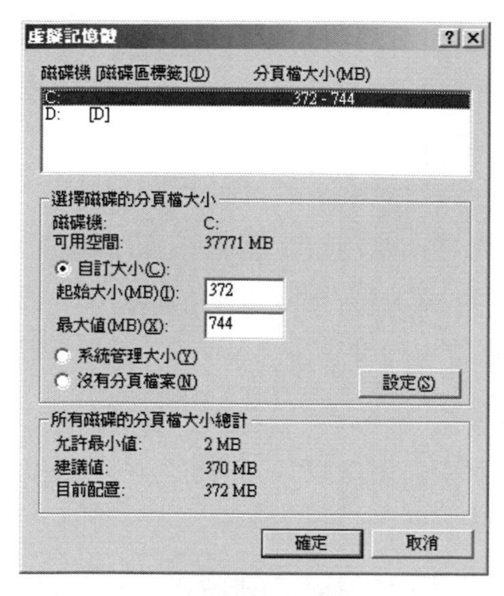

變更虛擬記憶體

在「使用者設定檔」中，主要是存放了一個不同使用者帳號的環境設定資料，因此每一個使用者可以為自己建立一個專屬的作業環境，而系統管理人員也可以為每個使用者建立適合的環境，而且透過網路環境可以為自己所使用的電腦，建立一個可漫遊的使用者設定，使用者設定檔可以提供以下幾項優點：

◆ 可以有數位使用者使用同一部電腦，而每位使用者在登入電腦後，都擁有各自的工作環境。

◆ 使用者都有自己的使用者設定檔，因此使用者的設定，並不影響到其它的使用者。

◆ 使用者設定檔可以放置在伺服器上，能夠隨著使用者到任何網路可達的電腦，並且提供原先的使用者環境。

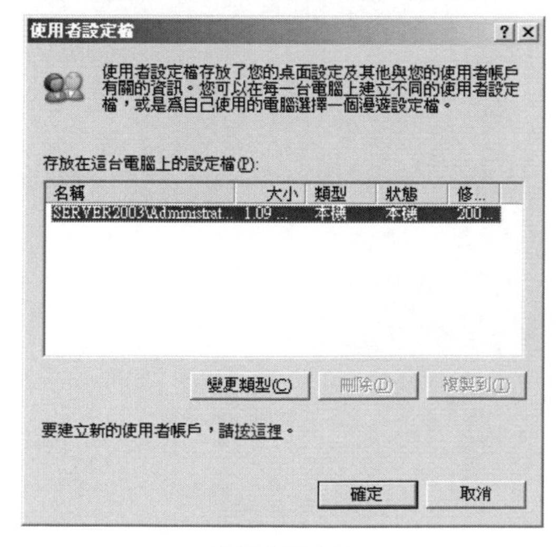

使用者設定檔

如果是系統管理人員則可以利用使用者設定檔，為每個使用者建立適用的工作環境，也可以透過強制的設定，有效的控制使用者能夠變更的環境與設定，在使用者登入時，會自動將設定檔下載到登入的電腦中，以建立一個相同的作業環境，而且對於個別的使用者設定檔，為了管理上的方便，可以建立一個預設的選項，以適用於所有的使用者，因此有效的運用使用者設定檔所提供的功能，就能夠為每個使用者建立一個符合需求的作業環境。如果要建立可漫遊的使用者設定檔，則必須配合Active Directory環境的建置，相關的內容將留待Active Directory相關章節，再進行深入的介紹。

啟動與修復，主要是針對系統啟動時，所進行的程式進行設定，在有多個作業系統同時並存時，可以選擇預設啟動的作業系統，或是顯示作業系統清單的時間，我們也可以自行編輯啟動的選項內容，而當系統啟動失敗時，在這也可以選擇進行的處理程序，例如：是否將事件寫入系統記錄檔中、是否傳送系統管理警訊以及是否自動重新啟動等等，這些項目則可以依據實際管理系統時，再決定這些處理的程序，另外在寫入偵錯的資訊時，可以選擇「無」、「小量記憶體傾印（64KB）」、「核心記憶體傾印」或是「完整記憶體傾印」，一般而言會選擇進行完整記憶體傾印的處理，以確定能夠取得所有的資訊，而傾印的檔案，可以使用預設值即可，這些資訊在系統發生啟動失敗的情況時，能夠提供系統管理人員瞭解與分析發生原因的資料。

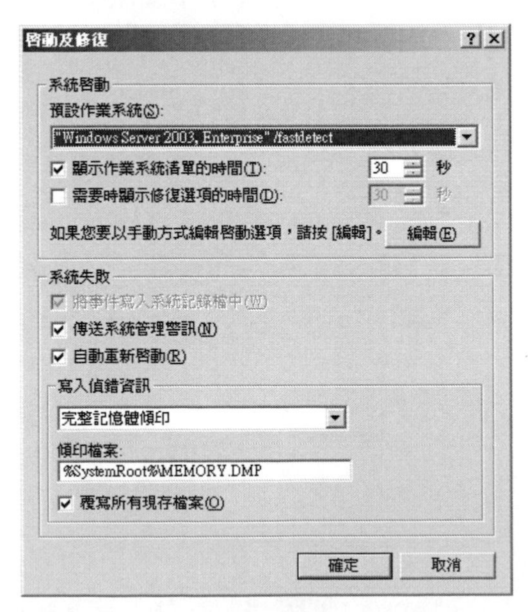

啟動及修復

環境變數包括了「Administrator的使用者變數」以及「系統變數」兩大項目，這些變更大多是預設的，而我們也可以依據實際的需求，來建立適合的變數，其中前者的使用者變數部份，會因為目前登入的使用者不同，而有會變差異，因為這個項目是針對個別的使用者進行設定，而系統變數則是與系統的運作有關，不論目前登入的使用者為何，系統變數都會存在。

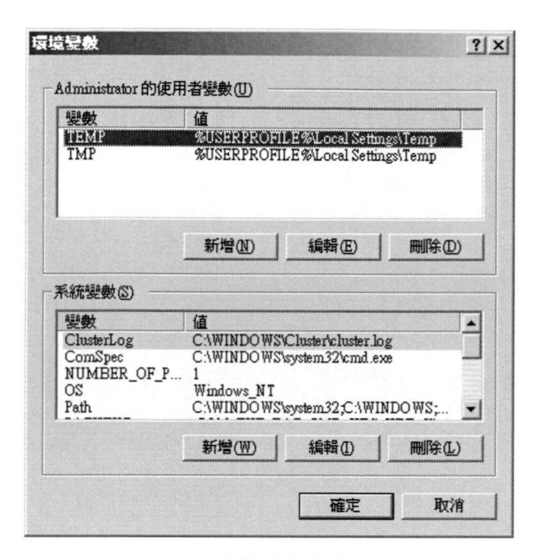

環境變數的設定

在「錯誤報告」的功能中，使用者可以設定當錯誤發生時，向微軟回報的項目與資料，而微軟可以根據這些發生的錯誤，如果確定是系統本身所造成的問題，則在後續的修正檔中，將會進行系統的修正。

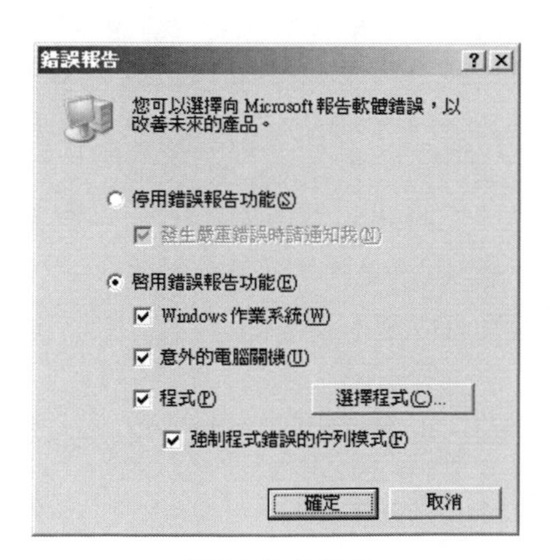

錯誤報告的選項

自動更新功能

自動更新的功能，可以確保目前作業系統能夠即時的修正已知的問題，或是增強系統的功能，自動更新提供了三種不同的方式可以選擇，可以在下載任何的更新前提出通知，並在安裝到電腦前再一次通知，也可以自動下載更新，在完成後再通知使用者，最後一種是由使用者指定自動下載更新的時間，在系統的管理上，並不建議關閉更新的功能，以避免安全漏洞發現或是系統程式發生問題時，無法立即取得更新的程式，這將會對於系統的安全性與穩定性造成危害。

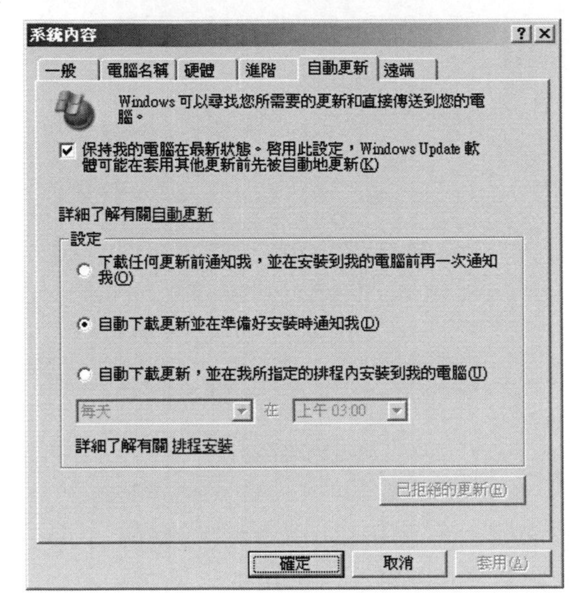

自動更新功能

◆下載任何更新前通知我，並在安裝到我的電腦前再一次通知我

當Windows在Windows Update的網站上發現適用的更新項目後，會在狀態區域中顯示一個圖示，並且發出訊自告訴使用者可準備下載更新程式，接著會下載背景中選取的更新，下載完成後，在通知區域中會再次出現該圖示，這一次則通知目前已經可以進行更新程式的安裝，接著可以選取要Windows在電腦上安裝的特定更新。

◆自動下載更新並準備好安裝時通知我

Windows會尋找適用於目前系統的更新，並在背景下載它們（在此過程中，將不會收到通知或被打斷）。等下載完成後，會在通知區域中出現一個圖示，並出現一個訊息告知已可準備安裝電腦的更新。若要檢視及安裝可用的更新，請按一下該圖示或訊息。然後可以選取要Windows在電腦上安裝的特定更新。

◆自動下載更新，並在我所指定的排程內安裝到我的電腦

設定Windows安裝更新的日期和時間，在指定的排程中，Windows會找出可套用到電腦的Windows Update網站上所提供的更新，然後在背景自動下載它們；在此程序期間不會通知或中斷，待下載完成後，會在通知區域中出現一則訊息，這樣即可確定是否排定安裝的更新。如果此時選擇不要安裝，則Windows會在排定的日期開始安裝，如果電腦在排定的安裝時間關閉，Windows會等待安裝時間的下一次出現再嘗試安裝，因為有些更新需要重新啟動電腦，才能完成安裝，因此如果以Administrators群組成員的身分登入電腦，則Windows會提供延遲重新啟動的選項，不過為了確保重要的資料不會因為系統重新啟動而遺失，建議在重新啟動前儲存所有正在進行的工作。

遠端內容

在這提供了「遠端協助」以及「遠端桌面」的功能，前者能夠允許發出啟動遠端協助的要求，而後者則可以允許使用者遠端連線到這台電腦，透過網路的連線，協助我們處理所發生的問題，對於企業內部的MIS人員而言，這樣的功能可以提昇解決使用者問題時的效率，也能夠節省往返奔波的時間，因此配合遠端管理以及遠端桌面所建立起來的環境，也可以獲得其它人的支援。

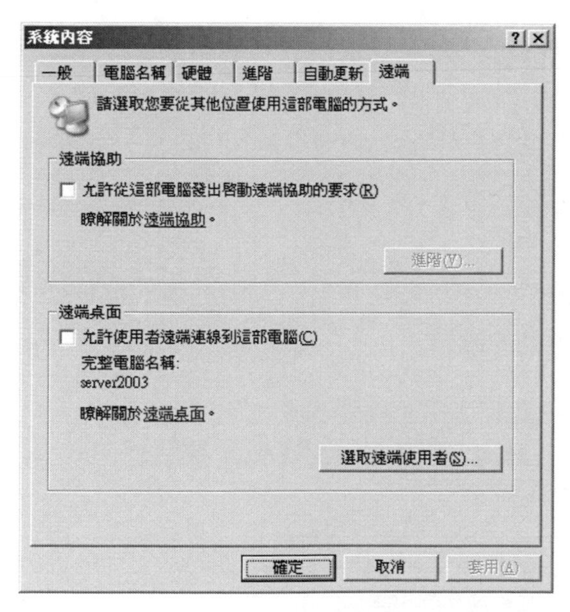

遠端內容的設定

遠端協助可以在區域網路以及網際網路上使用，不過如果透過網際網路與遠端的電腦連線時，其中如果有經過防火牆，則必須在防火牆上將TCP連接埠3389打開，以確定能夠建立遠端協助的連線。

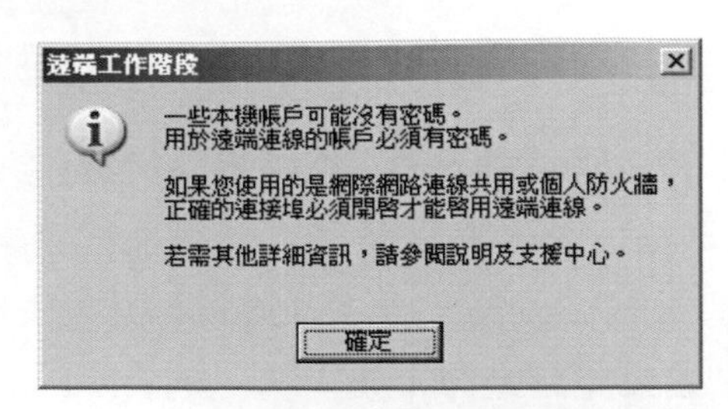

遠端工作階段的警告訊息

因為遠端協助的功能，只要使用者允許，遠端的協助者將可以控制使用者的電腦並執行任何使用者能執行的工作，包括存取網路等程序，因此對於資訊安全的管理而言，可以採用以下幾種不同的設定方式：

◆防火牆上

藉由禁止或允許防火牆連接埠3389的輸入及輸出流量，就可以決定組織內部人員能否向組織外部請求協助，一般而言會限制此種情況，除非有特殊的需求，才會在防火牆上開啟這個連接埠。

◆群組原則

可以設定群組原則來允許或禁止使用者用遠端協助請求協助，也可以決定使用者能否允許其他人從遠端控制他們的電腦，或是只能檢視而已，另外還可以設定群組原則來允許或禁止遠端協助者對本機電腦提供遠端協助。

◆個別電腦

個別電腦的系統管理員可以關閉該台電腦上的遠端協助要求，如此一來可防止任何人從電腦傳送遠端協助的邀請。

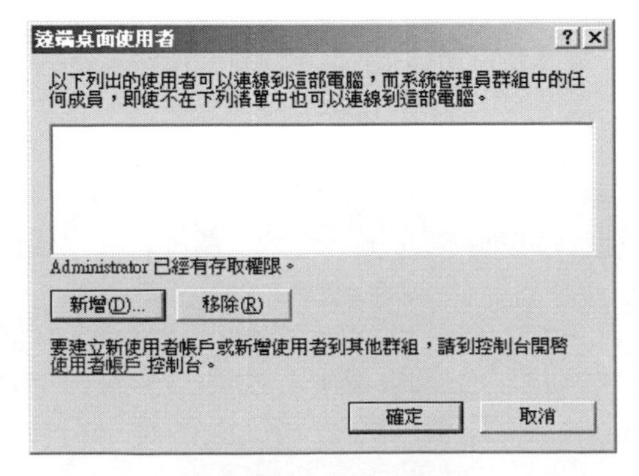

遠端桌面使用者的設定

在這一節中針對系統內容做了詳細的介紹，一些與後續章節相關聯的部份，將會在後續的內容中與其它的功能相互結合運作，不過使用者可以透過系統內容的設定，確實的掌握系統的運作狀態，以及系統資源的使用情況，當有硬體裝置無法發揮作用時，也可透過系統內容中的裝置管理員，進行驅動程式的更新與系統環境的調校，就能夠解決所面臨的問題，因此熟悉系統內容的設定，在系統管理上是一件相當重要的事。

2-4 網路環境

網路對於伺服器而言是相當重要的，當完成伺服器的建置時，接著必須確定所在的網段，設定相關的資料，包括了IP位址、子網路遮罩、通訊閘、名稱伺服器等資訊，而且根據所使用的網路環境，還必須確定所使用的通訊協定是否恰當，能否支援所需要使用的網路服務，這些都是在建置伺服主機時，必須考量的問題，因為所有的服務，大多必須透過網路的連線才能提供。

一般項目的設定

網路環境的設定，主要是針對所使用的網路卡進行相關組態的設定，包括了所使用的通訊協定以及網路的服務，一般而言在安裝作業系統時，都會預先安裝了一些必要的項目，例如：網際網路通訊協定（TCP/IP）等，不過這些項目中，例如：網路負載平衡，則必須電腦叢集的建置，才能夠發揮作用。

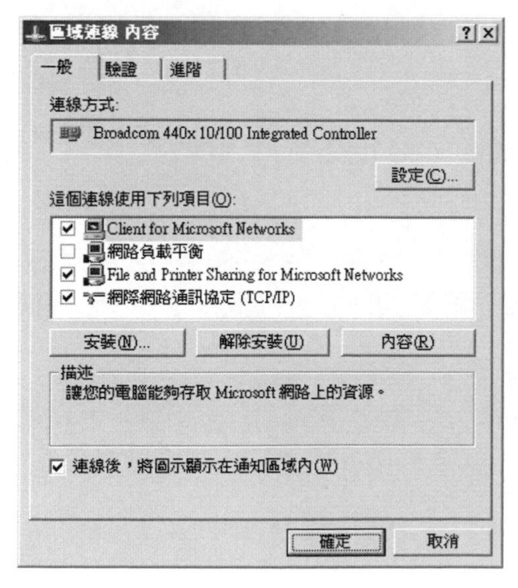

一般內容的設定

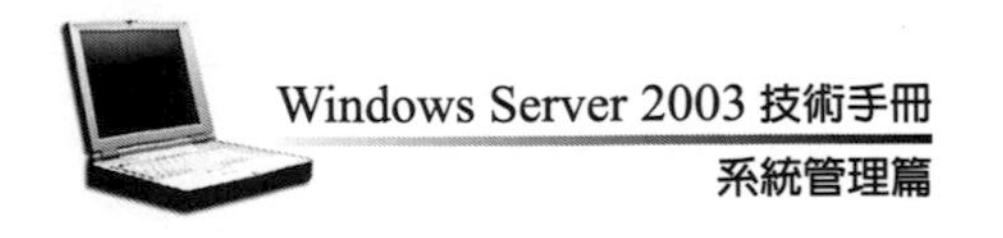

◆TCP/IP通訊協定的設定

以目前網際網路的環境而言，所有的項目中最重要的就是TCP/IP通訊協定，每一個連上網際網路的主機，都必須擁有唯一的IP位址，以目前IPv4的標準而言，是由四個數字所所組成，這像是網路上的地址一樣，能夠透過網路與其它的系統建立溝通的管道，除了IP位址之外，還必須設定子網路遮罩以及預設閘道，網路才能夠順利的連線到網際網路，另外如果區域網路內所使用的是虛擬的IP位址，則必須再透過NAT的機制，轉換為實體的IP位址才行。除了IP位址的設定，還必須輸入DNS伺服器的位址，DNS伺服器主要提供網域名稱的解析，詳細的運作模式，將在後續的章節中，配合DNS伺服器的建置，做個深入的介紹。

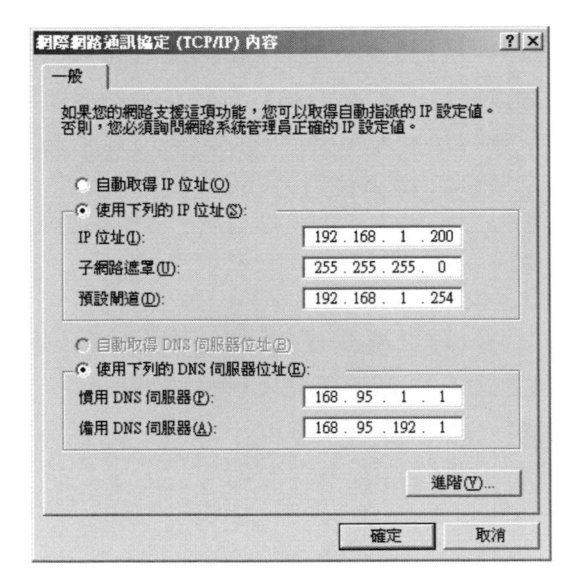

TCP/IP的設定

在進階TCP/IP的設定中，另外提供了「IP設定」、「DNS」、「WINS」以及「選項」等四個標籤頁，其中在「IP設定」項目中，可以再為網路卡設定其它的IP位址，以適用於不同網段的網路環境，不過如果是提供網路服務的伺服器，應該不會同時連接不同的網段，或是有隨時切換到不同網段的需求，因此建議只輸入一個固定的IP位址即可。

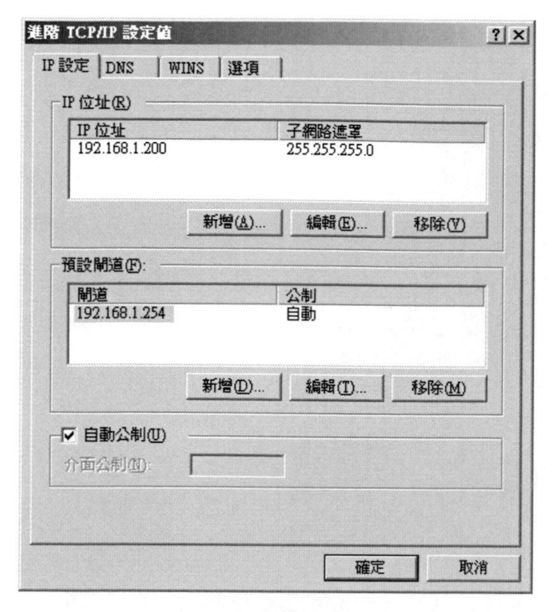

IP的進階設定

DNS伺服器的設定，可以輸入多台的DNS伺服器位址，並且排列查詢的順序，如需要進行網域名稱的解析時，將會由上而下，依序向DNS伺服器進行查詢的動作，如果找不到才會向下一台查詢，一般而言至少須設定兩台DNS伺服器，以防DNS伺服器無法提供服務時，不會造成無法使用網路服務，DNS的設定將會套用到所有的TCP/IP連線，如果發生條件不符的情況，可以選擇在這所提供的幾種解決的方式，預設設定好解決的方法，可以減少管理人員的負擔。

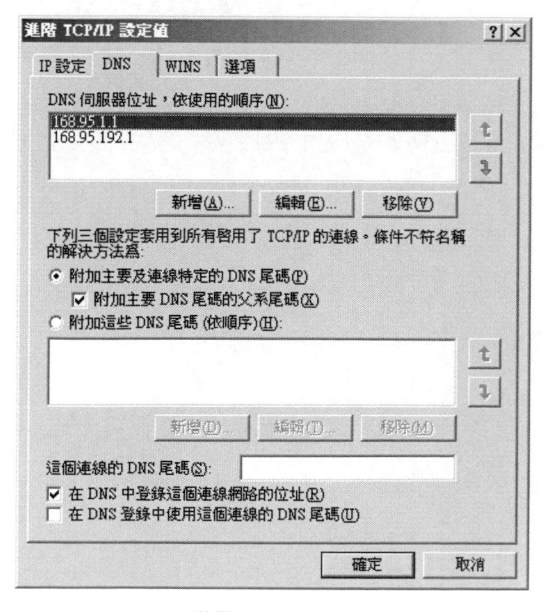

進階DNS的設定

WINS伺服器可以提供登錄及查詢網路中所使用的電腦及群組的NetBIOS名稱的服務，不過這在區域網路的建置中並非必要的伺服器，不過在如果同一個網段中有較多的設備，為了提昇網路資源的服務效率，則可以透過WINS伺服器的建置來提昇，如果已經完成WINS伺服器的建置，則可以在這輸入WINS伺服器的IP位址，也可以直接匯入LMHOSTS的設定，另外在NetBIOS的設定上，可以選擇使用「預設值」、「啟用」或是「停用」NetBIOS，如果使用系統預設的環境，則會使用來自DHCP伺服器的NetBIOS設定，在使用固定IP位址的網路環境中，具可以選擇「啟用」NetBIOS over TCP/IP的選項，在這也可以新增多台WINS伺服器的位址，讓系統依序進行搜尋。

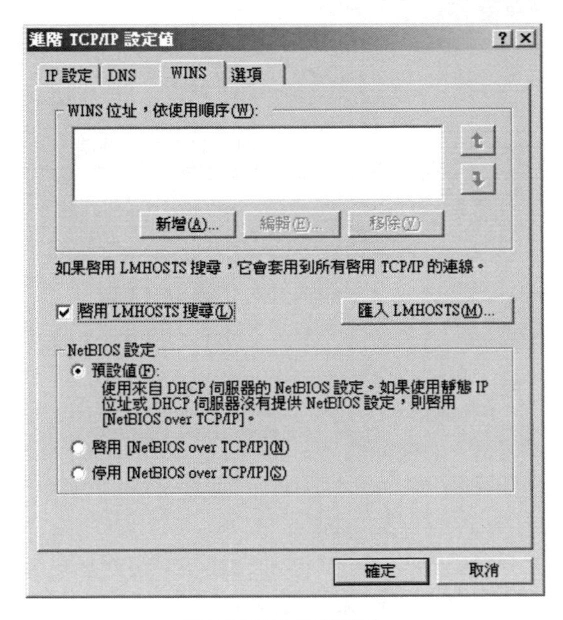

WINS伺服器的設定

在進階TCP/IP選項的設定中，可以配合目前系統所提供的服務，增加使用TCP/IP服務或是設定上的控管，搭配IP進行來TCP、UDP以及IP通訊協定進行權限的設定，允許特定的IP位址存取，或是直接將輸入拒絕提供服務的IP位址。

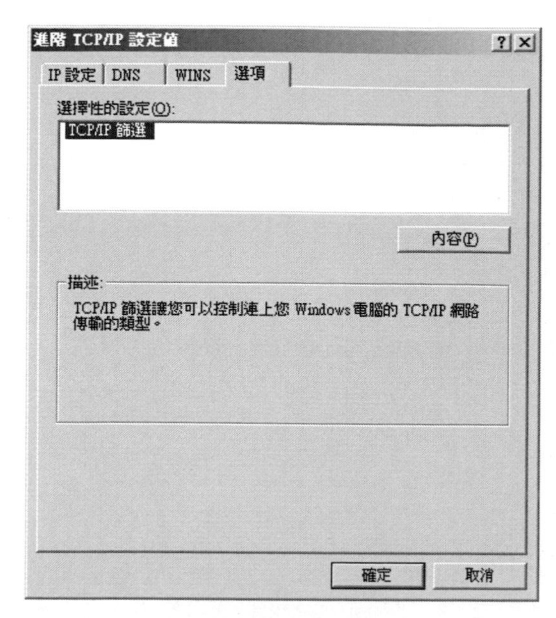

TCP/IP進階選項的設定

在「TCP/IP篩選」的項目中，可以選擇是否啟用「TCP/IP篩選」的功能，或是針對特定的IP進行設定，以限制或是允許這些IP是否能夠透過TCP連接埠、UDP連接埠或是IP通訊協定建立連線。

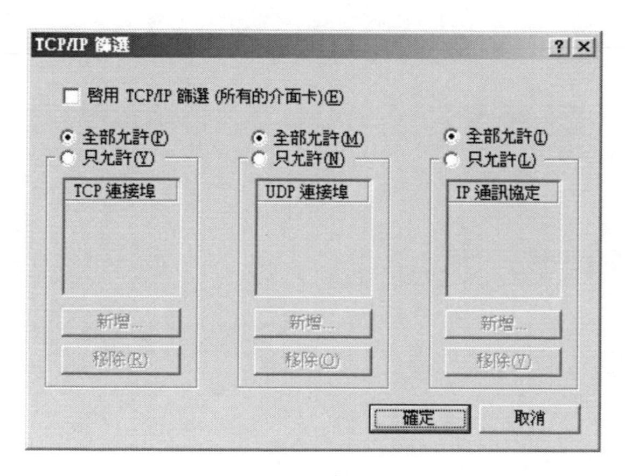

TCP/IP篩選

◆裝網路元件

在網路內容的設定中，如果需要其它的網路服務、用戶端以及通訊協定，都可以利用新增的方式，將需要的網路元件安裝到系統中，一般而言在較特殊的網路環境中，或是需要其它的系統平台透過網路連線時，就需要提供符合需要的網路元件，才能夠建立連線，在可以安裝的網路元件類型中，提供了「用戶端」、「服務」以及「通訊協定」三種。

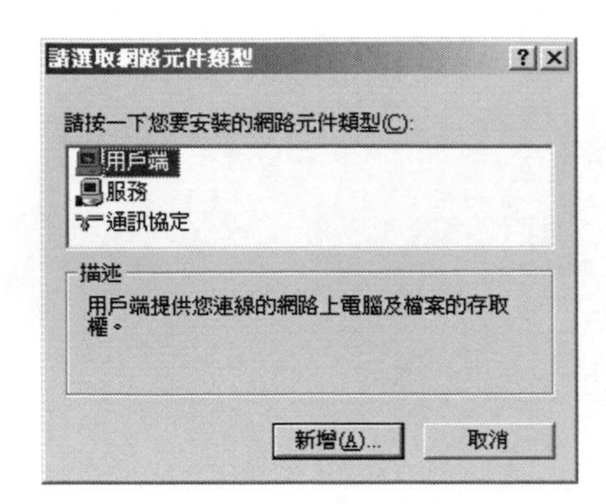

選擇網路元件類型

在「用戶端」的類型中，可以選擇「Client Service for NetWare」的用戶端元件，這是針對NetWare網路環境所提供的支援，如果所需要安裝的用戶端不在清單中，則可以自行提供，不過所安裝的用戶端元件，最好能夠通過驅動程式的數位簽章，以確保能夠與系統完全的整合，避免發生不相容的情況。

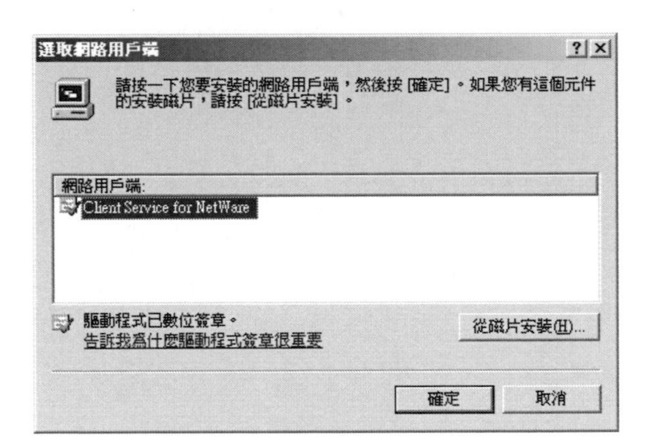

安裝用戶端

在「服務」的類型中，提供了「QoS封包排程器」以及「服務通知通訊協定(SAP)」可以選擇，服務品質（QoS）是一組服務需求，網路必須滿足這些服務需求，才能確保為資料傳輸提供適當的服務等級，QoS能夠讓即時程式以最有效率的方式使用網路頻寬，不過由於QoS提供了部份保證等級以提供足夠的網路資源，因此它會授予共用網路一個與專用網路相似的服務等級而QoS則保證能夠讓程式以指定速率在可接受的時間框內傳輸資料的服務等級。

而NWLink IPX/SPX/NetBIOS相容傳輸通訊協定（NWLink）會使用「服務通知通訊協定（SAP）」來尋找最近啟動的伺服器，以及尋找所有服務或指定類型的服務，而Windows的「路由及遠端存取」的服務安裝後，執行Windows的電腦也會使用SAP接聽SAP通知，並每隔一段時間建立SAP通知，以維護網路上可用服務的資訊，「QoS封包排程器」以及「服務通知通訊協定（SAP）」可以依據系統使用上的需求來決定是否安裝。

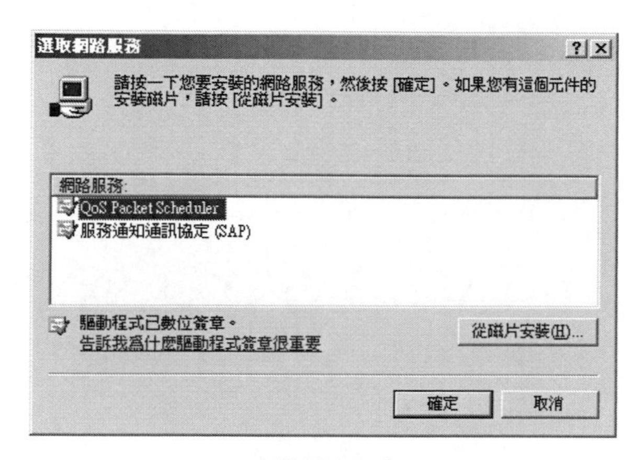

安裝網路服務

如果在安裝的用戶端、服務或是通訊協定可以選擇的清單中，找不到想要安裝的項目，則可以直接提供相關的資料，由磁碟直接安裝相關的程式即可，不過以Windows內附的網路元件而言，已經涵蓋了大多數常見的服務，因為目前的網路環境中，可能需要使用到多種不同的通訊協定，在安裝上可以直接由選單中直接點選想要安裝的通訊協定即可。

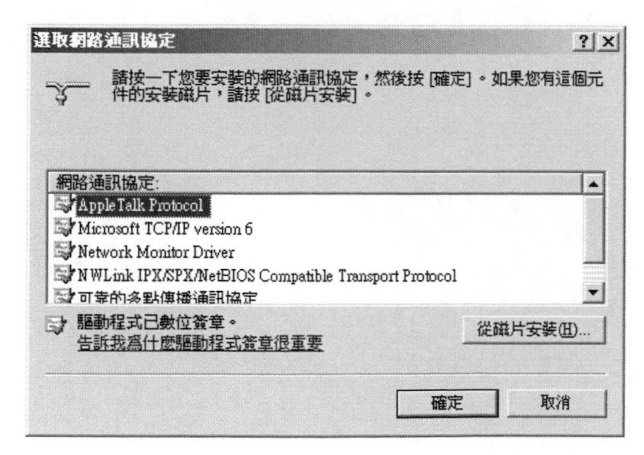

安裝網路通訊協定

驗證功能的設定

驗證的功能，主要是針對是否提供網路存取的服務進行身份的驗證，配合Radius或是其它提供認證的設備，例如：無線網路AP等，如果需要通過驗證才能夠存取網路的服務時，則必須使用這項功能，然後選擇所使用的EAP類型，可以選擇MD5、智慧卡或其它的憑證，至於使用何種模式，則必須與實際的網路環境相符合才行。

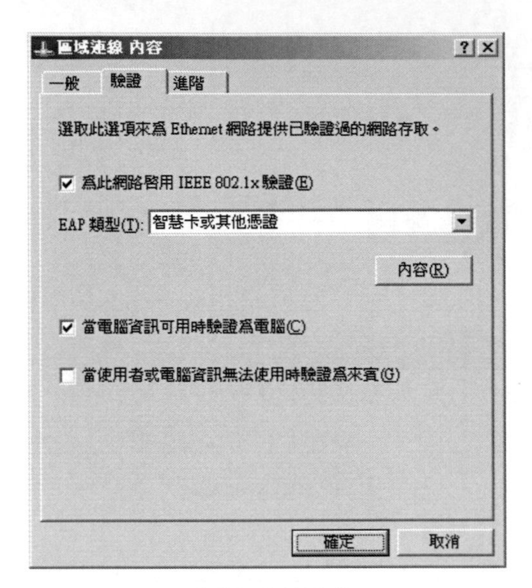

驗證內容的設定

不同的EAP類型都可以進一步進行相關參數的設定：

智慧卡或其它憑證內容

在「一般」標籤頁中，可以檢視目前憑證的資訊，主要有使用的目的以及發行的資訊，例如：發行機構與有效期限等。

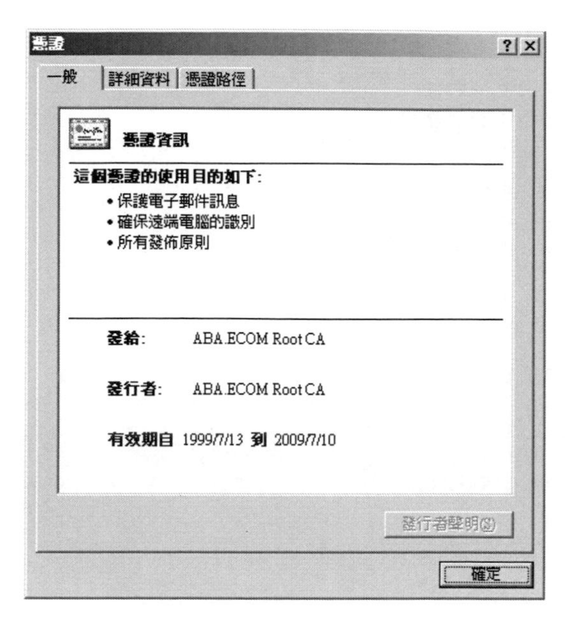

一般資訊

如果想要瞭解關於該憑證的詳細資料，則可以切換到「詳細資料」標籤頁，在這可以看到更多的資訊，包括了版本、序號、簽章演算法、發行者、有效期限等相關的資訊。

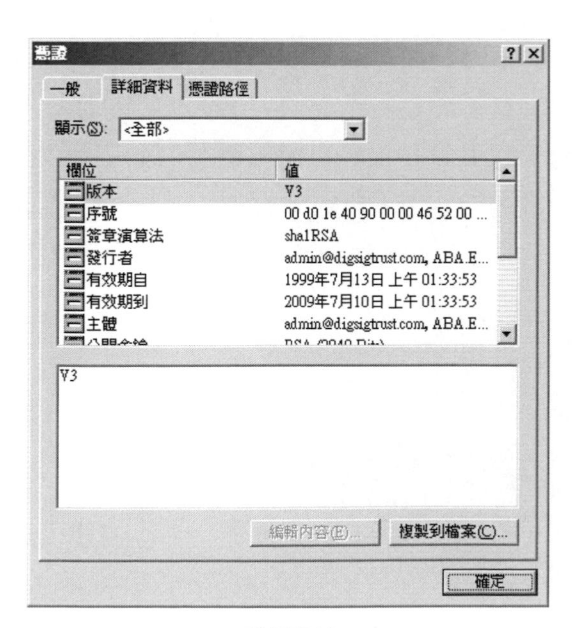

詳細資料

在「憑證路徑」標籤頁中，可以檢視目前憑證的路徑與狀態，以確認目前所使用的憑證可以正常的運作。

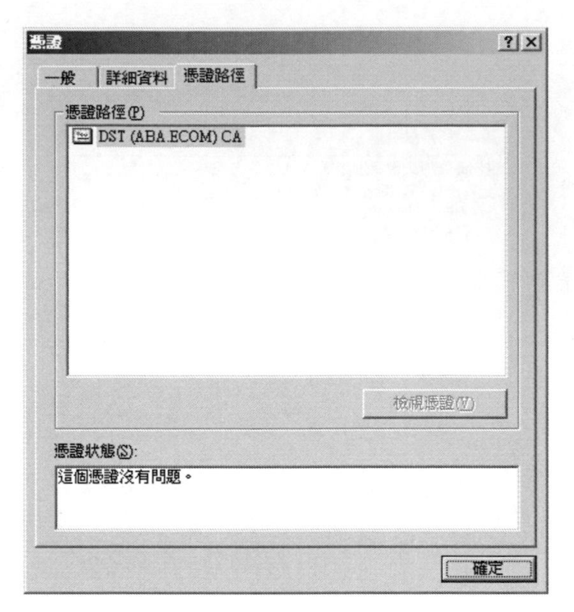

憑證路徑

進階功能的設定

進階功能的設定中，提供了網際網路連線防火牆的功能，這項功能可以限制或是防止來自網際網路對於電腦本身的存取，可以對於伺服器提供基本的防護功能，屬於軟體等級的防火牆，一般而言，伺服器大多會建置在DMZ區，也就是「非武裝區」，這個區域使用實體的IP位址，如果使用虛擬的IP位址，則必須透過NAT的方式來對應一個實體的IP位址，因為主要是提供對外的服務，例如：Web網站、FTP站、郵件伺服器等，因此針對防火牆的設定上，就必須特別的留意，因為屬於一台可以提供來網際網路存取服務的伺服器，在目前的網路環境中，相當容易成為攻擊的目標。

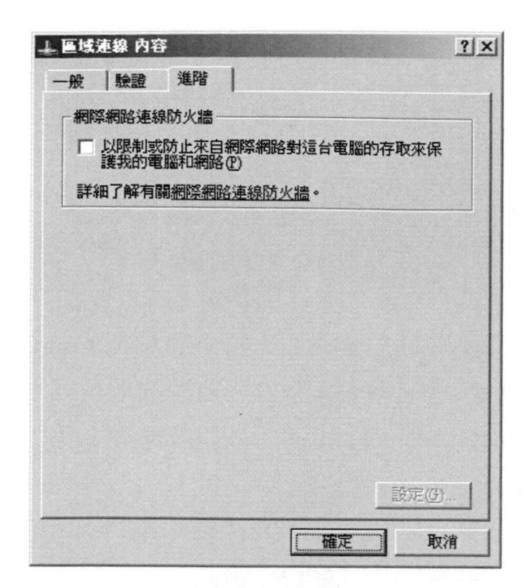

進階內容的設定

如果所使用的網路環境中，已經有硬體防火牆的建置，則可以考慮不使用Windows Server所提供的網際網路連線防火牆的功能，以避免增加管理上的複雜度，可以直接利用硬體的防火牆來管制不同區域之間的網路存取權限。

2-5 儲存環境

網路伺服器提供各種不同的網路服務，不過除了這些服務之外，儲存資料的環境也是相當重要的，因為不同的服務都會產生不同檔案需求，例如：系統服務記錄檔或是檔案伺服器所需要的磁碟空間，針對不同的服務，都必須考量到儲存環境的需求，在這一節中將針對Windows所提供的磁碟工具進行介紹，透過磁碟的分析與重組，能夠確保檔案的存取效能。

清理磁碟

使用者可以直接由選單中選擇想要清理的磁碟機，一次只針對一個磁碟進行清理的工作，一般而言在安裝作業系統的磁碟機中，因為需要經常提供系統檔案的存取，或是當做程式執行時的暫存空間，因此在進行磁碟的清理工作時，大多會先針對系統磁碟著手。

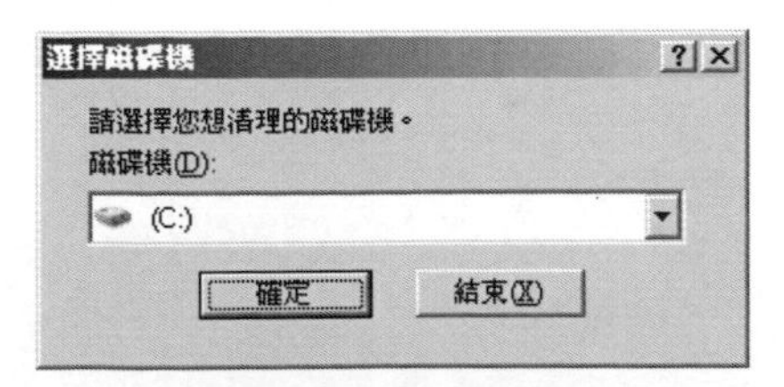

選擇想要清理的磁碟機

在「清理磁碟」的標籤頁中，提供了多種不同類型的暫存資料類別，例如：下載的程式檔案、瀏覽器開啟網頁時的暫存檔案、資源回收筒中的資料、暫存的檔案、壓縮的舊檔案等等，在這將會知道這些類別所佔用的磁碟空間，點選這些類別就可以瞭解每一個類別所代表的意義。

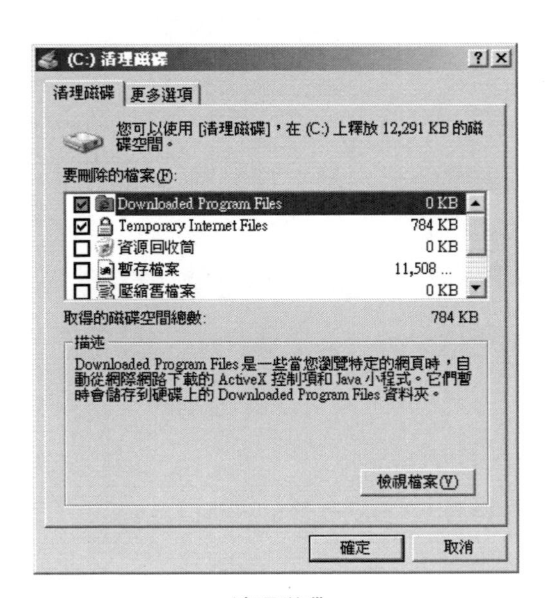

清理磁碟

在選擇好想要刪除的檔案類別後，可以利用「檢視檔案」的功能，以確定這些資料是否進行刪除的處理程序，如果是要刪除舊的檔案，可以從修改日期進行判斷，不過這些資料或是檔案在進行清理的程序後，將會完全自磁碟中刪除，不再佔用任何的磁碟空間，不過這也代表著將無法回復被刪除的檔案。

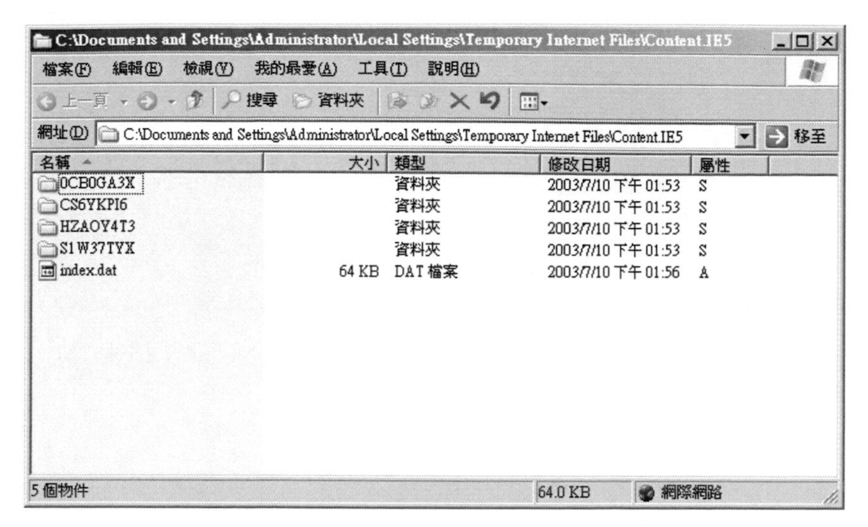

檢視檔案

切換到「更多選項」標籤頁中，在這提供了三個不同的功能，分別是「Windows元件」、「已安裝的程式」以及「系統還原」，如果想要針對這三個不同的類別進行資料的清理，也可以直接在這透過「清理」的功能進行，不過在進行清理的程序時，將會開發相對應的畫面，例如：新增/移除程式、移除Windows元件等，可以視為進行Windows元件或是應用程式的反安裝動作。

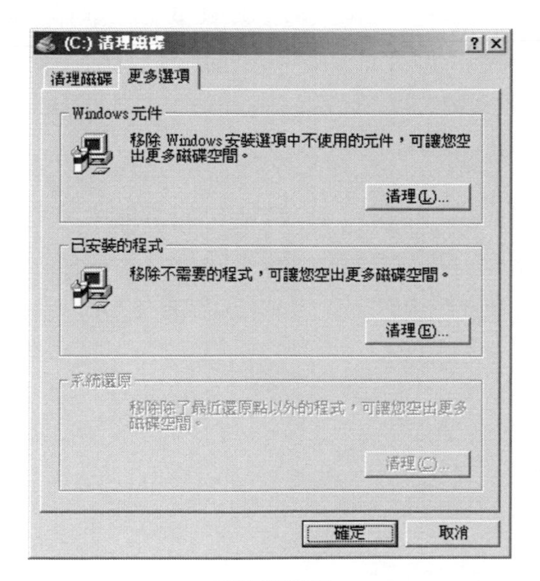

更多的選項

設定好所有的項目後，就可以開始進行磁碟的清理工作了，依據所清理的資料量，以及項目的多寡，將會花費一些時間，不過可以從目前的對話方塊中，看到處理的進度，以及正在清除的檔案。

正在清理磁碟

一般而言，清理磁碟是進行磁碟重組前的工作，先將一些用不到或是暫存的檔案移除，以空出所佔用的磁碟空間，然後再透過磁碟重組的處理，能夠將磁碟的空間做最有效率的應用，也可以提昇系統的整體效能。

磁碟重組

磁碟重組的工作，可以視為系統維運的例行性工作，為了確保系統本身運作的效能，必須定期的進行磁碟的分析以及磁碟的重組工作，以解決檔案過於分散的情況，減少檔案的不連續，可以提昇磁碟存取的效能，能夠影響到系統運作的效能。

◆磁碟分析

磁碟分析可以協助使用者瞭解目前磁碟的使用情況，確定是否有過多的分散檔案，以及剩下多少比例的可用空，因此最好定期的進行磁碟的分析，往往系統的效能變差，大多數是因為磁碟的效能不佳所引起，而磁碟效能不佳，則是因為有過多的分散檔案，導致磁頭在存取資料時，需要花費較多的時間，因此在進行磁碟重組的程序之前，最好先進行磁碟的分析。

在選擇想要分析的磁碟畫面中，可以瞭解目前系統中所有的磁碟，以及所使用的檔案系統，另外也會顯示每一個磁碟的總容量與目前的可用空間，再依據總容量以又可用空間，計算出可用空間百分比。

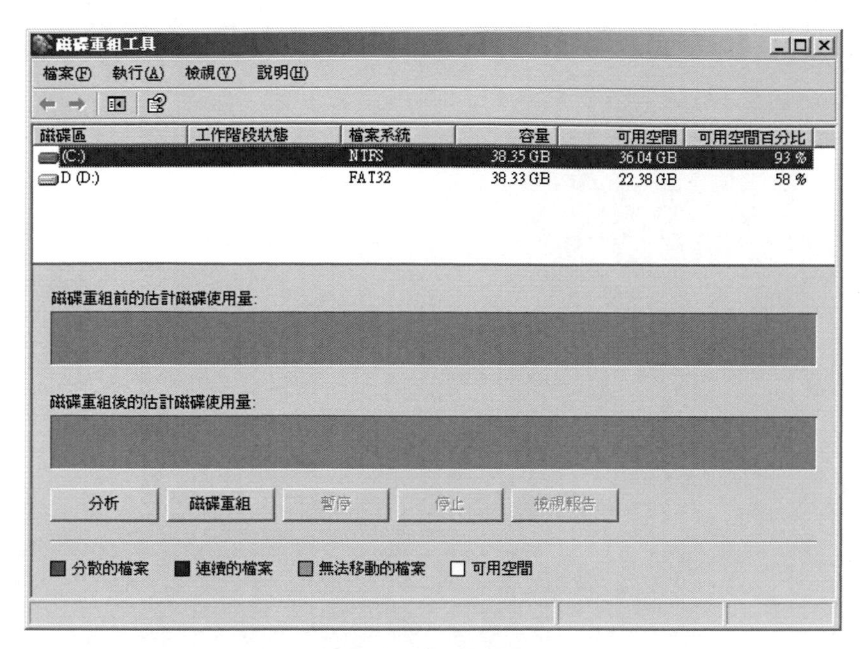

選擇想要分析的磁碟

執行磁碟的分析需要花費一點時間，完成後就可以選擇是否檢視報告，或是直接再進行磁碟重組的程序。

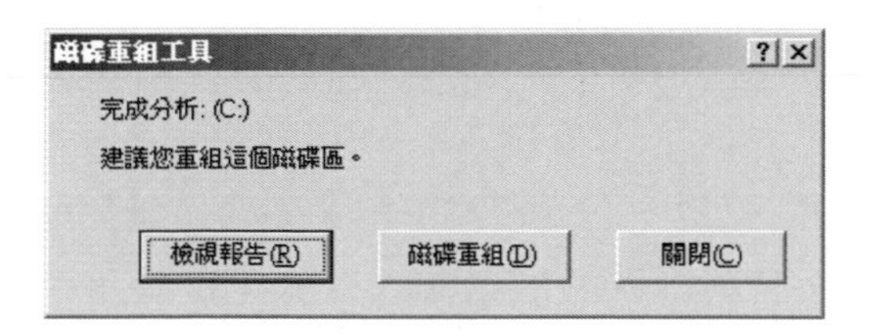

完成分析

開啟分析報告，可以看到詳細的磁碟區資訊，包括了磁碟區的大小、叢集大小、已使用空間、可用空間、可用空間百分比以及估算磁碟區分散的程序，另外在最分散的檔案清單中，也會依照檔案的分散程序，詳細的列出每一個分散的檔案被切割的片段，以及整個檔案的大小，這些資訊都可以提供我們做為是否進行磁碟重組時的考量。

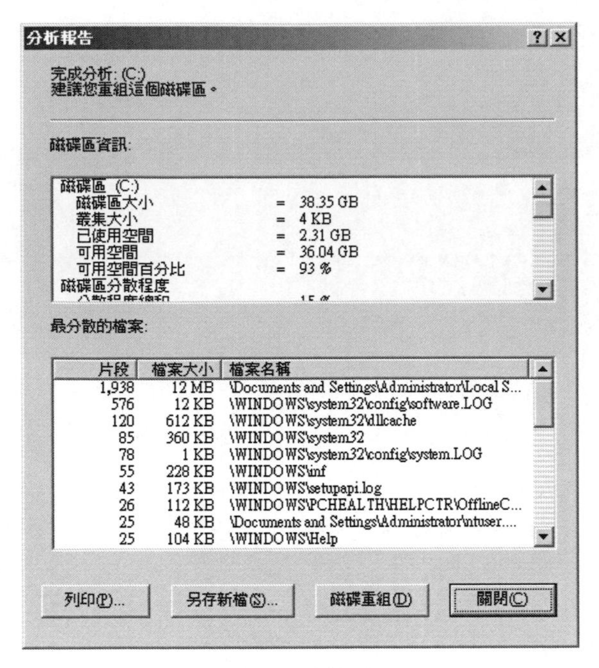

詳細的分析報告

◆磁碟重組

選擇進行磁碟重組後，將會顯示重組前估計的磁碟使用量以及重組後的估計磁碟使用量，並且以不同的顏色來顯示分散的檔案、連續的檔案、無法移動的檔案，而其中空白的區域則是未使用的磁碟空間，進行磁碟重組，主要是針對分散的檔案進行整理，因此在整個重組的過程中，將會進行分散檔案的檔案片段搬移程序，將屬於同一個檔案的片段放在一個連續的空間，變成一個連續的檔案，整個磁碟重組的時間，會因為磁碟的容量大小以及檔案的分散程度而有所不同，如果不常進行磁碟重組的系統，大多需要花費較長的時間，才能夠完成磁碟重組的程序。

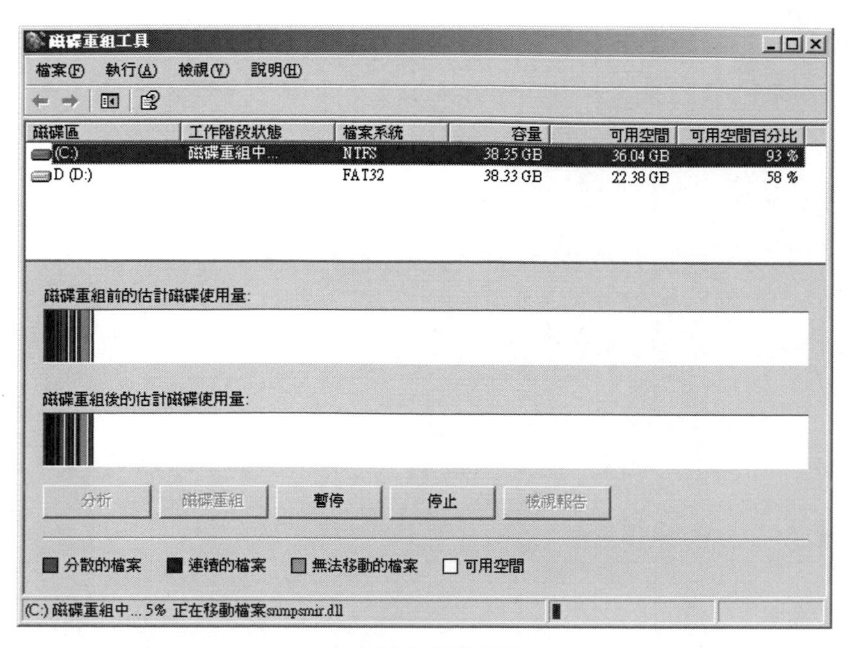

正在進行磁碟重組

磁碟重組工具一次只能夠針對一個磁碟進行磁碟重組的工作，而在磁碟重組的過程中，可以由圖形的變化，瞭解目前分散檔案的重組情況，並且可以看到目前完成的百分比，在完成磁碟重組的程序後，可以由磁碟重組後的估計磁碟使用者圖示中，看到分析的檔案已經完成重組的程序，變成連續的檔案了，這樣當系統或是應用軟體需要存取檔案時，磁頭不需要移動頻繁，就能夠取得所需要的檔案資料了。

完成磁碟的重組

磁碟重組報告中，提供了更詳細的資訊，包括了磁碟區以及磁碟區分散程度的資料，另外如果仍有未完成重組的檔案，也會詳細表列在未重組的檔案清單中，一般而言如果有未能夠完成重組的檔案，大多是因為目前已經開啟或是無法進行搬移的檔案。

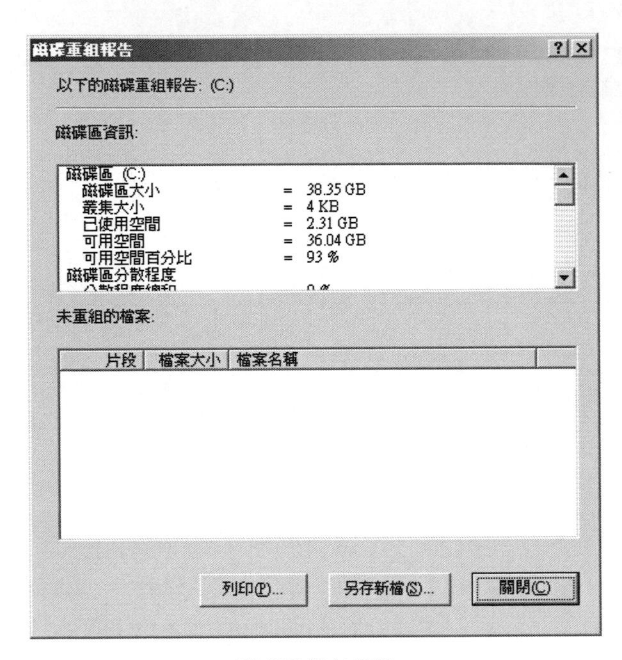

磁碟重組的報告

磁碟分析與磁碟重組應該是系統管理上例行性的工作之一，因為定期的進行磁碟的重組，能夠改善檔案過於分散的問題，可以提昇系統的存取的效能，而且目前作業系統或是應用程式，大多會利用實體的磁碟當做執行程式時的暫存區，因為如果過於分散的檔案，或是無法提供一個連續的磁區供做暫存資料的磁區，就會造成需要重複移動磁頭的位置，而影響磁頭讀取資料時的效能。

製作備份

較完整或是較專業的伺服器，為了提高系統資料的安全性，例如：系統檔案、使用者資料等，都會定期的進行資料備份的處理程序，當有意外發生時，就可以進行資料還原的處理，以降低資料遺失的風險，在Windows Server中提供了一個相當好用的備份工具，能夠支援磁碟、磁帶機等高容量的儲存裝置，配合排程的管理就能夠自動化的進行備份的程序，能夠減少系統管理人員的負擔。

◆備份或還原精靈

備份或還原精靈可以引導我們完成相關的設定，並且進行資料的備份或是還原的程序，主要是針對所選擇的資料進行備份的處理，或是還原先前曾經備份過的資料。

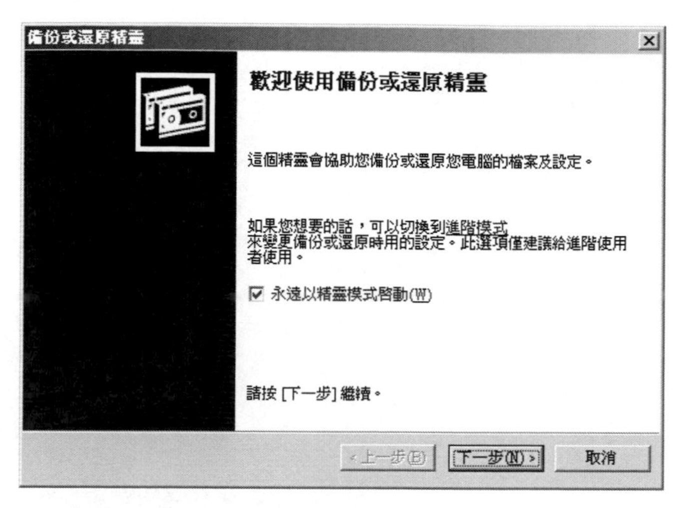

備份或還原精靈

選擇要進行備份或還原的程序，選擇不同的模式將會進入不同的設定項目，以下以備份資料為例進行介紹。

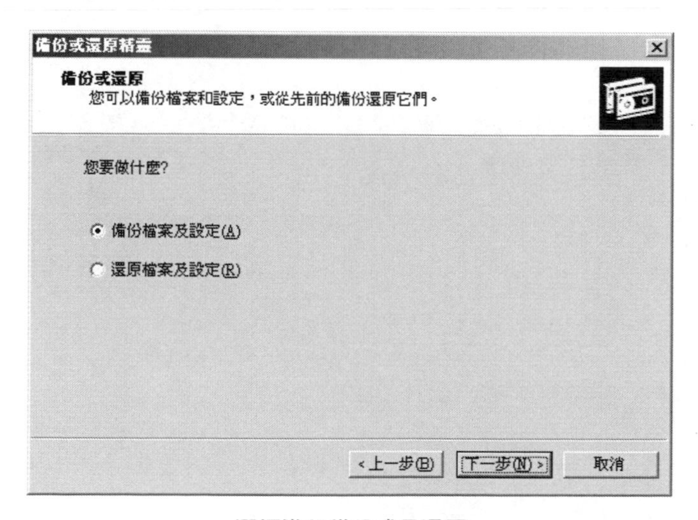

選擇進行備份或是還原

選擇備份的資料，可以指定備份所有的資料或是僅備份指定的資料，一般而言除非是為了保護所有目前在系統上的資料，否則只會選擇特定的資料進行備份，將重要的資料進行備份，並且將製作好的備份檔案儲存至指定的位置，或是配合磁帶機等儲存設備進行備份與保存。

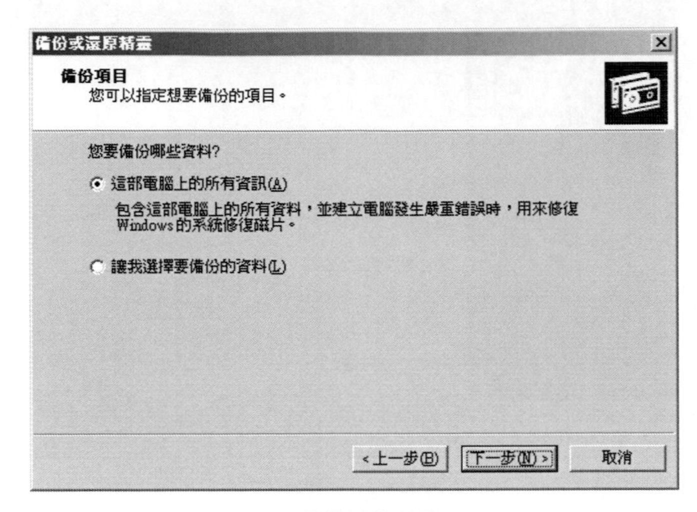

選擇備份的項目

選擇備份的類型與儲存備份的位置，另外必須輸入此備份檔案的名稱，一般而言在設定檔案的名稱時，大多會以今天的日期做為檔案名稱的一部份，並以此為識別的資訊，往後在找尋備份檔案時較為方便。

指定儲存的位置

完成所有的設定後，就可以進行備份的程序，最後將會顯示先前所有的設定資訊，以提供使用者做為最後的確認，主要是針對名稱以及備份的內容，而描述的內容是由備份精靈自動產生的，為目前系統本身的日期與時間。

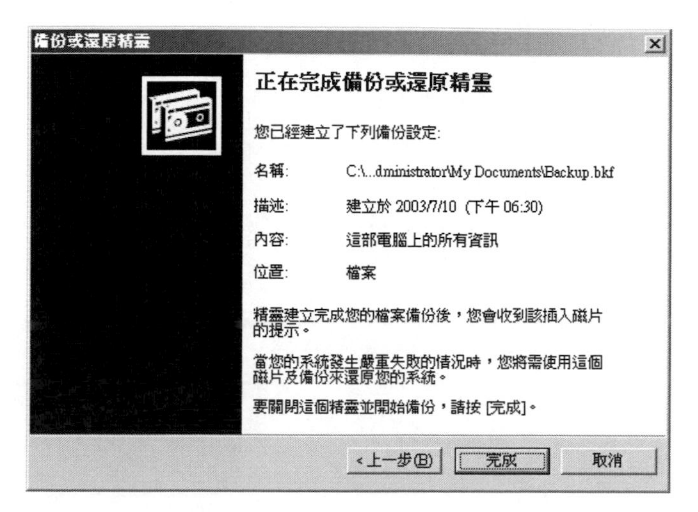

確認畫面

接著將會進入備份資料的處理程序，首先會先依據所指定的備份項目，進行系統自動修復的處理程序，在這會建立磁碟區的清單，將磁碟區的資訊存放到電腦中，以做為備份檔案時的參考資料。

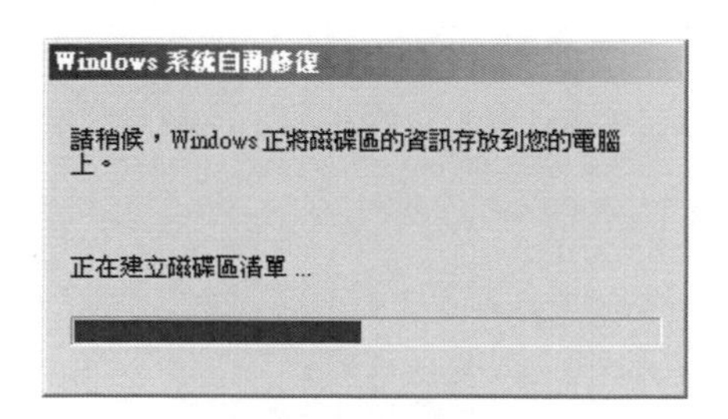

系統自動修復程序

接著會進行檔案的備份處理，在畫面上可以看到目前處理的進度，包括了預估處理的時間、處理中的檔案、已處理的檔案數、預估需要處理的檔案數、位元組以及目前的狀態，這些資訊會因為所處理的檔案數量、大小而有所不同，不過由這些資訊可以讓使用者掌握目前處理的進度以及正在進行的程序。

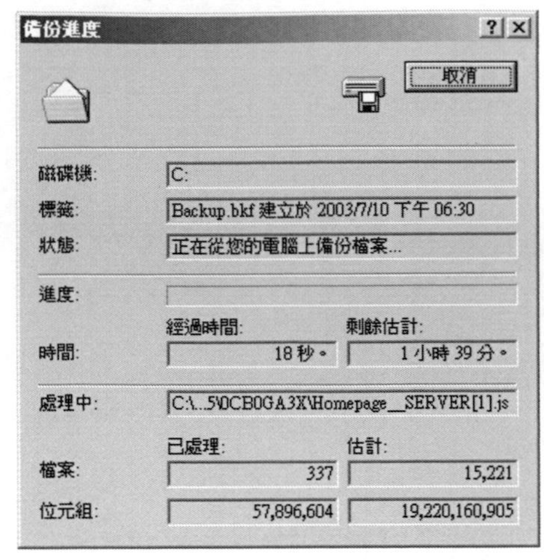

備份的進度

◆進階模式

進階模式可以直接進入備份公用程式，在這提供了備份、還原以及系統自動修復精靈，透過環境的設定，能夠對於備份或是還原的作業程序提供更完整的功能，包括了備份精靈、還原精靈以及系統自動復修精靈，除了能夠備份使用者所指定的檔案外，也可以提供備份系統設定資料，透過不同的備份公用程式，可以滿足不同的需求，可以指定備份的資料，也能夠將先前所備份好的資料還原，另外也能夠針對系統的資料進行備份的處理，想要備份系統的資料時，並不需要備份整顆硬碟，而是針對與系統相關的設定進行備份，這對於系統的管理而言，能夠提供較完整的防護，當系統發生問題時，可以透過先前所備份好的資料進行復原或是修復的處理。

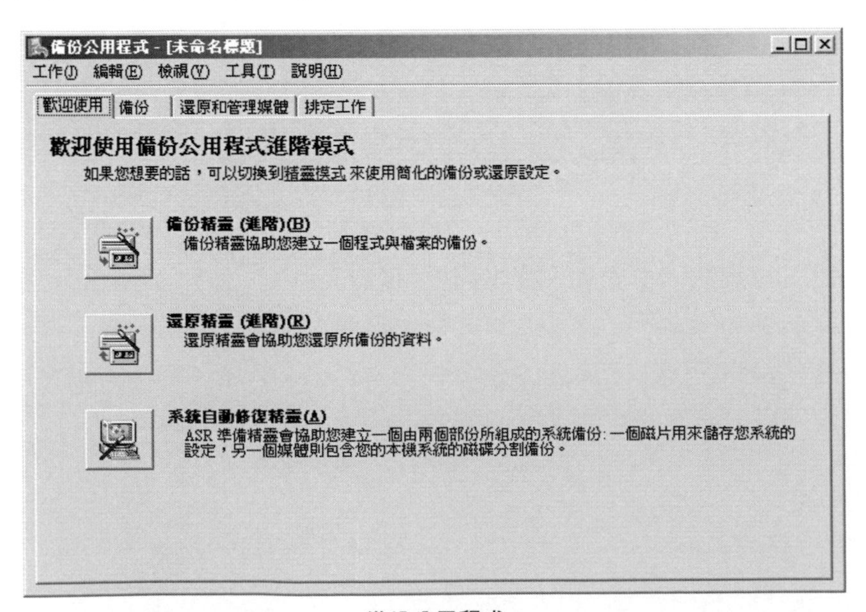

備份公用程式

在「備份」標籤頁中，可以直接選擇想要備份的磁碟機、資料夾或是檔案，接著指定好備份的目的地，如果系統中有安裝磁碟機，則在這可以選擇將資料直接備份到磁帶上，再輸入備份媒體或檔案的名稱後，就可以開始進行資料的備份程序了。

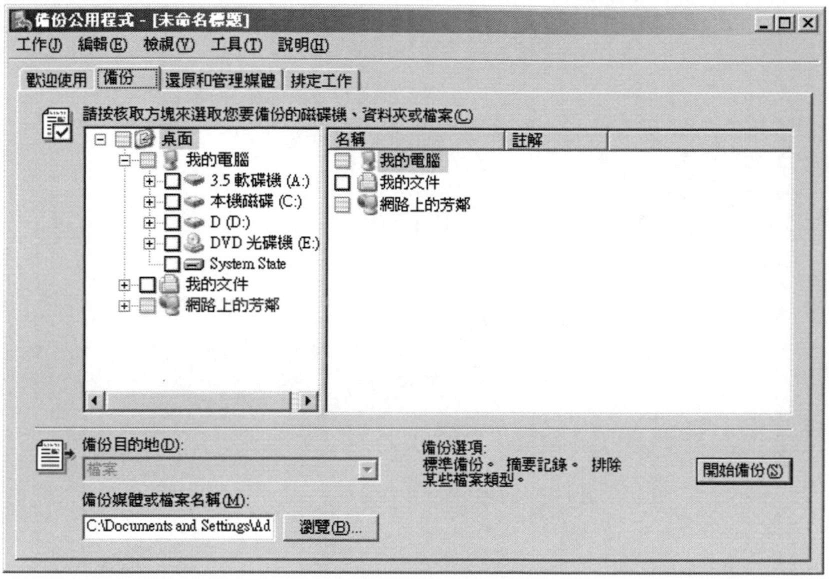

選擇備份的資料

對於已備份或是曾經進行還原處理的資料，在備份公用程式中也提供了管理的界面，透過「還原和管理媒體」的功能，可以針對備份的資料進行管理，在進行還原的處理程序時，必須指定還原的方式，例如：可以選擇將檔案還原到原始位置，完成所有項目的設定後，就可以開始進行資料還原的處理程序了。

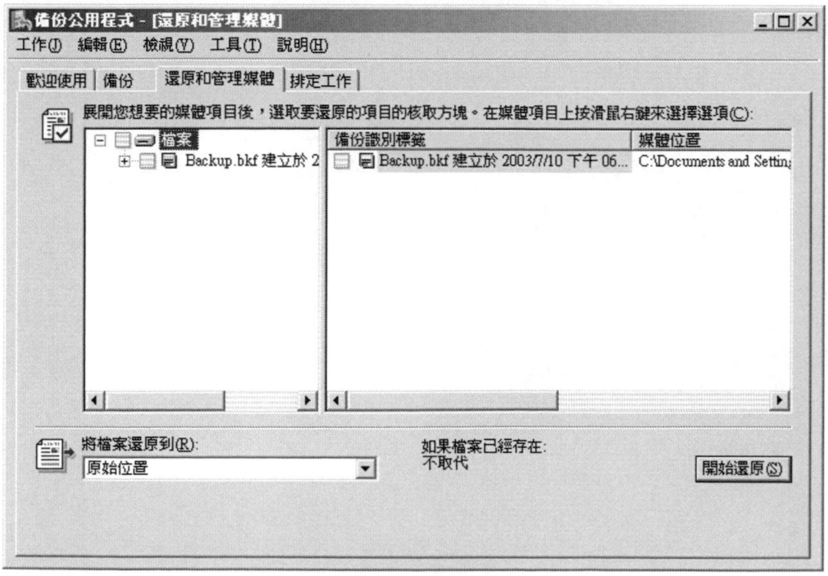

還原備份的檔案

以系統管理的角度而言，大多需要將一些定期需要進行處理的程序，利用排程的方式，讓系統自動執行，除了可以節省需要定期花費人力進行的時間外，也可以提供系統較佳的運作方式，以資料的備份而言，對於現有系統中一些重要的資料，例如：網站的資料、系統的設定資料等，這些例行性的備份工作，可以直接利用「排定工作」的功能，將想要進行備份的日期與時間，預先設定在系統中。

排定工作的日期與時間

◆選項的設定

在備份公用程式的選項設定中，針對備份、還原程序在執行的過程中，需要進行的處理提供了完整的設定選項，透過這些項目的設定，可以制定出符合作業需求的環境，讓整個備份或是還原資料更符合實際管理系統時的要求，以下將介紹關於選項設定的內容。在「一般」標籤頁中，提供了備份及還原操作的基本選項，在這可以依據實際上的需求，來決定所要使用的項目。

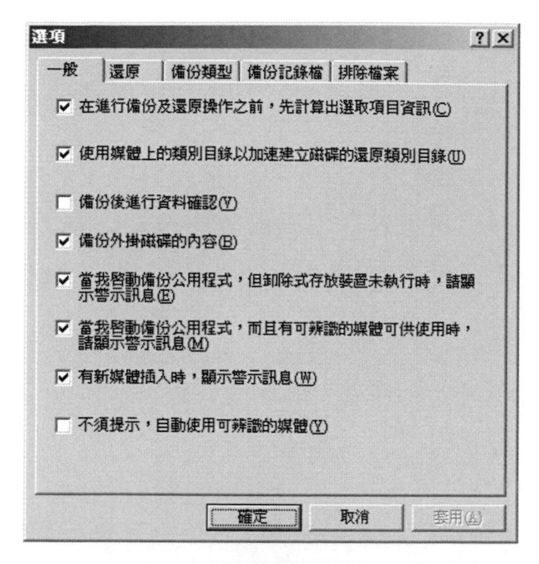

一般項目的設定

在「還原」標籤頁中，則針對還原檔案時，如果遇到原本的電腦上已存在相同的檔案時，將會如果處理此種情況，一般而言，並不建議直接取代已有的檔案，因為有可能會將更新後的資料覆蓋掉，在這提供了三種模式可供我們選擇。

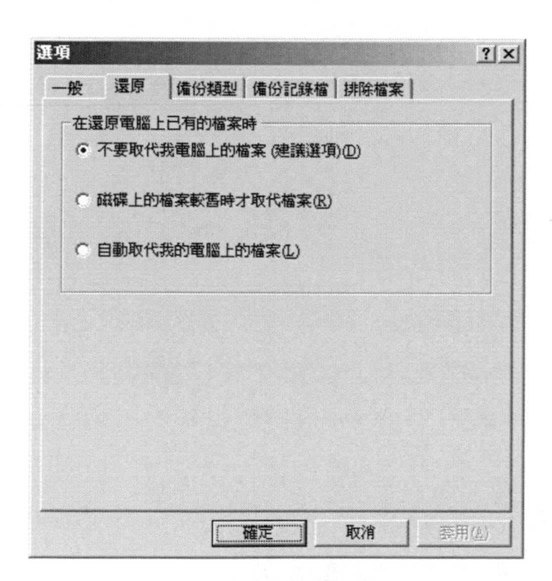

還原檔案的處理

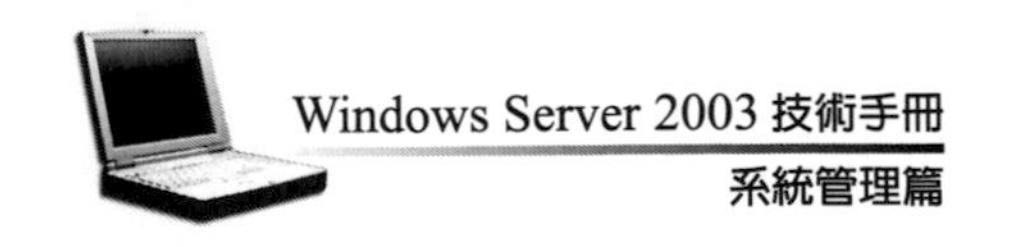

在「備份類型」標籤頁中，可以預設備份的類型，在這提供了「標準」、「複製」、「差異」、「增量」以及「每天」等五種不同的模式，這五種模式的差異如下：

- 標準：備份已選擇的檔案，並且將每一個檔案標示為已備份。
- 複製：備份已選擇的檔案，但是不要將檔案標示為已備份。
- 差異：只備份上次備份後才建立或修改的檔案，但是不要將它們標示為已備份。
- 增量：只備份上次備份後才建立或修改的檔案。
- 每天：只備份今天建立或修改的檔案。

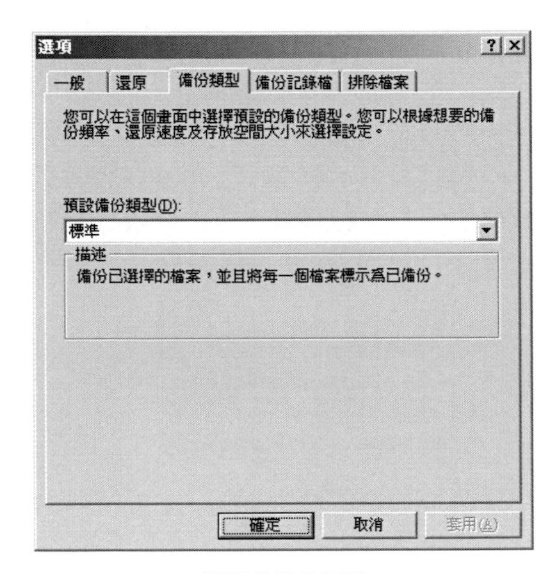

選擇備份的類型

在備份記錄檔的設定中，提供了三種不同程度的設定，分別是「詳細資料」、「摘要」以及「無」，一般而言為考量到記錄檔的大小，以及記錄檔資料的可用性，都會選擇「摘要」的模式，針對一些關鍵性的動作進行記錄，不過如果想要取得最詳細的資料，也可以使用「詳細資料」的模式，不過並不建議不記錄任何的資料，這對於資料的備份而言，就無法確實的瞭解整個資料備份的程序，或是曾經進行那些處理的步驟。

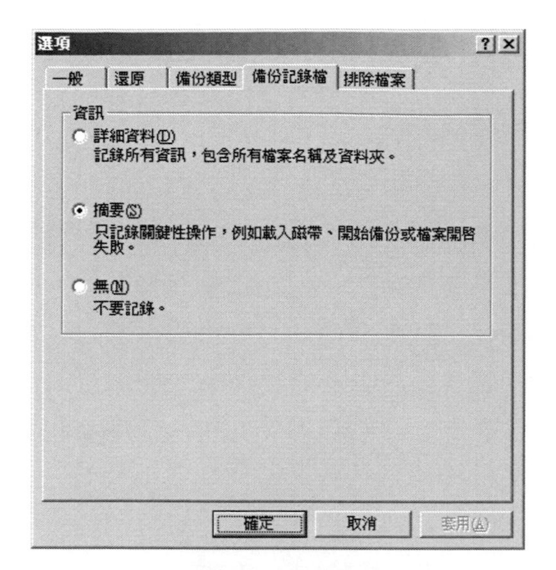

備份記錄檔的設定

針對備份資料時，也可以將一些特定的檔案排除在備份的資料之外，在「排除檔案」的標籤頁中，就可以直接指定在進行備份程序時，所要排除的檔案，可以針對所有的使用者或是目前所登入的使用者。

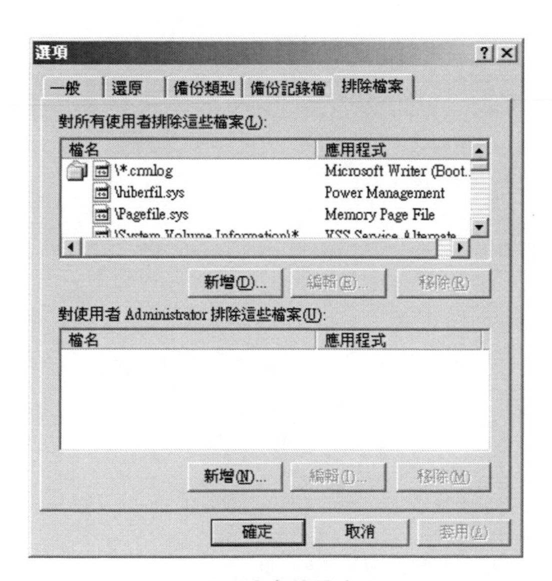

排除檔案的設定

備份資料的動作在平時的維運可能無法直接看出所影響的層面，不過當有意外事件發生，例如：系統遭到入侵或是硬體發生問題時，都有可能直接影響到系統復原的可行性以及需要花費的時間，因此資料的備份必須列入平時維運的必要工作，以備不時之需。

2-6 Windows程式管理

Windows作業系統在程式的管理上，都必須透過安裝以及移除的程序，將程式安裝到現有的作業系統，當不需要使用或是要進行新版軟體的安裝時，則必須先進行移除的程序，利用這樣的標準作業流程，才能夠確保程式能夠正常的運作，或是完全的移出目前的作業系統，如果沒有建立正常的程式管理觀念，則可能發生無法完成程式安裝，或是直接將不用的程式刪除的情況，這樣的作業方式或是系統管理的習慣，都有可能造成系統本身的不穩定，造成系統管理時的困擾，因此在Windows的程式管理方面，最好依循標準的作業流程，進行程式的安裝以及移除的程序。

程式的安裝

幾乎所有的程式，都會提供安裝的程式供使用者進行安裝，因此在進行程式的安裝時，最好使用指定的安裝程式，或是依照程式所提供的安裝方法進行安裝的程序，以確保程式在完成安裝後，能夠與作業系統完成的整合在一起，因為大多數的程式，在進行安裝的過程中，並不是單純只有進行程式檔案的複製，有些時候還會進行作業環境的調校以及參數的變更，因此最好依照所指的方式或是利用所提供的安裝程式進行安裝的程序，這樣往後在使用時比較不容易發生問題。

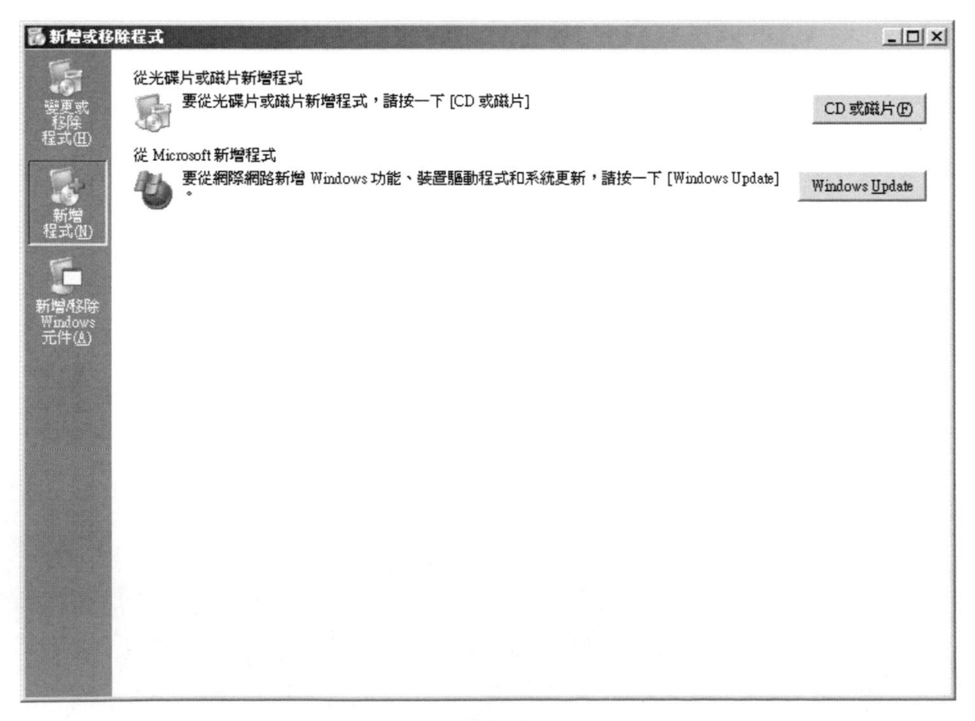

新增程式

移除現有程式

程式的移除必須依循標準的作業程序，才能確保所有的與程式相關聯的檔案能夠順利的自系統移除，或是完成系統環境的變更，因此在進行程式的移除，不能夠直接進行檔案的刪除，而必須透過程式的反安裝程式，或是利用系統所提供移除程式功能，才能夠順利用將程式自系統中移除，而不會影響到系統本身穩定性以及避免造成程式移除不完全的情況。

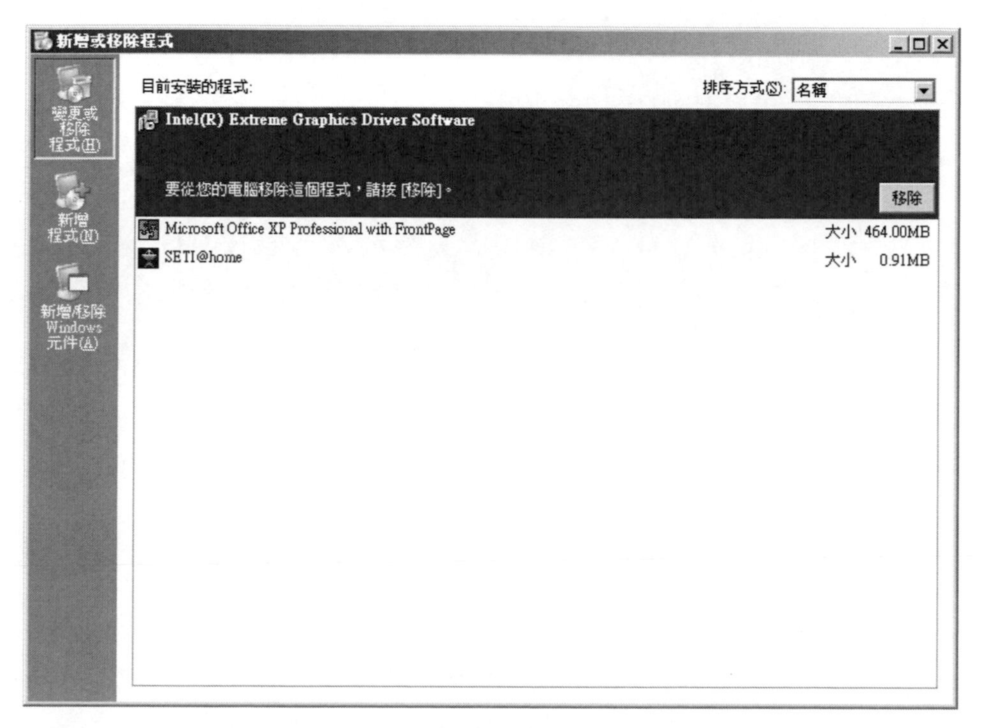

移除現有程式

移除程式時將會自動進行相關檔案的刪除，如果該程式使用了一些系統共用的檔案，則會進行系統環境的修正，以確定不會因為程式的移除，而造成系統不穩定的情況，不過對於一些自行開發，或是尚未成熟的軟體，可能會發生程式無法順利刪除的情況。

新增/移除Windows元件

Windows元件的新增或移除，都可以直接透過Windows元件精靈來完成，首先將會進行系統的分析，以確定目前系統中已經安裝好的元件，另外也會列出尚未安裝，但是Windows本身能夠提供的元件，不過在選擇安裝的元件時，必須掌握一個基本的原則，就是「用不到的元件不要裝」，這些本身用不到的元件，或是不想讓伺服器提供的服務，就不要安裝到系統中，因為部份的服務都會使用特定的通訊埠，或是啟動學特定的系統服務，因為原本就未規劃提供這方面的服務，所以在管理上往往會忽略了，這因此造成了系統在管理上的漏洞。

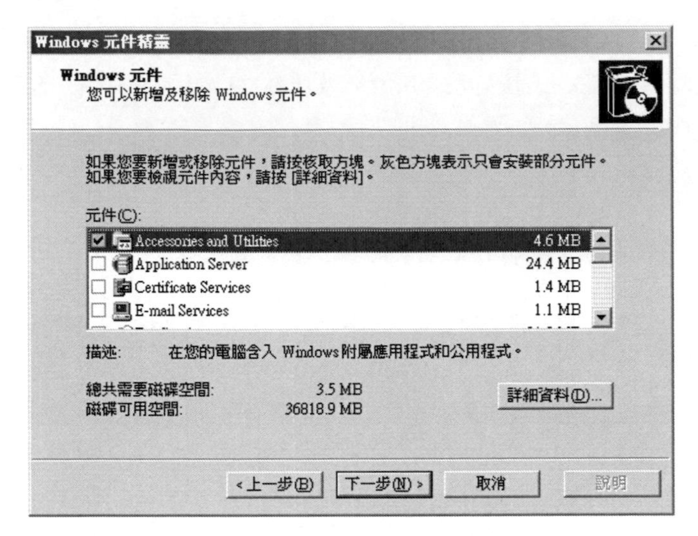

Windows元件精靈

在這些主要的元件中還有相關的子元件可以選擇，可以直接勾選想要使用的子元件，在選擇時可以參考一下所需要的磁碟空間，以及目前可用的磁碟空間大小，這些元件的說明資料會直接顯示在描述說明的區域中。

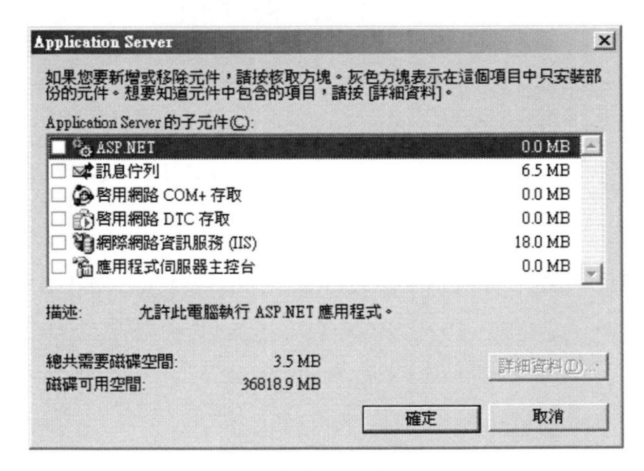

選擇子元件

因為這些子元件會被歸類在不同的類別中，因此對於想要安裝的元件，必須確定所屬的類別，才能夠順利的找到，不過同樣的原則是，需要使用的元件才進行安裝的程序，不需要的使用的就不要安裝到系統中，以避免造成系統管理上的問題，如果想要移除目前已安裝到系統中的元件，則可以直接取消勾選，就能夠進行移除的程序，Windows元件精靈會自動依據所需定的項目，進行系統環境的更新，這也包括了元件的啟用以及移除。

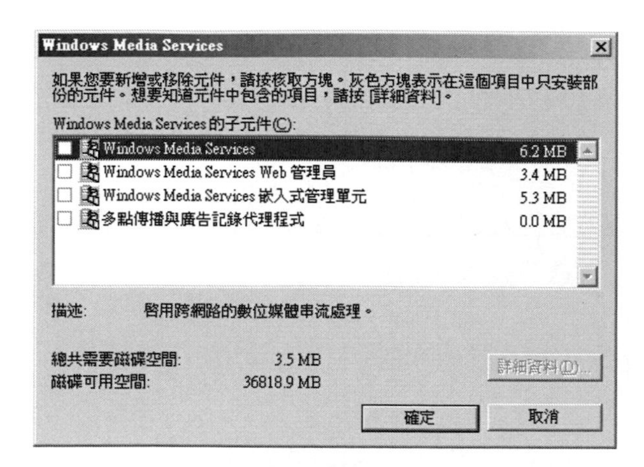

選擇子元件

完成所有項目的設定後，就可以進行元件的設定了，這些將會進行檔案清單的建立，並且進行元件的新增與移除。

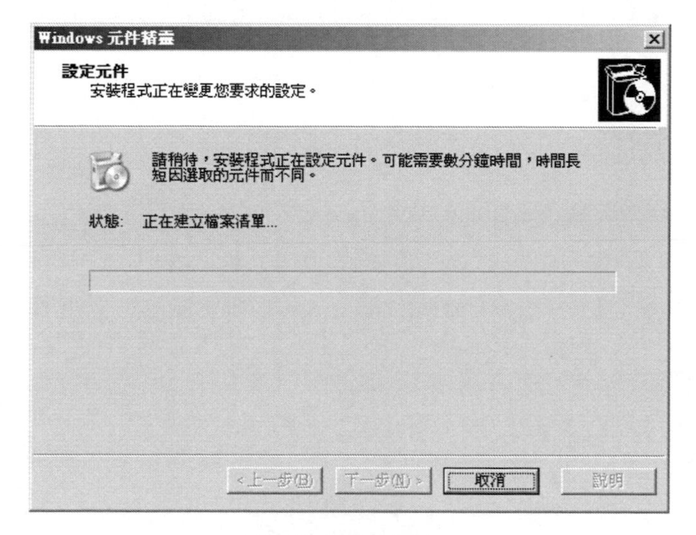

正在建立檔案清單

在新增元件的過程中，將會使用到Windows Server 2003的原版光碟片，因此必須提供給Windows元件精靈讀取相關的檔案，才能夠順利的完成安裝的程序。

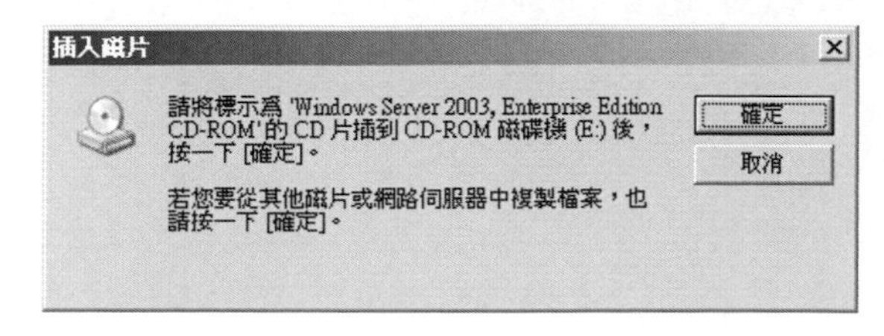

提供Windows Server 2003的光碟

Windows元件精靈確定能夠取得所需要的檔案或程式後，就會進行相關檔案的複製，並且進行環境的設定，以確定所安裝的元件能夠整合到系統中，並且提供預期的服務，複製檔案的時間將會依據所安裝的元件多寡來決定。

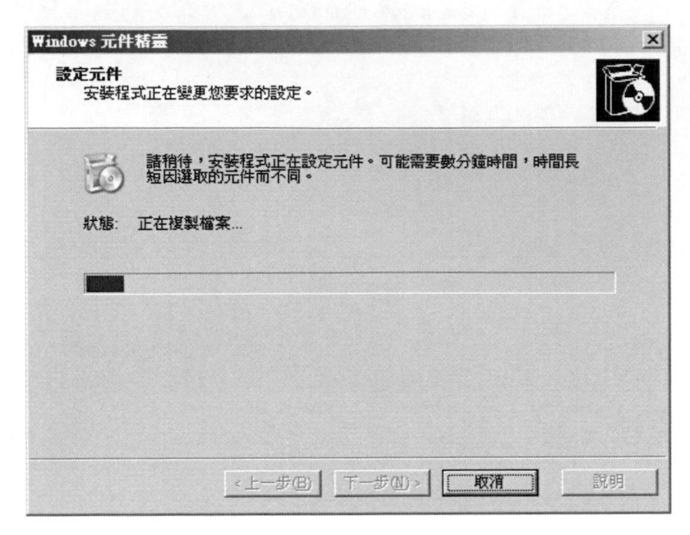

正在複製檔案

不過因為Windows能夠提供相當多樣化的服務，因此在安裝部份的元件時，有時候會因為其它的元件或是服務而影響到所預期的效果，不過Windows元件精靈會自動提供相關的訊息，以提醒我們留意這方面的問題，並且提供解決的方法，或是啟動服務時的模式供我們選擇，因此可以再依據所提供訊息，來決定啟動元件的方式，以確定能夠符合使用上的需求。

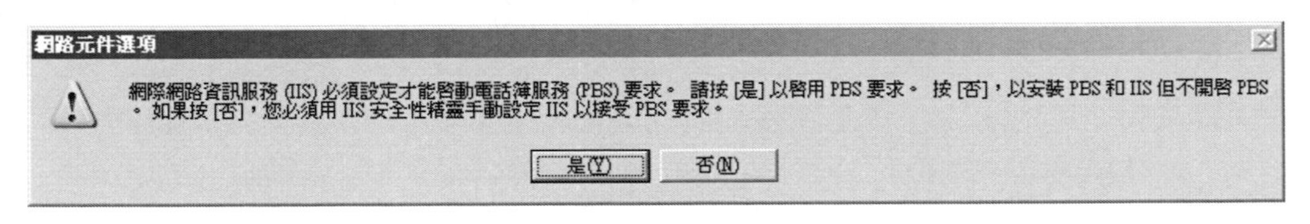

相關元件的提示

完成檔案的複製、移除以及系統環境的重設後，整個元件的新增或移除的程序就完成了，出現完成Windows元件精靈的設定畫面，就可以確定所選擇的元件進行完成了更新，不過部份的元件服務，必須重新啟動電腦才能夠發揮作用，接著可以依據畫面上的指示，來確定是否需要重新啟動電腦。

完成Windows元件精靈

Windows在程式的管理上，提供了相當妥善的設定界面，對於程式的新增與移除，透過標準的作業流程序，就能夠確保系統運作的穩定性，因此在進行程式的安裝與移除的程序時，必須依循此一標準。

Memo

系統服務篇

Chapter 3

檔案與列印服務

3-1　檔案分享
3-2　遠端磁碟共用
3-3　印表機的安裝與設定
3-4　列印管理
3-5　建立安全與防護機制

3-1 檔案分享

檔案的分享，可以分成本機的資料分享以及網路的資料分享，一般而言並不會針對特定的檔案提供分享，而是會將預備提供分享的檔案，放置在一個提供共用的資料夾中，不論是本機的使用者或是遠端的使用者，都可以直接存取這個提供共用的資料夾，就可以取得分享出來的檔案資源，因此在建置檔案分享的環境時，必須先建立一個放置分享檔案的資料夾。

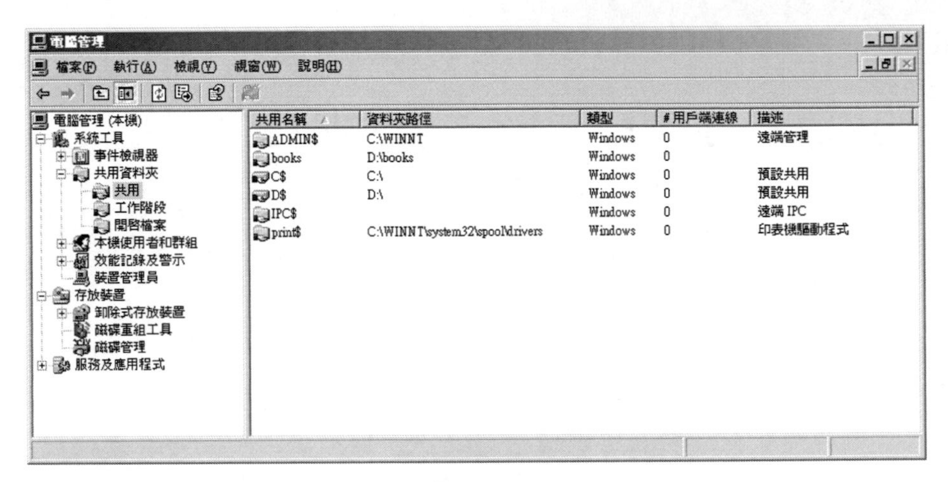

電腦管理

在「一般」標籤頁的設定中，可以設定使用者的限制，提供了「允許最大數目」以及「允許這個使用者數目」項目，另外也能夠進行離線環境的設定，以確定使用者能夠順利的存取共用的資源。

一般內容的設定

共用使用權限的設定，在這可以針對群組或使用者名稱提供共用時的權限控制，一般而言，如果是完全公開，而且不限制特定的使用者進行存取的資料夾，都會加入「Everyone」群組，並且開放所有的控制項目，例如：「完全控制」、「變更」以及「讀取」的權限，反之，如果提供共用的資料夾僅限於特定的使用者或是群組可以進行存取控制，則必須移除「Everyone」群組，以避免造成安全防護上的漏洞。

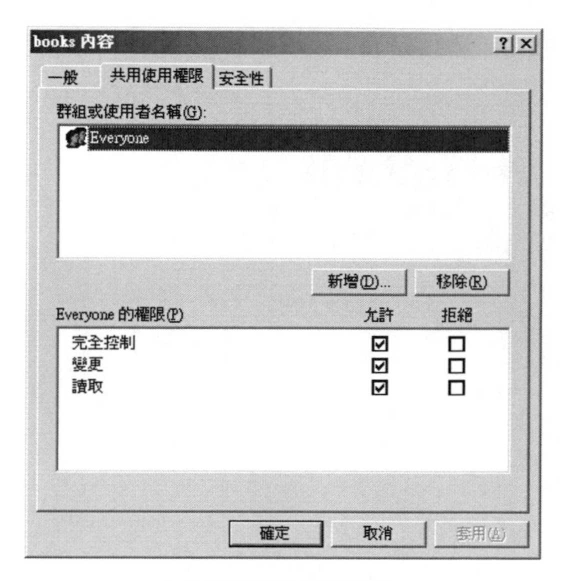

共用使用權限的設定

在「安全性」的設定中，可以針對目前所指定的共用資料夾進行安全性的設定，包括了不同使用者或群組的群組設定，主要是關係到檔案文件的存取控制，建議賦予使用者適當的控制權限即可。

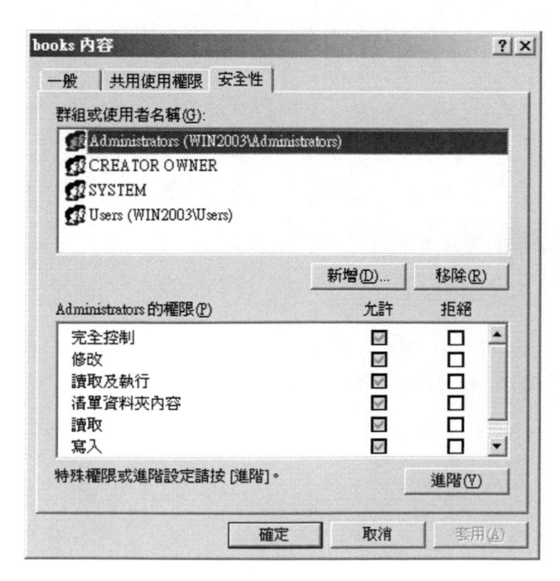

安全性的設定

在進階安全性設定中，包括了「權限」、「稽核」、「擁有者」以及「有效權限」的設定，以下將介紹共用資料夾在安全性的設定方式，以及需要考量的因素，針對不同的使用者或群組，可以提供符合需求的安全性原則，提供適當的權限即可。

◆擁有者

無論是在NTFS磁碟區或Active Directory中，每個物件都必須指定一個擁有者，而這個擁有者可以控制物件使用權限的設定方式，以及要授予使用權限的適用對象。

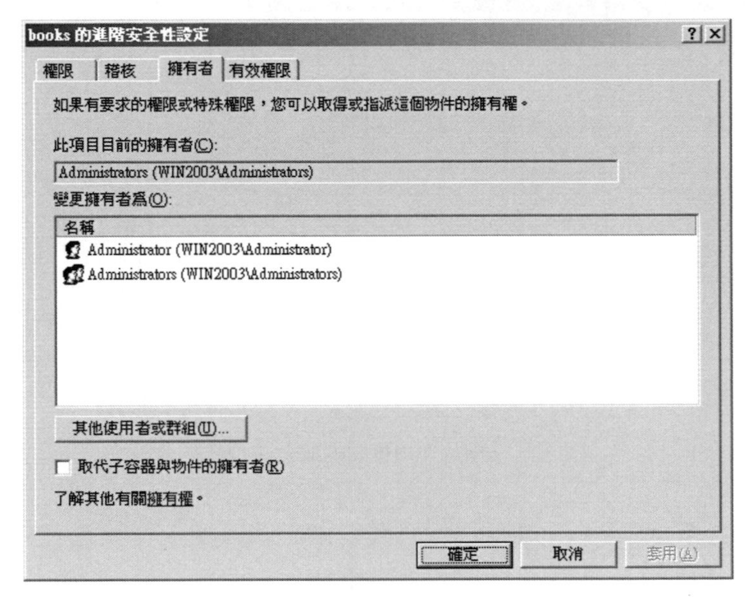

擁有者的設定

◆有效權限

有效使用權限會計算授與給指定使用者或群組的使用權限，此計算會將有效的使用權限從成員資格放入帳戶中，也會將從父系物件繼承的所有使用權限放入帳戶，另外將進行查看使用者或群組成員所屬的網域和本機的群組。

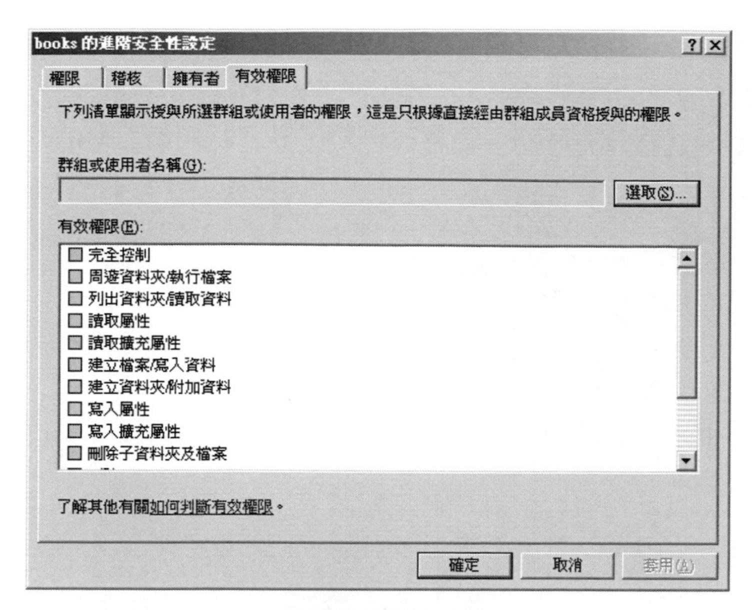

有效權限的設定畫面

檔案的分享與設定的方式，將在後續的章節中深入的進行介紹，至於基本的概論與環境的熟悉，可以參考前面章節的說明，在這就不再贅述了。

3-2 遠端磁碟共用

經常我們必須透過網路與其它的電腦進行檔案的傳輸，在區域網路中可以直接利用網路上的芳鄰，如果對方的電腦並不在同一個網段中，而是屬於網際網路的環境，則無法直接在網路上的芳鄰找到，利用搜尋的功能，雖然可以直接與該台電腦建立連線，不過在使用上也是較為麻煩，在這一節中將介紹如何建立一個遠端的磁碟共用，完成網路磁碟的建立後，使用上就與本機的磁碟一樣，只是進行磁碟存取時，將會透過網路進行處理，所以在使用時必須確定目前的網路環境，能夠正常的與遠端的電腦建立連線。

連線網路磁碟機

由「我的電腦」的工具列上，就可以建立網路磁碟的連線，首先必須指定磁碟機的代號以及資料夾的位置，資料夾的位置可以是「\\遠端電腦的IP位址\遠端磁碟機代號$」或「\\遠端電腦的IP位址\遠端磁碟機代號$」，其中「遠端電腦的IP位址」，如果同屬於一個網段，則可以直接輸入「電腦的名稱」也可以在網路上找到，另外如果所要建立連線的對象，是遠端電腦磁碟上的特定資料夾，也可以將「遠端磁碟機代號$」部份，以「資料夾的名稱」取代，預設會使用「Guest」身份進行登入的程序，如果預備建立連線的電腦並未開放Guset帳號登入的功能，則可以使用其他的使用者名稱進行連線。

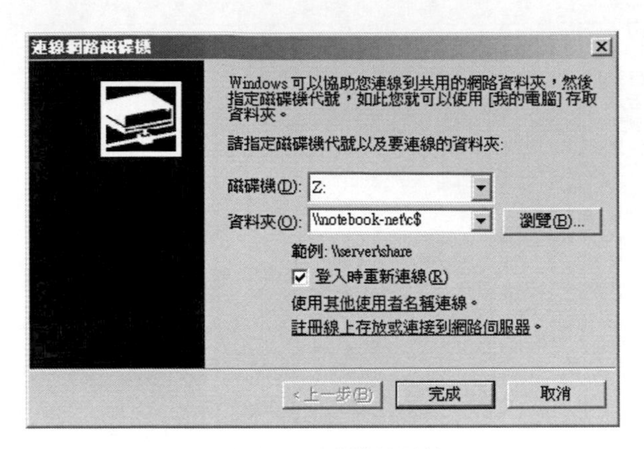

設定網路磁碟機的屬性

建立網路磁碟機時，需要提供登入者的使用者名稱以及密碼，如果無法通過遠端電腦的驗證，就無法建立遠端磁碟機的連線，因此必須確定在這所使用的帳號，可以順利的登入遠端電腦。

使用者的名稱與密碼

除了直接連接遠端電腦的磁碟機外，也可以指定資料夾進行連線，完成連線後，則會在本機電腦中建立網路磁碟機。

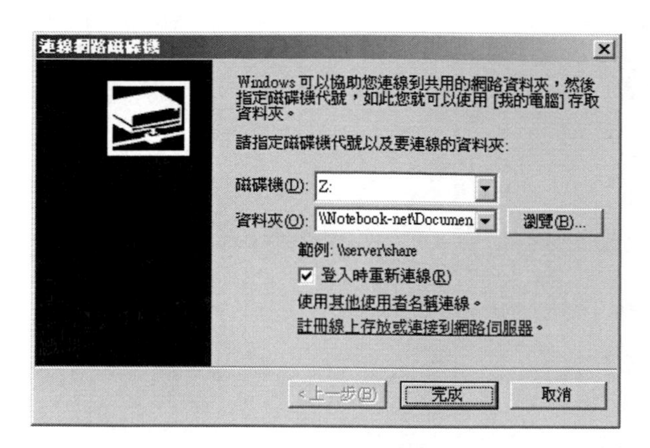

連線到遠端電腦的資料夾

由「我的電腦」中，就可以直接開啟已連線的網路磁碟，在這就可以看到遠端電腦中的資料，在存取的使用者上，就會與登入時所使用的帳號權限有關，可以執行遠端電腦所賦予這個登入帳號的權限。

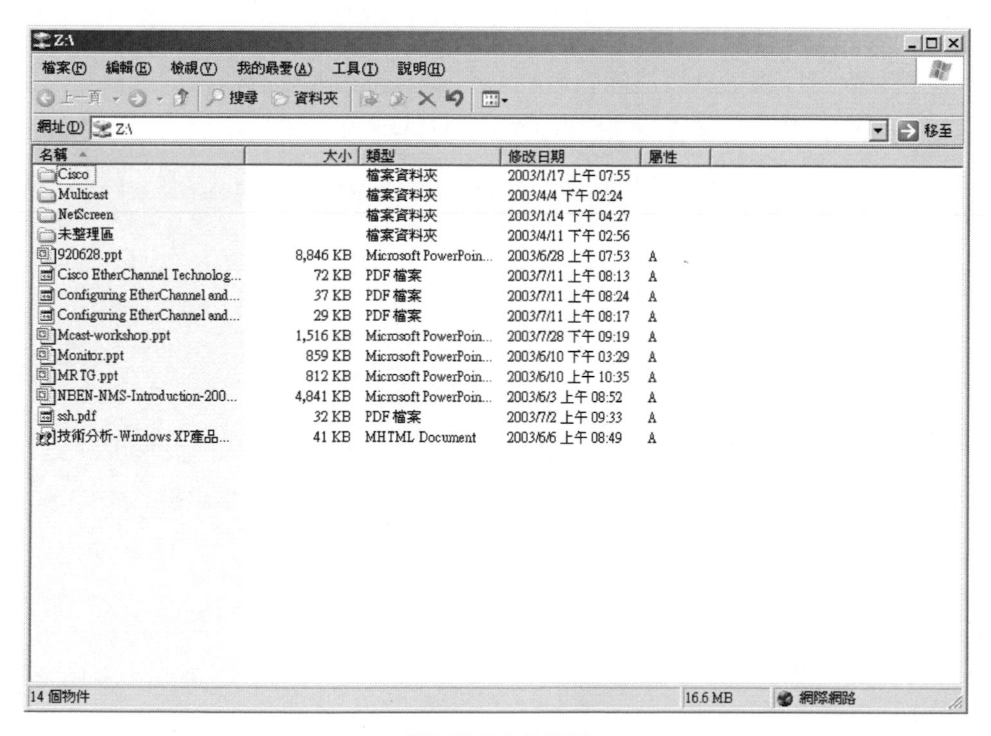

網路磁碟中的資料

完成網路磁碟的連線後，將會整合到「我的電腦」中，並且在網路磁碟的區域，顯示目前已建立的網路磁碟機，如果因為網路等問題而造成目前無法建立連線的情況，在這將會顯示無法使用的圖示，可以使用手動的方式再次嘗試建立連線。

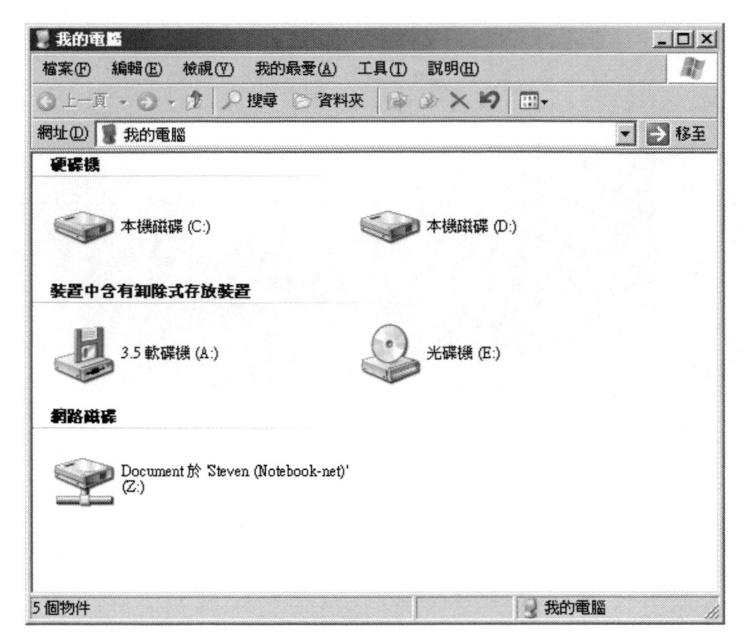

我的電腦

網路磁碟機可以直接針對遠端的電腦進行資源的共用，可以減少資料在交流上的麻煩，不需要透過類似FTP站台的檔案傳輸，或是利用電子郵件寄到收件人，而是可以透過使用者與群組的管理，建立一個可以讓遠端登入的使用者帳號，當需要使用這些提供出來的檔案資源時，其它的使用者就可以在自己的電腦上建立網路磁碟機，直接存取這些資源，對於使用者而言是相當方便。

中斷網路磁碟機

對於目前已經建立連線的網路磁碟機，當不需要再保持連線的狀態時，則可以利用「中斷」的指令，將目前正在連線狀態的磁碟機中斷，中斷連線後的磁碟機，將會自「我的電腦」中消失，下次需要使用時，必須重新建立連線。

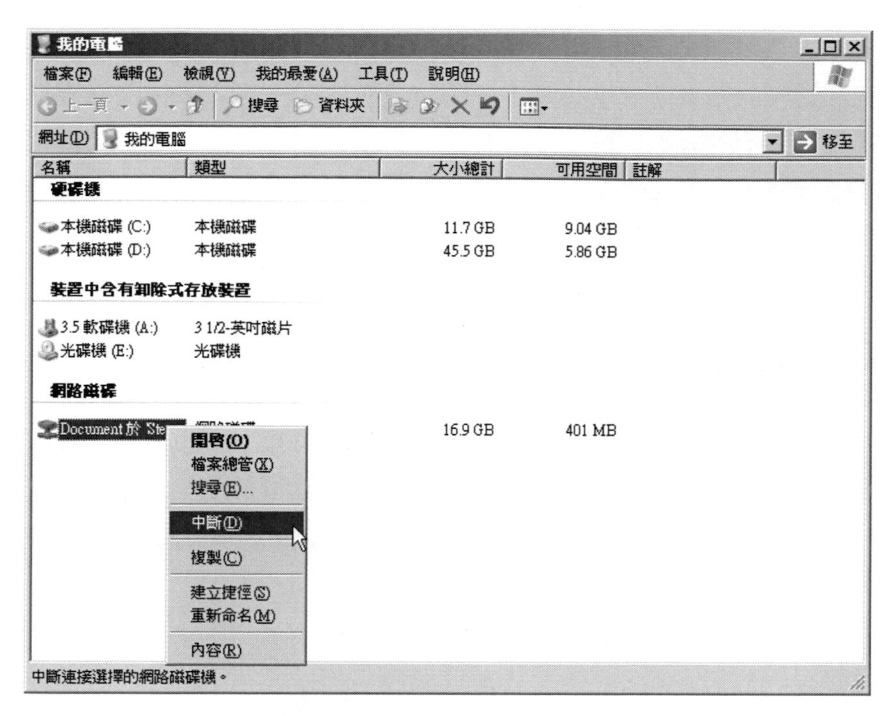

快捷功能表選單中的「中斷」指令

從「工具功能表選單」中，也可以找到中斷網路磁碟機的指令，不論使用那一種方式，在使用中斷的功能前，必須先選擇要中斷連線的網路磁碟機。

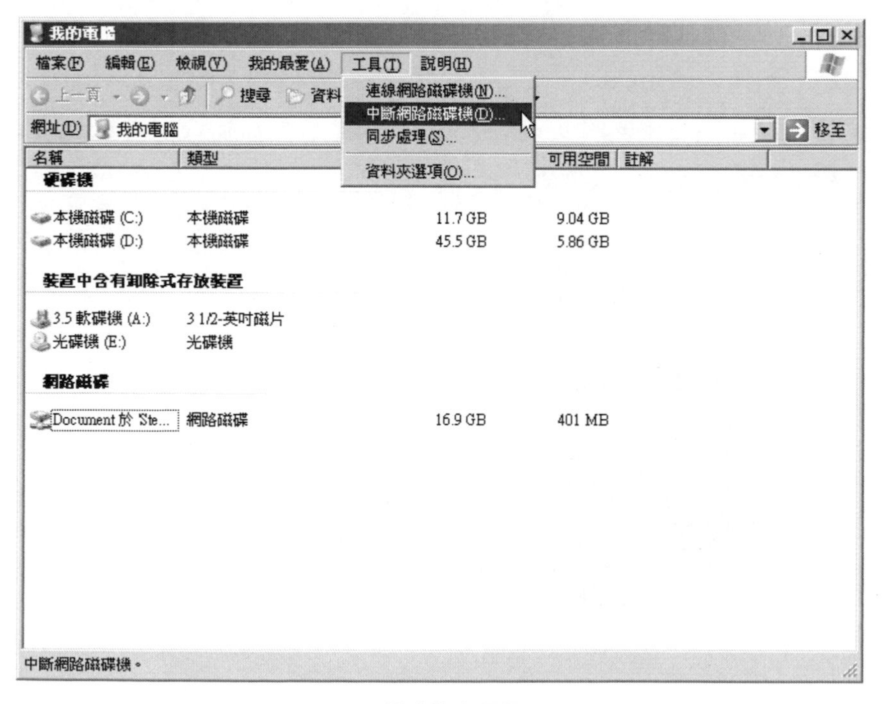

工具功能表選單

遠端磁碟的共用，可以解決許多需要透過網路進行資源分享，或是提供資源共用的問題，而且對於使用者而言是相當方便的作業方式，一旦完成網路磁碟機連線後，在使用上就與本機的磁碟機一樣，並沒有較大的差異，唯一需要考量的兩個因素，就是網路的連線狀態以及登入的使用者帳號，如果這兩個可能造成網路磁碟連線中斷或是無法建立連線的問題不存在，則網路磁碟機就可以正常的運作。

3-3 印表機的安裝與設定

印表機是大多數的作業環境中不可或缺的服務，屬於主要的輸出裝置，不過為了建置成本的考量，大多數的環境中，都是多人共用一台印表機，因此必須將印表機的資源共享出來，在這一節中將針對印表機的安裝、設定以及共用印表機資源，建立一個完整的作業環境。

新增印表機

印表機的安裝是相當容易的，而且透過Windows Server 2003所提供的印表機共用，就可以將印表機提供給網路中其它的使用者列印的資源，因此一般而言在區域網路中進行印表機的建置時，都會將印表機分享出來，以提供更多的人使用，在新增印表機的之前，必須先確定印表機所安裝的位置，例如：本機的印表機或是網路上的印表機，在安裝的方式上並不相同，而且印表機本身所提供的連接界面不同，也會影響到系統的設定，例如：使用USB、IEEE 1394或是紅外線的連接方式，就與透過網路界面，必須設定TCP/IP連接埠的設定方式，在環境的設定上就大不相同，因此在進行實際的建置之前，必須先確定以上所談到的幾個要項。

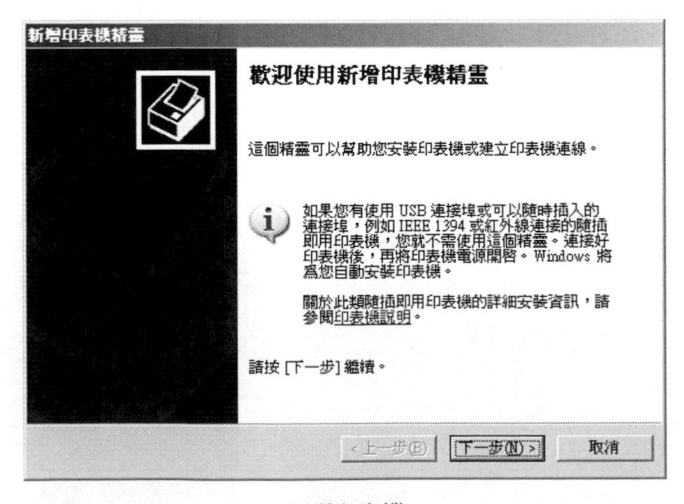

新增印表機

接著必須選擇印表機的種類，在這提供了「連接到這部電腦的本機印表機」以及「網路印表機或連接到另一台電腦的印表機」兩種不同的印表機類型，一般而言直接使用訊號線或是透過印表機本身所提供的網路界面連接的方式，都屬於「本機印表機」，如果是屬於網路上另一台電腦或伺服器所提供共用的印表機，因為是透過其它的電腦或伺服器才能夠取得印表機的資源，這種類型就屬於網路印表機。

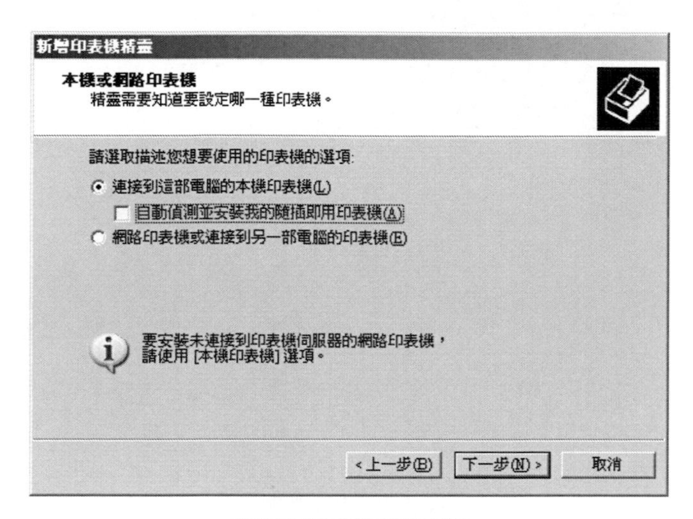

選擇本機或網路印表機

選擇印表機的種類，在這必須指定印表機的廠牌以及型號，必須指定正確的驅動程式，才能夠確保在完成安裝的程序後，能夠使用印表機進行列印。

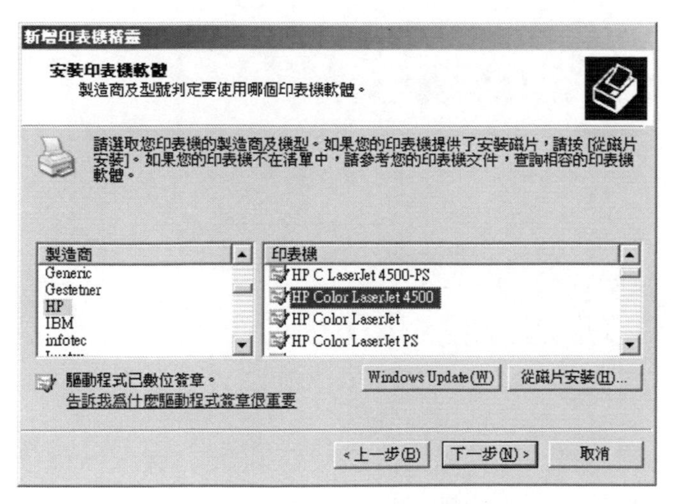

指定印表機的廠牌與型號

在印表機共用的設定中，可以依據實際的情況，選擇是否提供印表機的共用，如果要提供印表機的共用資源，則必須輸入共用的名稱。

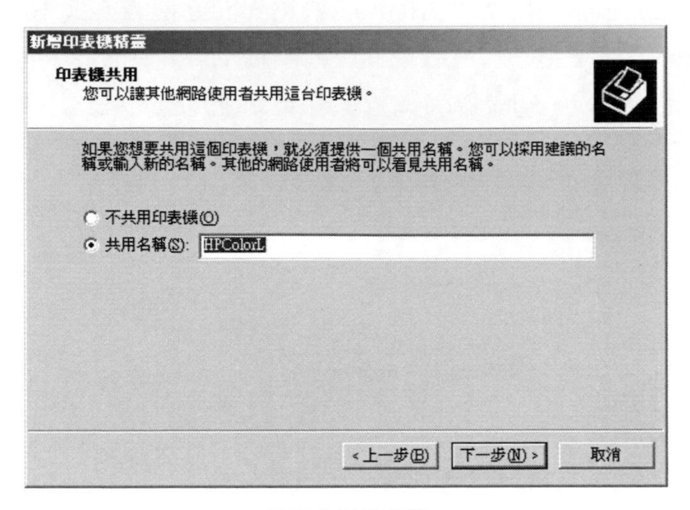

設定共用的名稱

選擇印表機所使用的連接埠，可以直接由下拉式的選單中選擇目前印表機所使用的連接埠。

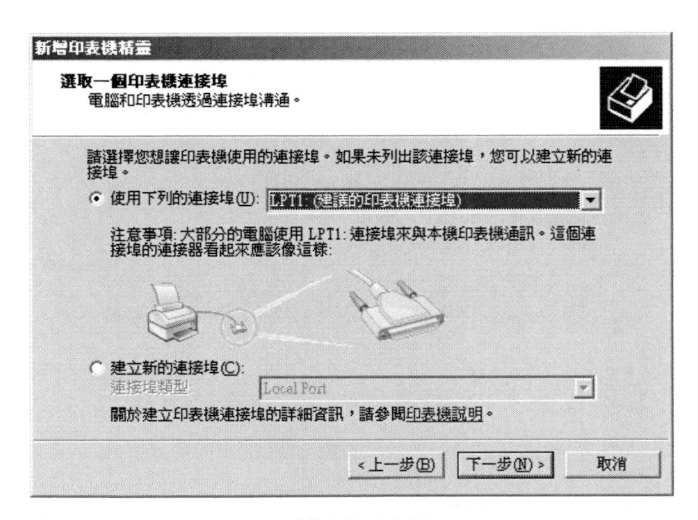

(圖ch10-3-05)

完成印表機的設定後，就可以直接進行列印的測試程序了，如果發生無法列印的問題，則可以先從印表機的連接埠進行檢查，接著再檢查印表機的驅動程式是否正確。

使用列印伺服器與內建網路介面的印表機

在設定列印伺服器直接傳送列印工作到印表機，列印伺服器會直接傳送列印工作到印表機，因此如果使用列印伺服器的印表機或是內建網路介面的印表機，都可以直接視為「本機印表機」進行設定，而在安裝印表機時，必須指定列印伺服器或是網路介面所使用的IP位址，並且建立Standard TCP/IP Port，輸入所使用的IP位址，才能夠建立一個與印表機連線的通道，不過如果先前已經完成連線埠的建立，在新增印表機時，則可以直接由連接埠的下拉選單中找到先前所建立的連接埠，而不需要再重新設定新的連接埠，而且以系統而言，也不允許使用者建立兩個使用相同IP位址的TCP/IP連接埠。

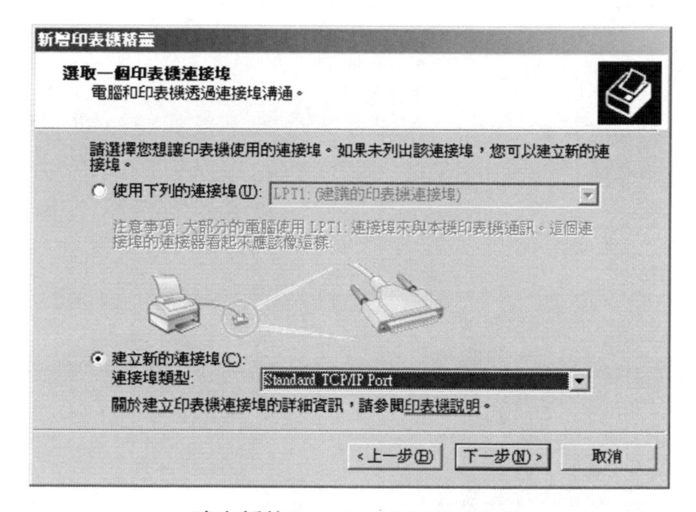

建立新的Standard TCP/IP Port

新增連接埠的設定中，必須確定目前印表機或是列印伺服器所在的IP位址，假設目前所使用的IP位址是「192.168.1.100」，則在印表機名稱或IP位址欄位中，直接輸入IP位址或是印表機的名稱資料即可，連接埠的名稱將會自動依據所輸入的資料自行產生。

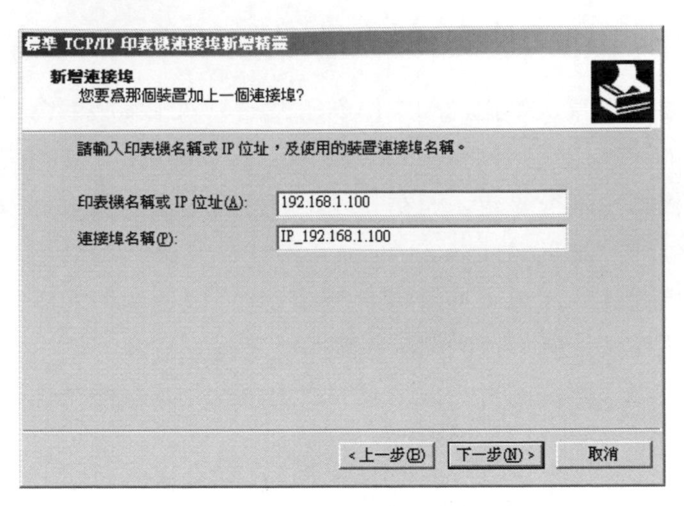

輸入印表機名稱或IP位址

完成標準TCP/IP印表機連接埠的設定後，最後將會顯示目前連接埠的設定狀態，其中如果想要配合網管環境進行流量的分析，則可以啟動SNMP的通訊協定，以提供相關的資訊。

印表機連接埠的設定

接著會自動進入印表機驅動程式的設定，在這必須正確的指定印表機的廠牌以及型號，以確定能夠正確的安裝印表機的驅動程式，驅動程式可以使用目前Windows所提供的，或是直接安裝由廠商所附的驅動程式，可以使用「從磁片安裝」的功能，自行指定印表機驅動程式所在的位置。

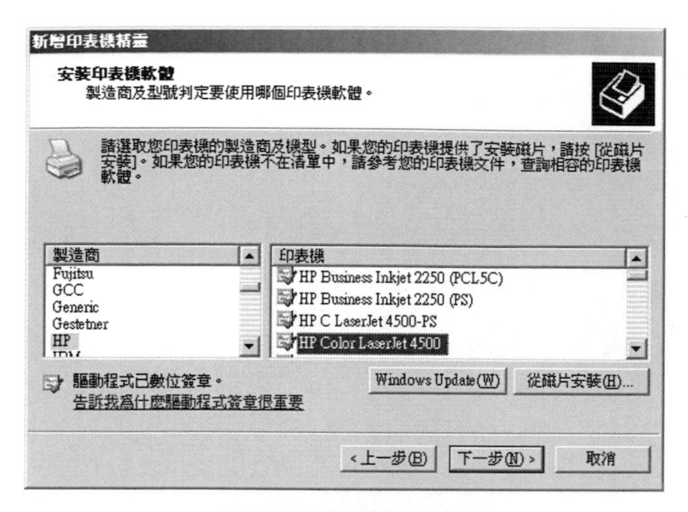

選擇印表機的廠牌與型號

完成印表機新增後，最後將會顯示印表機的名稱、共用的名稱、所使用的連接埠、型號、是否為預設的印表機以及是否進行測試頁的列印，如果選擇了測試頁的列印，將會在完成新增的程序後，將會自動進行測試頁的列印程序。

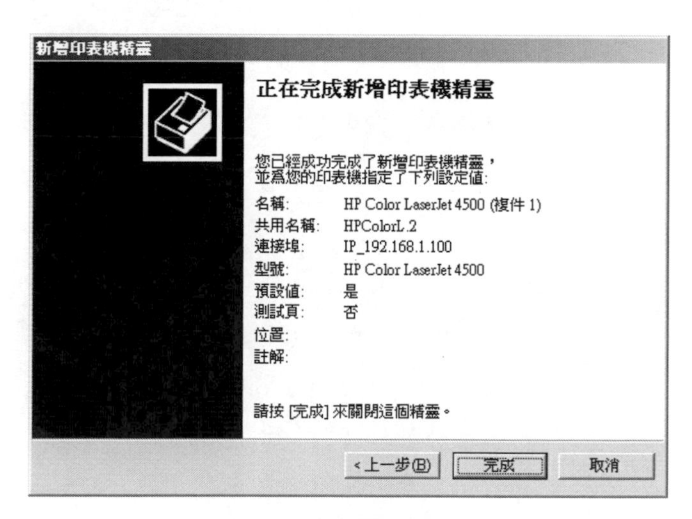

完成印表機的安裝

新增網路印表機

網路印表機是安裝於網路上的其它電腦或是伺服器上的印表機，透過網路提供列印資源的分享，在安裝的方式上，可以利用新增印表機精靈，或是透過網路上的芳鄰，取得網路印表機的資源。

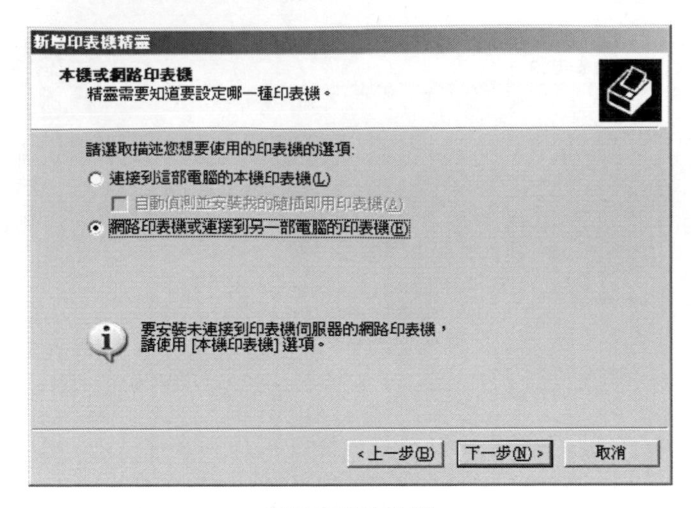

選擇網路印表機

指定印表機，可以透過瀏覽網路的方式，直接尋找網路上能夠取得的資源，也可以直接輸入印表機的名稱或是URL位址。

新增印表機精靈
指定一台印表機
如果您不知道印表機的名稱或位址，您可以尋找符合您需要的印表機。
您要連接到哪個印表機?
瀏覽印表機(W)
連線到這部印表機 (或瀏覽印表機，選取這個選項，然後按 [下一步])(C):
名稱:
範例: \\server\printer
連線到網際網路、家用或公司網路上的印表機(O):
URL:
範例: http://server/printers/myprinter/.printer
< 上一步(B)
下一步(N) >
取消

選擇連接的印表機

完成整個設定的程序後，印表機的安裝就完成了，在印表機的管理畫面中，我們就可以看到目前安裝到電腦中的印表機，不論是本機的印表機還是網路印表機，都會整合到同一個管理畫面。

印表機內容

印表機內容的設定，可以針對所安裝的印表機進行環境的設定，包括了「一般」、「共用」、「連接埠」、「進階」、「色彩管理」、「安全性」以及「裝置設定值」等項目，以下將針對這些項目進行介紹，以調校出符合實際需要的作業環境。

◆一般

在「一般」標籤頁中，可以設定印表機的名稱、放置地點、註解資料，在這也會顯示目前這台印表機的功能，包括了色彩、雙面、裝訂、速度以及最大的解析度等資訊，另外如果想要進行喜好設定的列印以及列印測試，則可以利用所提供的功能按鈕進行列印的程序。

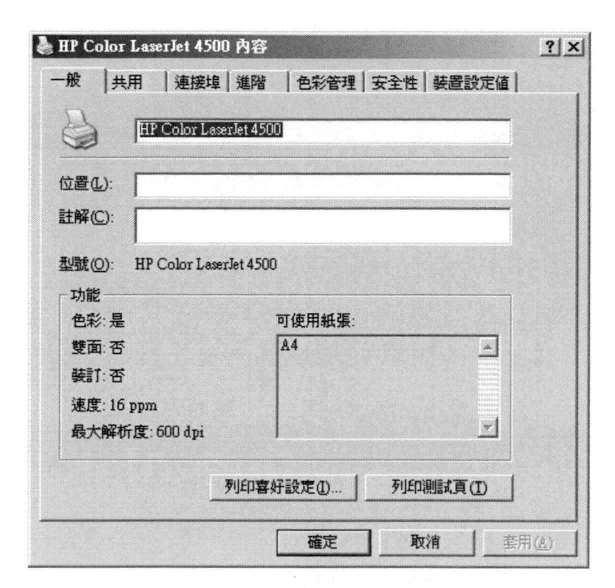

一般內容的設定

◆共用

在「共用」標籤頁中，提供了共用印表機名稱的設定，可以使用系統預先產生的名稱，當然也能夠自行設定，不過在設定名稱時需要注意所使用的名稱格式，特殊的符號不能夠使用，並且建議共用的名稱不應該過長。

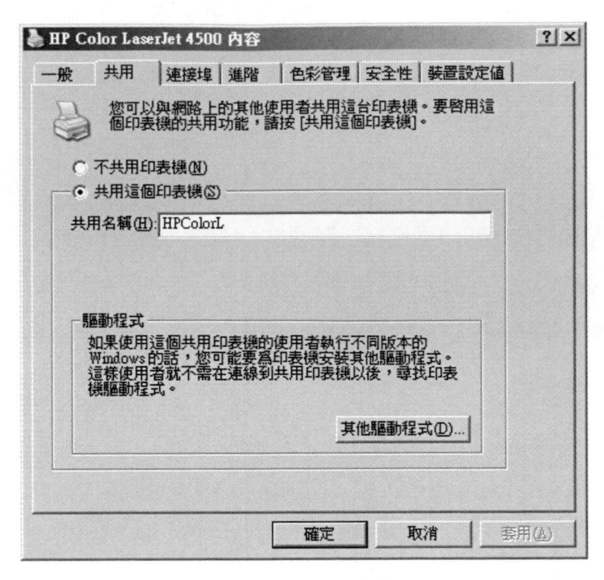

設定共用的名稱

雖然目前所使用的作業系統是Windows Server 2003的版本，但是在目前提供服務的環境中，並不一定都是使用相同的作業系統版本，因此如果使用者要使用伺服器所提供的列印資源時，則必須先進行印表機的安裝，在這就必須取得所需要的驅動程式，因此我們在這可以先將使用者會使用到的驅動程式版本，先預先放置在伺服器中，當使用者需要透過網路進行驅動程式安裝時，新增印表機精靈將會自動在使用者端安裝適合的驅動程式。

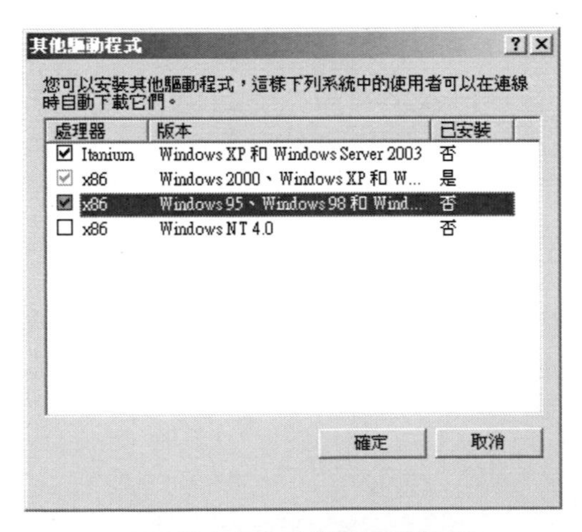

選擇其它作業系統的驅動程式

如果有廠商所提供的驅動程式，也可以直接指定驅動程式所在的位置，如果未指定檔案複製的來源，則會使用Windows現有的驅動程式。

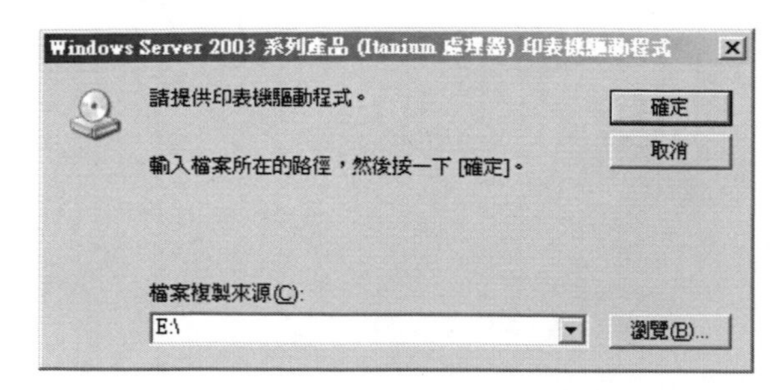

提供驅動程式

◆連接埠

在「連接埠」標籤頁中，顯示了目前系統所有的連接埠，也會包括自行建立的連接埠，例如：TCP/IP連接埠，在這可以針對這些連接埠的內容進行管理與設定，不過除非是自行新增的連接埠，否則都不建議變更這些已存在的連接埠，避免因為連接埠的設定發生問題，而造成無法順利與印表機建立連線的情況發生。

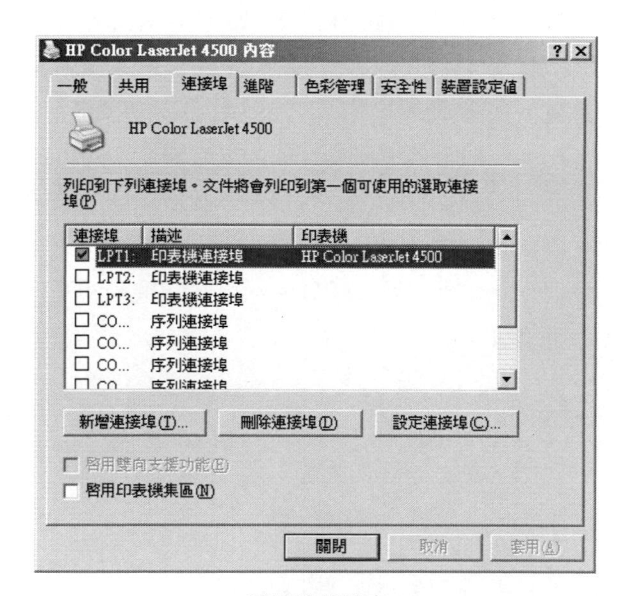

連接埠的設定

以標準TCP/IP連接埠的設定而言，在這可以設定通訊協定、LPR設定以及選擇是否使用SNMP狀態的功能，如果啟用這項功能，則可以提供網管工具進行流量與系統狀態的監測。

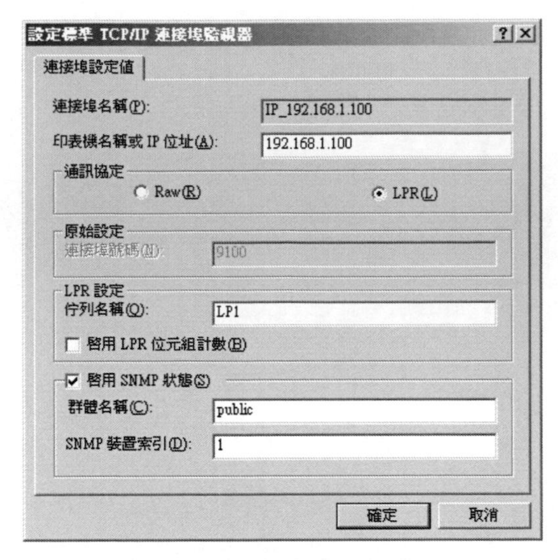

TCP/IP連接埠的設定

◆進階

在「進階」標籤頁中，可以進行服務時間的限制，如果想要設定可以提供列印的時間，則可以在設定開始服務的時間以及結束服務的時間，這項功能主要是應用在辦公室或是多人工作的環境，在上班或是白天才提供列印的服務，另外在這也可以設定印表機所使用的驅動程式，一般而言會建議使用多工緩衝列印文件的功能，可以加速文件的列印，這大多數是針對雷射印表機所提供的設定，因為雷射印表機屬於頁列印式的列印方式，必須將整頁的資料都送到印表機的記憶體時，才會進行列印的工作，因此會設定成在記憶體收到完整的一頁資料時，就立即進行列印，而不必等到整份文件都送到印表機才開始列印的處理。

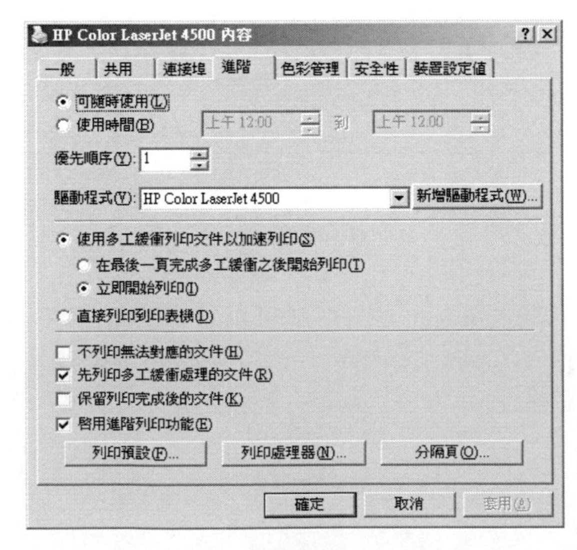

進階設定

列印預設的畫面中，提供了「版面配置」、「紙張/品質」、「色彩」以及「關於」四個標籤頁，變更這些設定將會預設為列印時的預設環境，在「版本配置」的設定中，可以指定列印方向、頁面的順序以及每張紙包含的頁數，如果頁數的設定值大於1，則會將多頁的內容同時列印在同一個版面中。

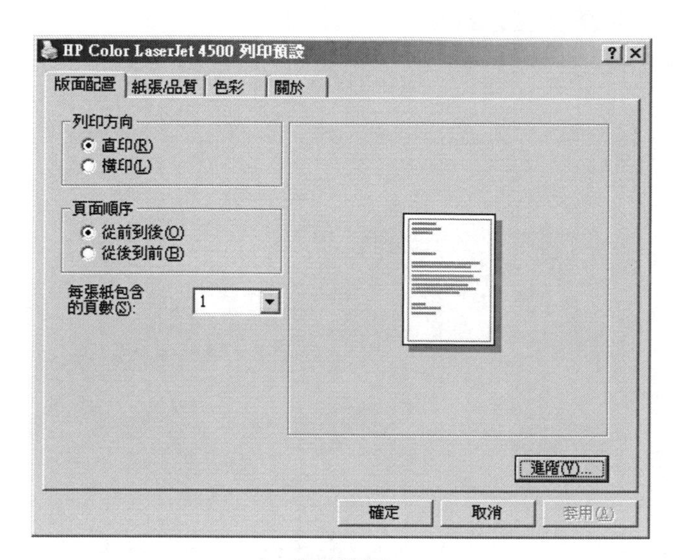

版面配置

在進階的版面配置中，針對印表機的版面以及環境提供更詳細的參數設定，包括了「紙張/輸出」、「圖形」以及「文件選項」等類別，這些類別可以提供的功能選項，與印表機的列印能力有關。

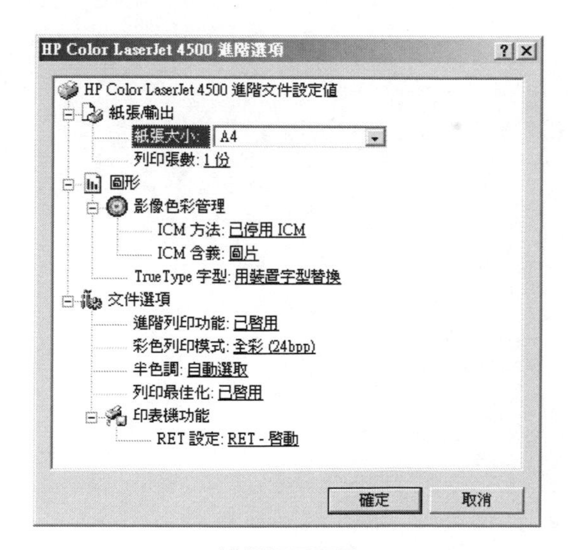

進階版面配置

在「紙張/品質」標籤頁中，提供了紙張來源、媒體以及色彩的設定，以目前所設定的這台印表機而言，可以提供多個不同的紙匣當做紙張的來源，因此大多會直接設定成「自動選取」的狀態，而媒體的設定，則必須根據所使用的紙張材質而定，配合符合紙張材質的設定，在列印輸出時，可以得到預期的效果，尤其對於影像的輸出而言，媒體類型的正確與否，是相當重要的一件事，另外在色彩的選擇上，可以選擇使用黑白列印或是彩色輸出。

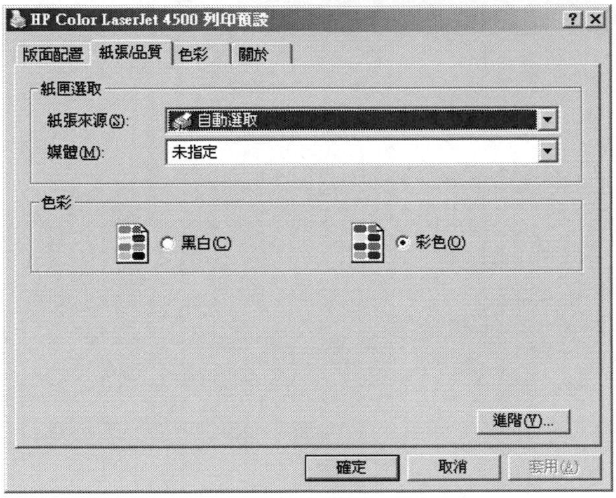

紙張/品質

而「色彩」標籤頁，則提供了色彩校正的設定，一般而言色彩的差異主要是因為顯示裝置、輸入裝置以及輸出裝置，彼此之間所使用的色彩參數不同所致，因此如果要調校色彩的差異，可以直接在影像處理軟體中，設定所使用的色彩模式，在這台印表機的色彩控制而言，提供了Color Smart II的設定，以及針對圖形的輸出，可以選擇傳送的方式。

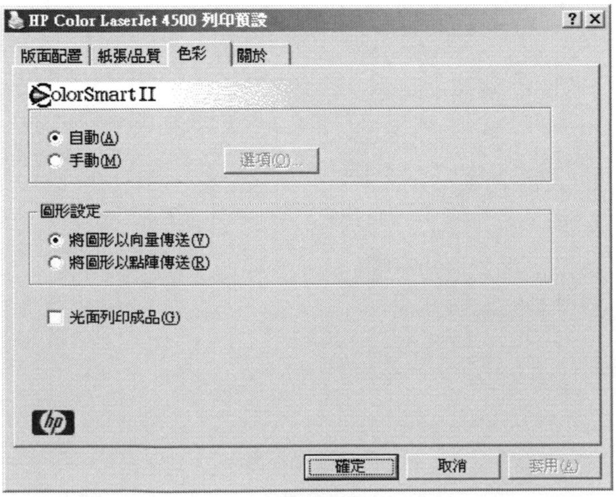

色彩

列印處理器的功能，可以指定列印處理器以及預設的資料類型，一般而言都使用「RAW」的資料類型，如果選擇了其它的資料類型，必須進一步進行測試，以確定所指定的資料類型，能夠符合列印文件時的需求，因為預設的資料類型如果不正確，將會造成無法提供列印的服務。

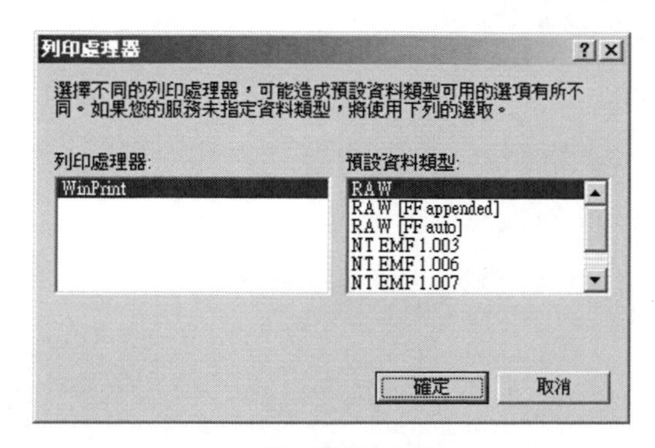

列印處理器的設定

分隔頁的設定，當印表機同時有多份文件進行列印時，可以在每一份文件的開頭先列印一張分隔頁，以提供使用者區隔不同的文件，避免因為大量列印文件時，造成區分上的困難，分隔頁的檔案類型為.sep格式。

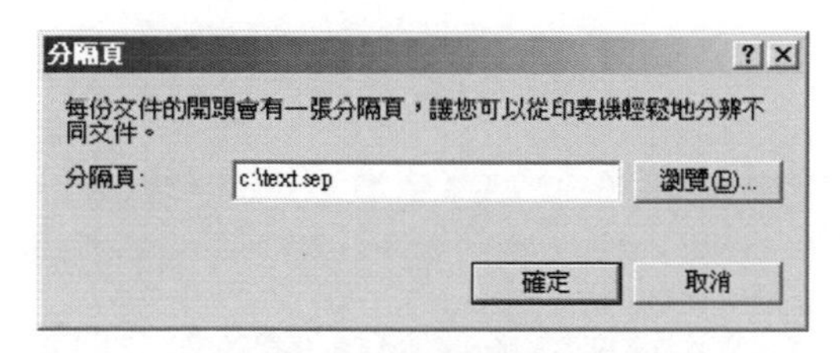

指定分隔頁的檔案

◆色彩管理

不同的輸出或是輸入設備，都會提供專屬的色彩設定檔，而這些不同的設備之間，會存在色彩上的差異，這是無法避免的，因為在進行列印時，必須正確的指定色彩設定檔，才能夠確保在畫面上所看到的色彩，就是印表機所輸出的色彩，因此在色彩管理的項目中，可以選擇由系統自動依據目前所安裝的硬體裝置進行調校，或是利用手動的方式，自行指定這些硬體設定的色彩設定檔，並且建立關聯性，以避免色彩在輸入、顯示以及輸出時發生色彩失真的情況。

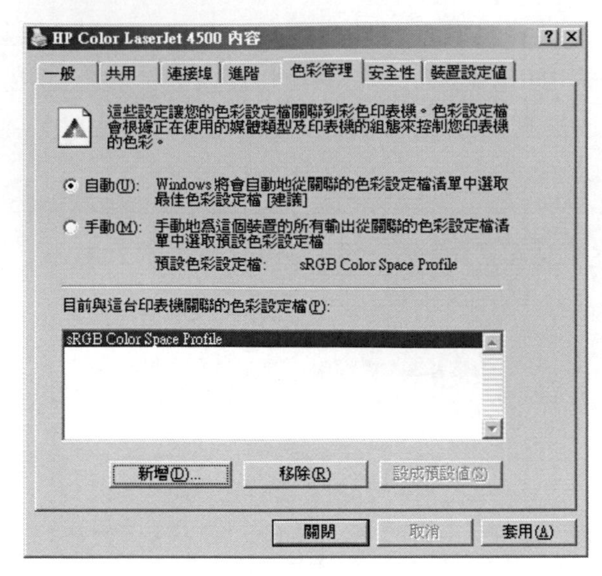

色彩管理的設定

◆安全性

在「安全性」標籤頁中，可以針對印表機的使用與管理，進行使用者或群組的權限設定，在這可以分別賦予「列印」、「管理印表機」、「管理文件」以及「特殊權限」的權限。

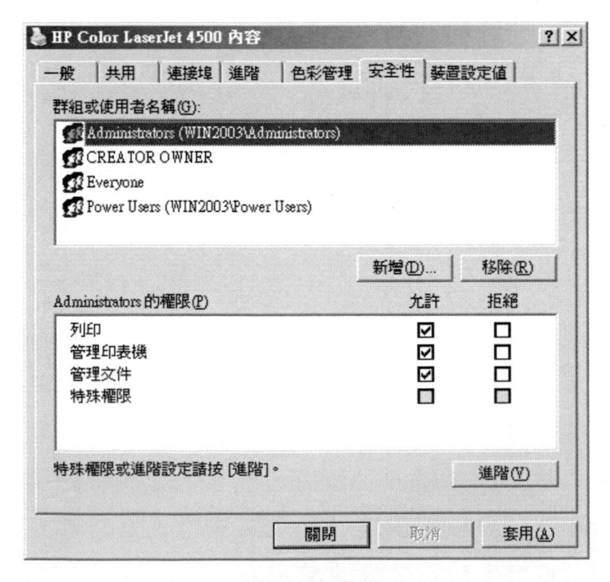

安全性的設定

◆裝置設定值

「裝置設定值」的標籤頁，主要是針對印表機的硬體部份進行設定，如果印表機有安裝雙面列印器或是擴充紙匣、記憶體時，則可以在這進行環境的設定，以確保能夠正確的提供列印服務給伺服器運用。

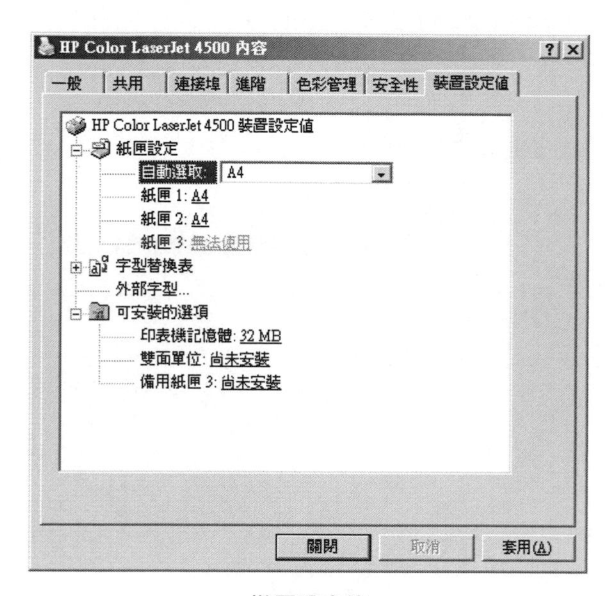

裝置設定值

印表機的安裝與設定，對於伺服器所提供列印服務而言，在設定環境時必須能夠符合伺服器以及服務區域與對象的需求，其中還需要留意安全性的問題，以確定不同的使用者或群組，能夠擁有適當的權限，在這一節中詳細的介紹了各項設定，在後續的章節將繼續介紹列印的管理以及安全防護的機制。

3-4 列印管理

對於列印文件的管理，可以在使用者端以及提供服務的電腦上進行管理的工作，配合使用者群組的管理，授允適當的權限，可以提供不同的使用者或群組適當的列印權限，Windows提供三個等級的安全性使用權限：「列印」、「管理印表機」以及「管理文件」，當系統管理員將多重使用權限指派給使用者或群組時，則會套用最少限制的使用權限，不過如果使用「拒絕」的權限，則它的優先順序會超越任何使用權限。

使用者與群組的管理

配合使用者與群組的管理，可以針對目前的列印進行控制，以確定那些使用者或是群組可以使用列印的資源，也可以允許所有使用者或群組成員都能夠進行列印，以及所指定的使用者或群組可以管理印表機、傳送到印表機的文件，另外可藉由指派特定印表機使用權限，來限制某些使用者的存取，允許使用印表機的使用者以及管理員都可以列印文件，而管理員還可以變更傳送到印表機上任何文件的列印狀態。

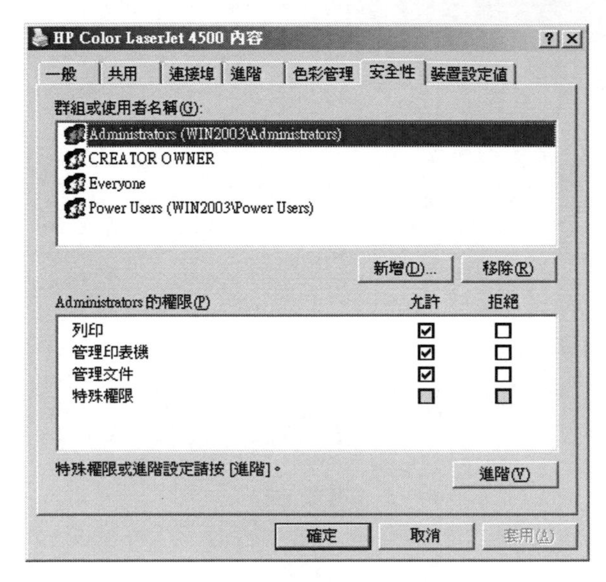

安全性的設定

指定想要加入安全性設定的使用者或群組，輸入物件名稱並且進行檢查的程序，以確定所輸入的名稱是否正確。

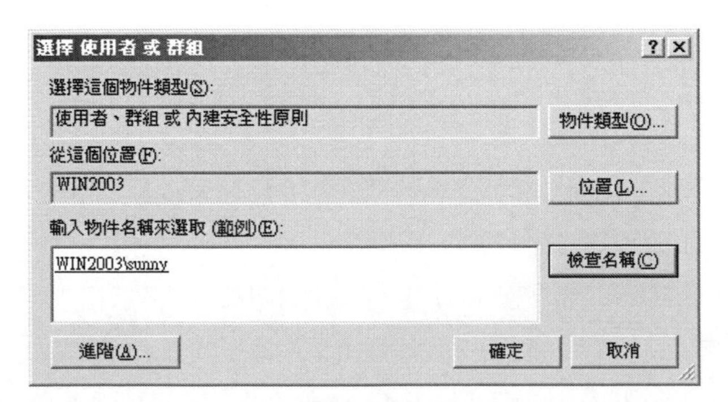

新增使用者

針對使用者就可以進行權限的設定，在這可以設定「列印」、「管理印表機」、「管理文件」以及「特殊權限」等權限的設定，可以依據實際的需求，允許或是拒絕使用者擁有該項目的權限。

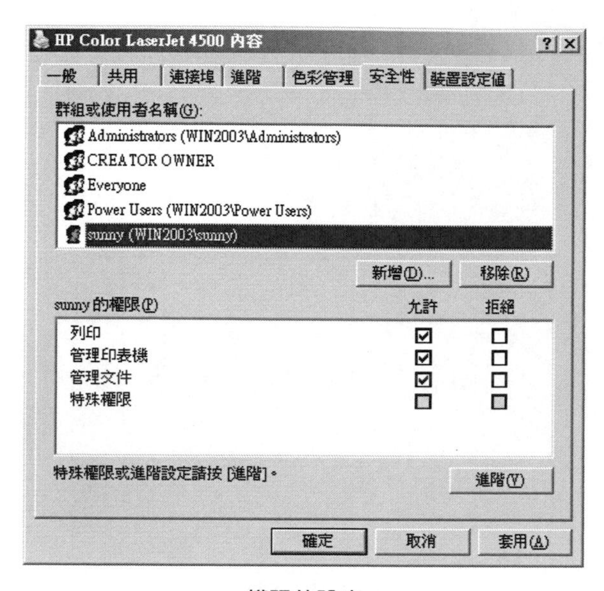

權限的設定

進階安全性的設定，在這針對「權限」、「稽核」、「擁有者」以及「有效權限」進行設定，以下將介紹這些項目的設定方式與內容，在「權限」標籤頁中，主要是針對不同的使用者或是群組進行權限的設定，可以「新增」或是「移除」現有的權限項目，對於目前已建立的項目，則可以利用「編輯」的功能進行權限的設定。

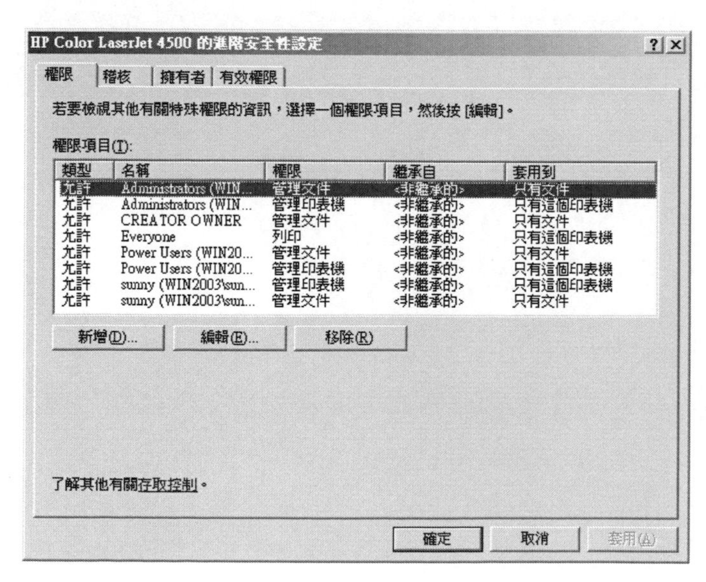

權限的設定

在權限項目的設定中，可以設定「列印」、「管理印表機」、「管理文件」、「讀取權限」、「變更使用權限」以及「取得擁有權」的設定，這些項目都可以選擇「允許」或是「拒絕」提供該項目的權限給使用者或群組，如果要變更適用的對象，則可以由「套用在」欄位中的下拉式選單進行選擇。

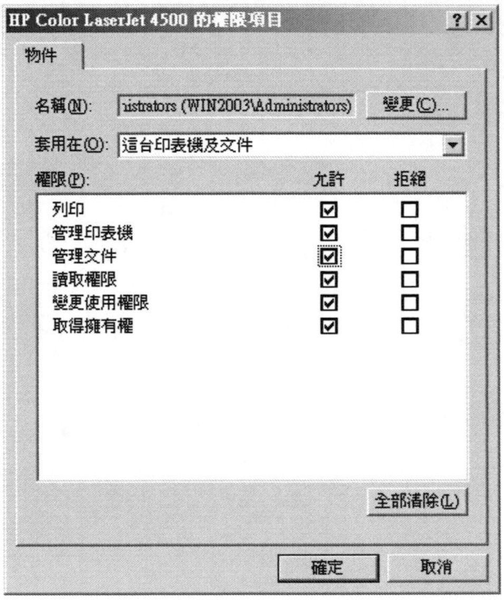

權限項目的內容

在「稽核」標籤頁中，主要提供稽核項目的設定，也可以針對特定的稽核項目進行存取權限的設定，利用新增、編輯以及移除的功能，可以針對稽核項進行管理的工作。

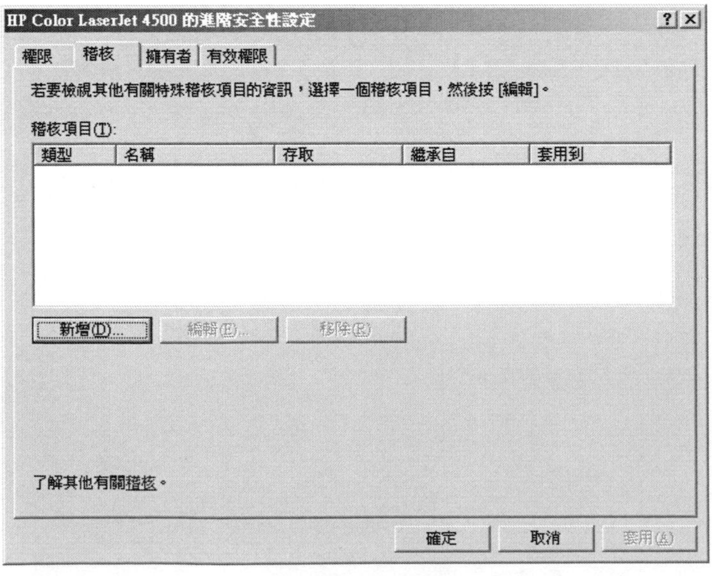

稽核項目的設定

「擁有者」標籤頁可以將變更擁有者的設定，主要是針對一些較為特殊項目設定擁有者，如果使用者或群組不在清單中，則可以利用「其它使用者或群組」的設定進行指定。

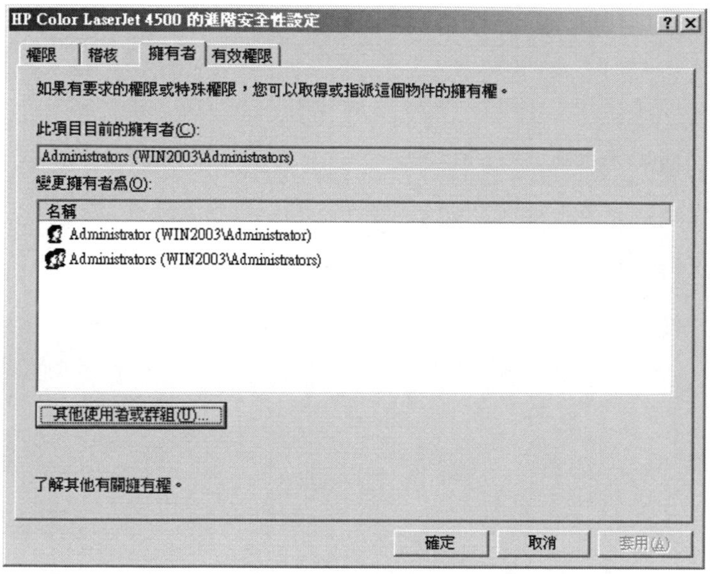

擁有者的設定

透過「其它使用者或群組」的功能，進行擁有者的新增，只需要輸入物件類型與名稱，則可以建立擁有者，完成設定的程序後，就可以在清單中看到目前可以選擇的名單，並且能夠直接指定擁有者，而原本的擁有者將會被取代。

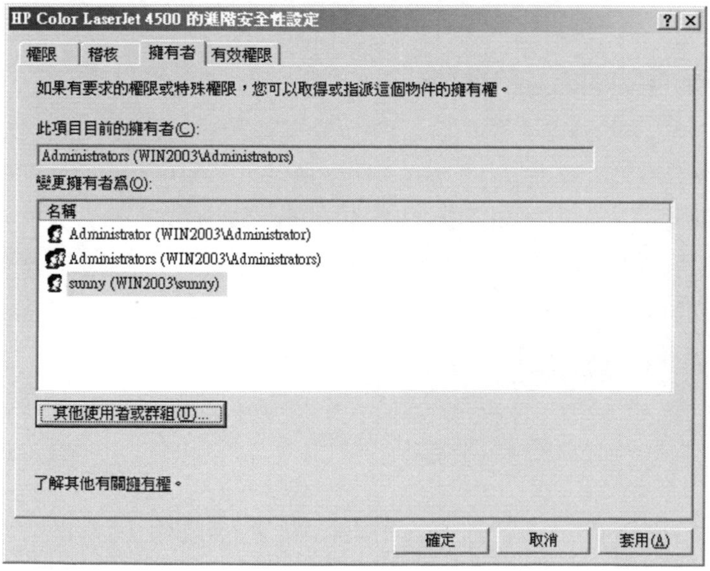

新增擁有者

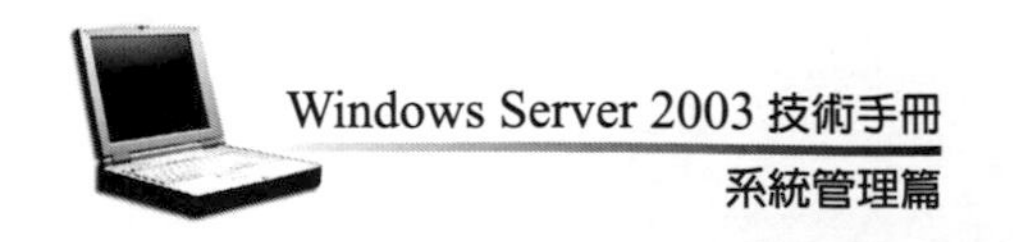

「有效權限」標籤頁，可以設定目前選擇的使用者或是群組，提供有效權限的設定，包括了「列印」、「管理印表機」、「讀取權限」、「變更使用權限」以及「取得擁有權」。

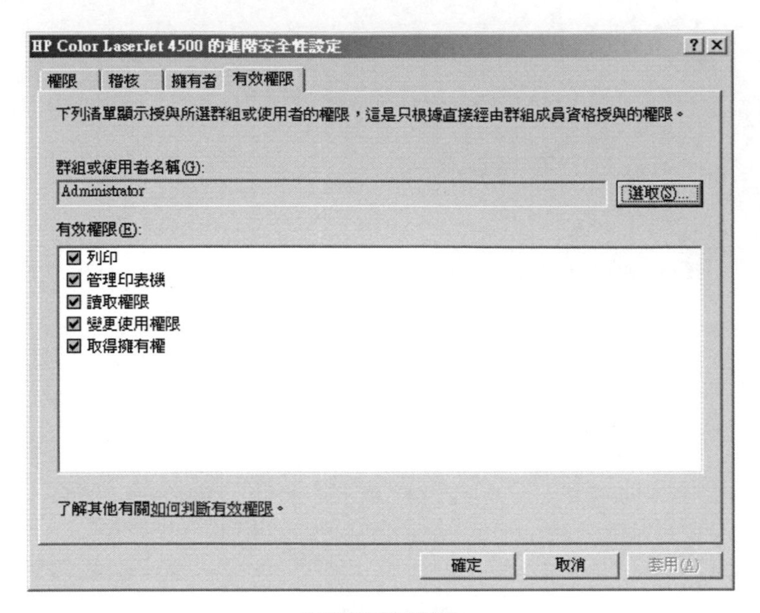

有效權限的設定

權限的設定對於列印的管理而言相當重要，可以決定那些使用者或群組，可以使用那些功能，可以進行何種處理的程序，部份較高的權限，還能夠管理印表機，因此在進行權限的設定時，可以針對實際的需求進行考量。

3-5 建立安全與防護機制

檔案的資源，對於企業內容而言是相當重要的，Windows Server 2003提供了完整的安全性原則設定，針對目前系統所提供的服務，在這一節中將介紹「防火牆機制」、「使用者與群組權限」以及「私人網域」的內容，這些機制都能夠提供檔案資料在共用與分享時的安全性，對於列印的資源也能夠做好控管的工作，不過安全的防護必須與整體的網路架構相結合，才能夠發揮預期的效果。

防火牆機制

Windows Server 2003提供了基本的防火牆功能，可以提供系統管理人員對於所能夠提供服務的對象，做基本的防護措施，例如：想要限制某一個網段的使用者使用伺服器上的列印資源，則可以利用防火牆的機制，拒絕提供服務給該網段，則屬於該網段的使用者，就無法與伺服器建立連線，當然也就無法使用所提供的檔案或是列印資源了。

防火牆可以由「網路連線」進行設定，針對不同的網路連線，可以選擇是否提供防火牆的功能，啟用後就可以進行相關的設定，詳細的設定方式，請參考前面章節的介紹，在此就不再贅述了。

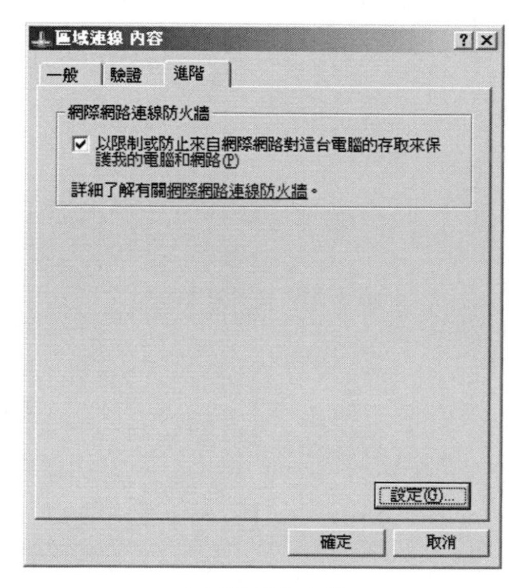

網際網路防火牆

使用者與群組權限

使用者與群組權限的設定，在安全性的考量上是相當重要的，賦予不同的使用者或群組適當的權限，對於系統本身的安全以及檔案資料的安全性而言，都可以提高整體的安全性，在大多數系統服務的設定中，都會與使用者與群組的權限相關。

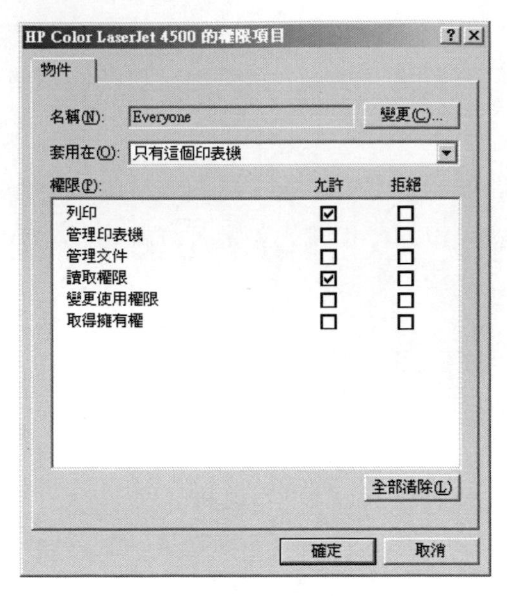

使用者與權限的設定

私人網域

在區域網路的環境中，建議使用Private IP（私人位址）的方式進行規劃，與外部網路的連線，則可以配合NAT的方式，使用私人位址的方式，可以減少來自網際網路的入侵攻擊，而對外服務的伺服器才使用Public IP（真實位址），如果單純提供內部網路使用的伺服器，則可以使用私人位址。

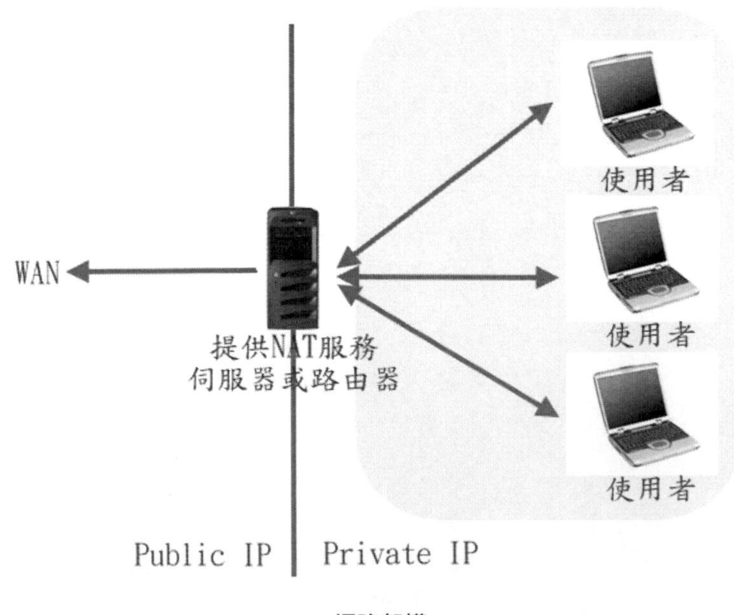

網路架構

在這一節中針對資訊安全以及網路的防護做了說明，這些方案必須透過整體的規劃，配合網路與伺服器的系統管理，才能夠建立具有安全防護的環境，否則單純針對特定的項目，例如：僅考量到伺服器本身的安全性，而未考慮到網路的防護時，當遇到來自網路上類似DDOS分散式阻斷攻擊或是駭客入侵時，則一樣無法確保伺服器能夠正常的運作，因此在安全機制的規劃上，必須配合整體的規劃才能夠達到預期的目標。

Memo

Chapter 4

叢集

4-1　何謂叢集系統
4-2　建立叢集系統
4-3　叢取系統管理

4-1 何謂叢集系統

叢集系統簡單的說，就是集「眾人之力以成就眾人之事」，利用多台電腦同時提供相同的服務，對於使用者而言，並不會感覺到使用服務上的差異，伺服器叢集是一組稱為節點的獨立電腦系統，共同運作為單一系統，以確保用戶端能夠使用關鍵應用程式及資源，叢集中的節點透過交換定期訊息來保持持續通訊，如果其中一個節點因故無法提供服務時，其他節點會立即開始提供服務。

不過以叢集系統的規模而言，Windows Server 2003最多允許使用8個節點建立伺服器叢集，完成叢集的建置，這些節點就無法單獨執行，而且所使用的作業系系統版本需要一致性。

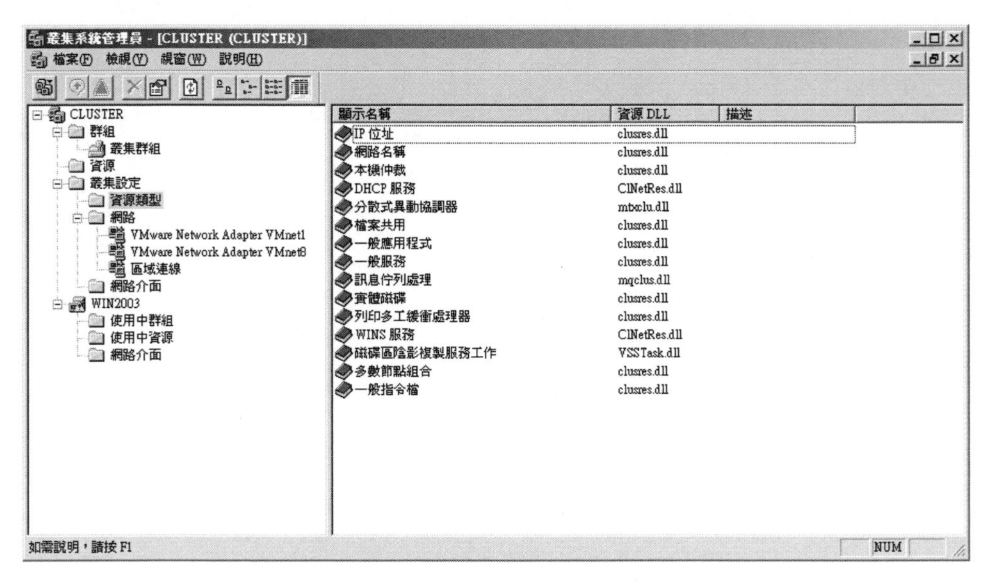

叢集系統管理員

服器叢集可設定為下列三種不同叢集模式：

◆單一節點伺服器叢集

可以設定為具有或不具有外部叢集存放裝置的環境，對於不具有外部叢集存放裝置的單一節點叢集，會將本機磁碟設定為叢集存放裝置。

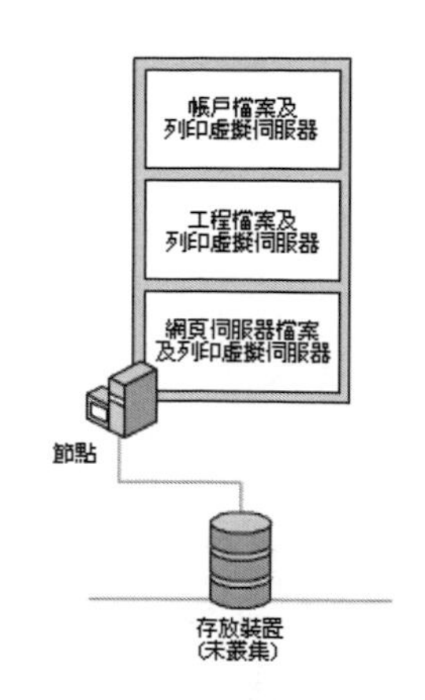

單一節點伺服器叢集的架構

◆單一仲裁裝置伺服器叢集

具有兩個或兩個以上節點，並且將每一個節點都連接到一或多個叢集存放裝置，叢集設定的資料會儲存在單一叢集存放裝置上。

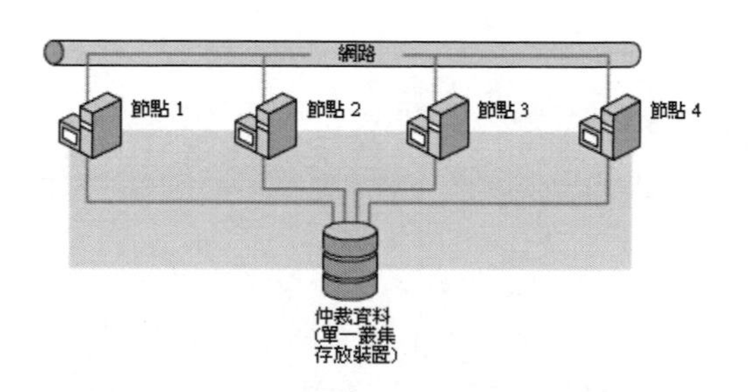

單一仲裁裝置伺服器叢集的架構

◆多數節點組合伺服器叢集

具有兩個或多個節點，但節點可能連接到或不連接到一或多個叢集存放裝置，叢集設定資料存放於叢集的多個磁碟上，叢集服務可以確保此資料在不同磁碟中保持一致。

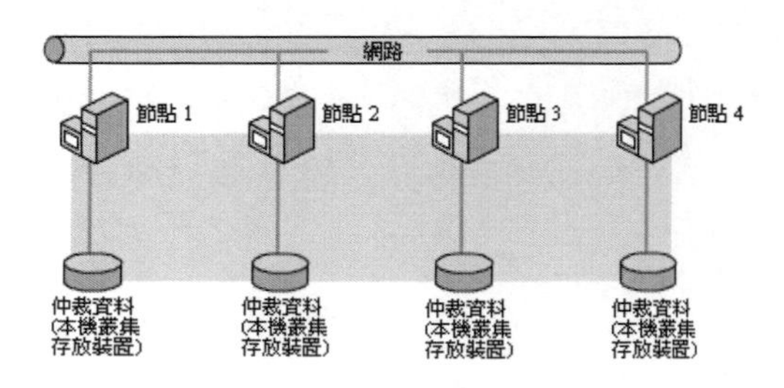

多數節點組合伺服器叢集的架構

Windows叢集提供三種不同但互補的叢集技術，這些叢集技術隨附在許多不同的產品中，可以單獨使用或是合併使用，具有高度的擴充性，隨時可以依據實際的需求進行擴充與調整，這三種叢集技術分別是「網路負載平衡叢集」、「元件負載平衡叢集」以及「伺服器叢集」。

◆網路負載平衡叢集

以TCP和UDP為標準的服務及應用程式，透過網路負載平衡叢集，可以提供擴充性及高度的可用性，可以建立複製或是完全相同的叢集電腦群組，可提高以下這些伺服器的可用性：Web、FTP、ISA、VPN、媒體伺服器、終端機服務。

◆元件負載平衡叢集

透過使COM+應用程式能夠分散到多個伺服器上，以提供高度的擴充性及可用性，例如電子商務所使用的程式。

◆伺服器叢集

伺服器叢集透過資源的錯誤後移轉功能，主要是維持應用程式及系統服務的用戶端存取，不會因為發生錯誤而造成服務中斷的情況，例如：訊息傳送、SQL Server以及檔案與列印服務。

在這一節中簡單的針對Windows Server 2003所能夠提供建置環境的兩種叢集技術，服務叢集以及Windows叢集進行說明，這兩種不同的叢集技術都有各自適用的環境，在後續的章節中將會配合實際的建置進行解說。

4-2 建立叢集系統

在這一節中，將介紹如何在Windows系統中建立叢集，不過在建立新的叢集之前，必須先將硬體部份裝置完成，包括了所使用的IP位址設定以及預備提供的服務項目，並且完成伺服器本身環境的設定，也就是說當一切都準備就緒，而且目前單機作業的設定都完成時，才進行叢集系統的建立，建立叢集後就無法在單獨的系統上進行管理工作了。

首先在叢集系統管理員的管理畫面中開啟叢集連線，選擇使用建立新叢集的功能。

開啟叢集連線

將會執行新伺服器叢集精靈，透過這個精靈就可以協助我們建立新的伺服器叢集，而目前正在執行的這台伺服器會成為這個叢集的第一個節點，完成設定的叢集的設定程序後，再進入叢集管理畫面中，加入其它的節點，在進行設定時需要提供以下的資訊，包括了叢集的網域、唯一的叢集名稱、第一台被新增到叢集的電腦名稱、IP位址以及設定登入叢集的使用者帳號與密碼。

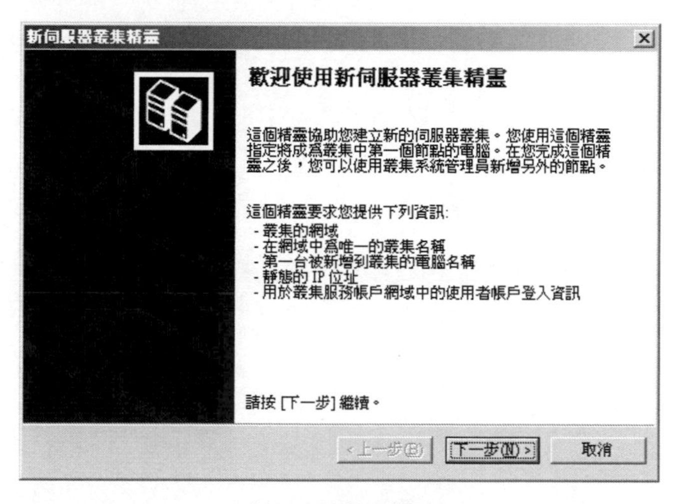

新伺服器叢集精靈

接著輸入叢集名稱和網域，在設定網域時，會關係到其它尚未加入叢集的電腦，因為屬於同一個網域的電腦，未來才能夠加入這個叢集，一般而言會使用未來這個叢集要提供的服務內容進行叢集名稱的命名。

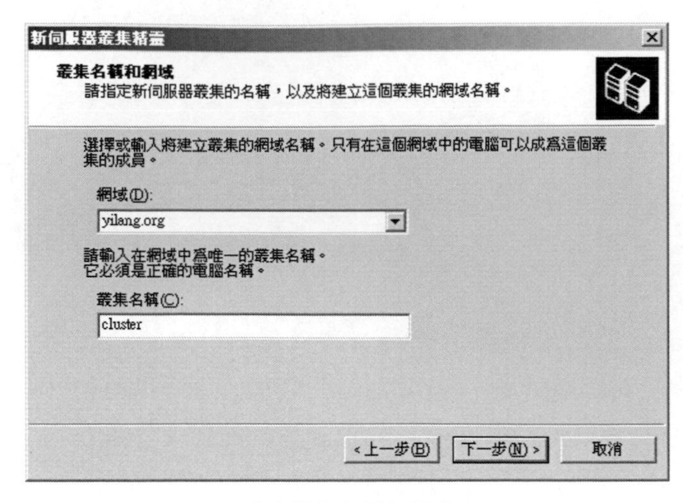

設定叢集名稱和網域

接著選擇要成為目前新叢集第一個節點的電腦名稱，可以直接輸入或是利用瀏覽的方式找尋網路上的電腦。

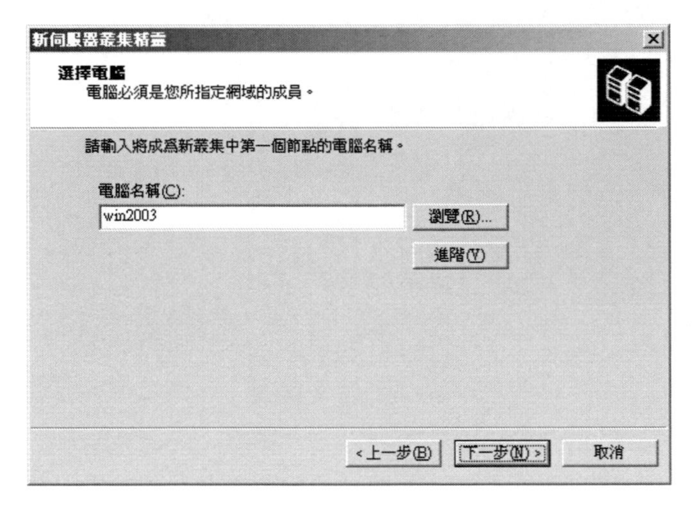

輸入電腦名稱

在進階設定選項中，可以選擇「一般設定」或是「進階設定」，這兩種設定方式不相同，大多數的情況下會使用一般設定，建立一個擁有較完整設定環境的伺服器叢集。

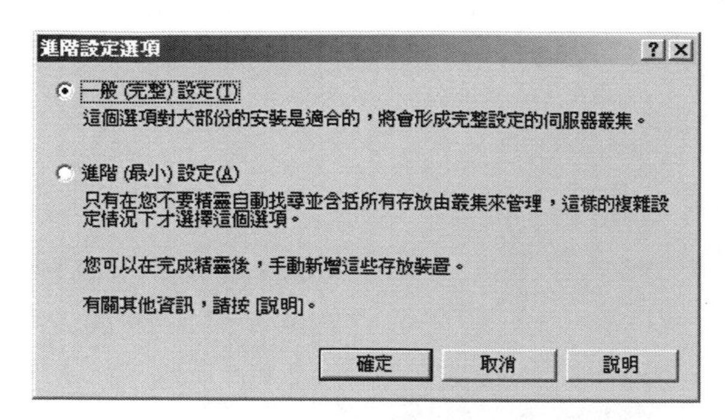

進階設定的選項

接著將會進行分析設定的檢查，以確定先前所提供的資料是否正確，需要經過五項判定程序，分別是「檢查現有叢集」、「建立節點連線」、「檢查節點可行性」、「尋找節點上的公用資源」以及「檢查叢集的可行性」，經這些檢查的程序後，才能夠確定新叢集已符合初步運作的環境需求。

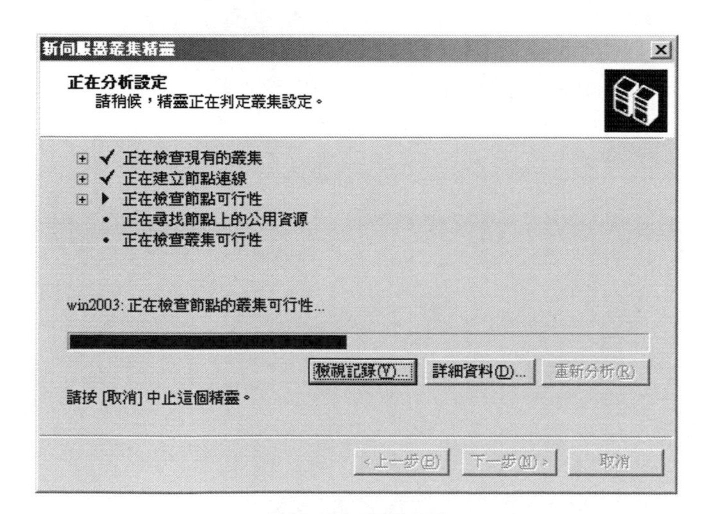

正在判定叢集設定

完成檢查後，可以由工作詳細資料中，看到目前已處理的情況，如果有未順利完成的狀況發生，必須針對所發生的問題進行解決，才能夠繼續進行叢集的設定。

工作詳細資料
日期(T): 2003/8/17
時間(E): 下午 05:23:26
電腦(M): win2003.yilang.org
主工作識別碼(R): {00000000-0000-0000-0000-000000000000}
副工作識別碼(N): {B8453B8F-92FD-4350-A6D9-551FD018B791}
進度(G): 0, 0, 0 (最小, 最大, 目前)
描述(D):
正在檢查現有的叢集
狀態(S): 00000000
操作順利完成。
其他資訊(A):
其他有關資訊，請查看位於 http://go.microsoft.com/fwlink/?LinkId=4441 的 [說明及支援服務]。
關閉

工作詳細資料

接著輸入叢集管理工具將用來連線到叢集的IP位址，日後需要進行叢集的管理時，都會透過建立與這個IP位址的連線進行管理的工作。

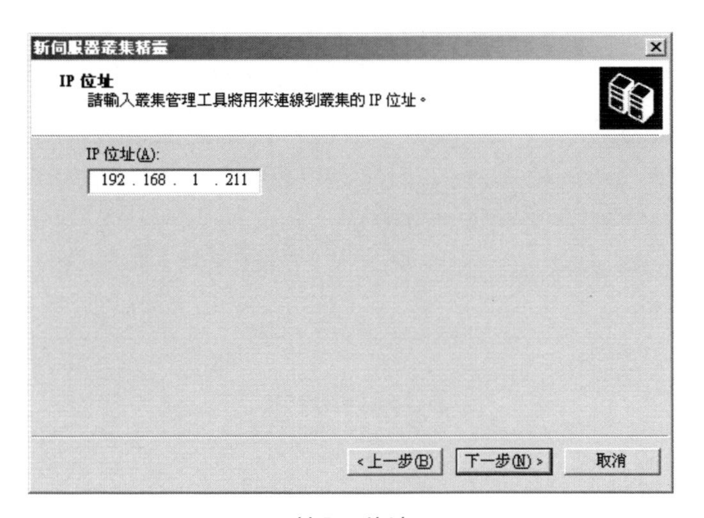

輸入IP位址

接著輸入使用者名稱以及密碼，然後選擇正確的網域，這個使用者名稱與密碼，主要是未來需要進行叢集的管理工作時，賦予所有節點的本機系統管理員權限，能夠完全掌握每一個節點的狀況，並且擁有最高的系統控制權。

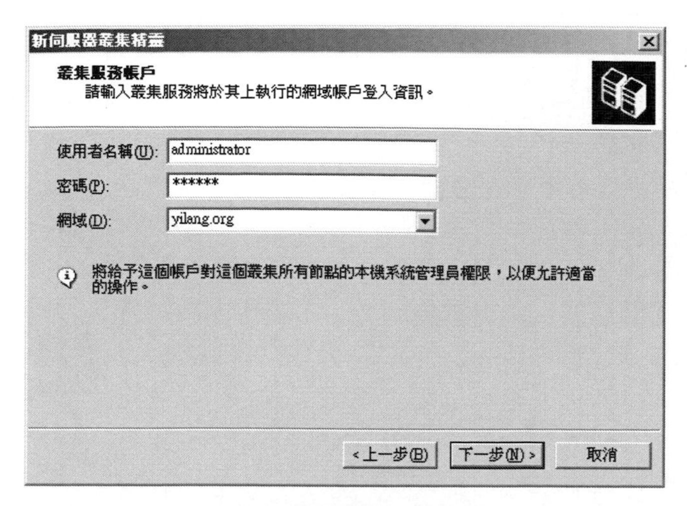

輸入叢集服務帳戶資料

最後確認所有的設定項目是否正確，可以由清單中檢查每一個項目與設定值，如果發現錯誤，則可以回到先前的程序進行修正。

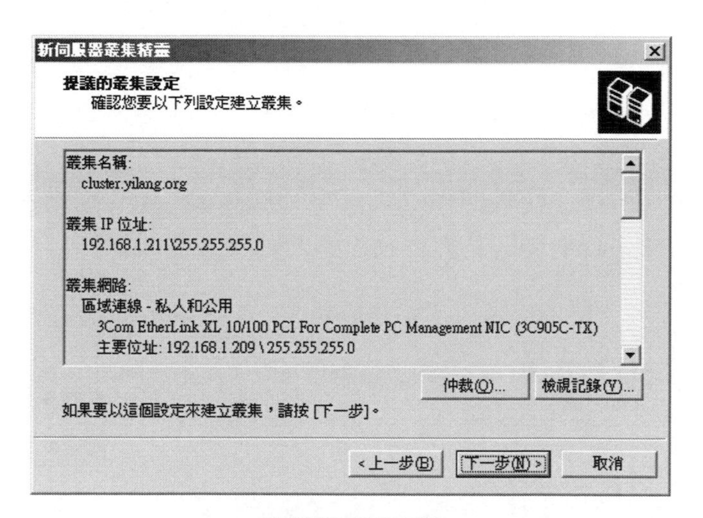

確認資料是否正確

在這可以設定仲裁資源或資源的類型，直接由下拉式的選單進行設定即可。

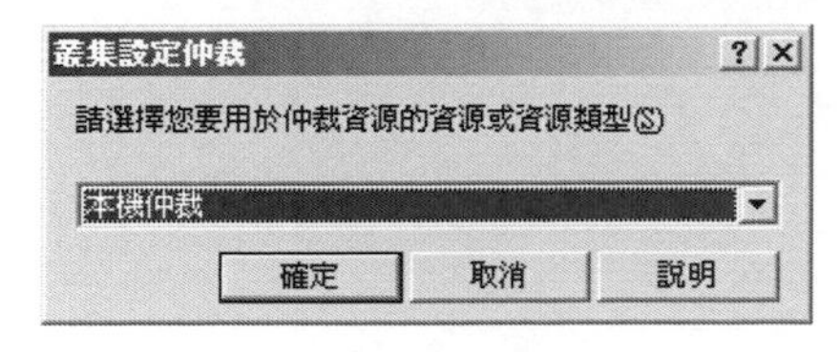

叢集設定仲裁

確認所有的設定都沒有問題後，就會開始進行叢集的建立，這需要花費一些時間，以及完成以下四個程序，分別是「重新分析叢集」、「設定叢集服務」、「設定資源類型」以及「設定資源」，在畫面上可以看到目前處理的進度，完成叢集的設定後，有部份的管理功能將會受到影響，因為已經整合到叢集管理的畫面，這些節點將無法由本機進行管理工作。

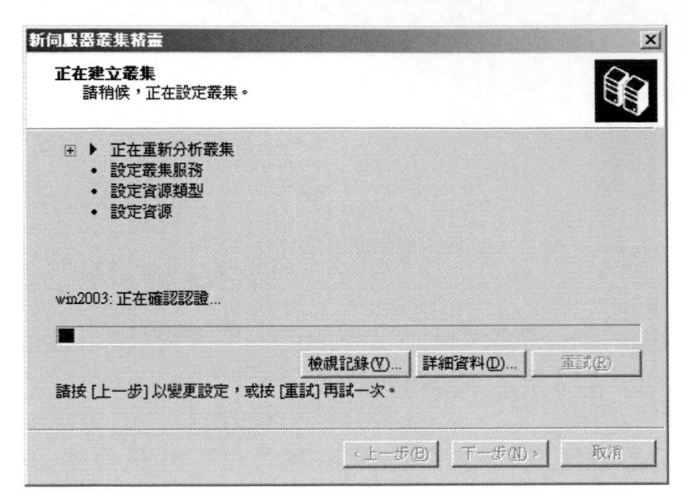

正在建立叢集

最後必須確認所有的工作都已經完成，如果發生無法順利完成的情況，必須針對發生的問題進行解決，以避免因為有存在這些問題，而造成叢集系統無法運作，或是發生不可預知的錯誤。

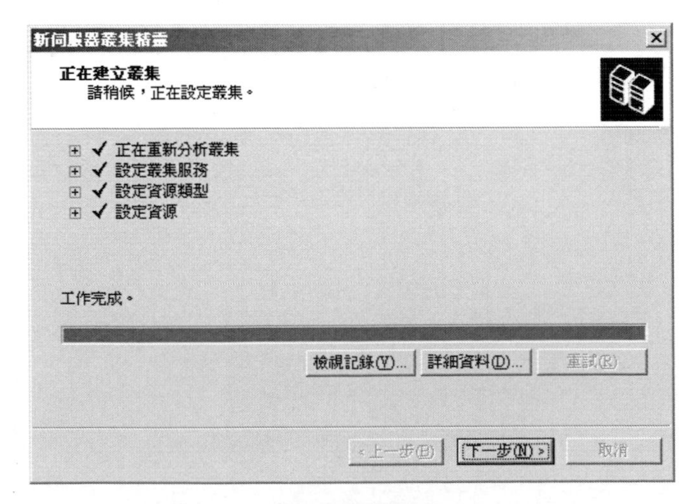

完成叢集的建立

做好設定前的規劃工作，包括了硬體與軟體部份，一切都準備齊全後，透過叢集的建立，就可以建置出符合需求的伺服器叢集，因為事前的規劃會比事後尋找補救的方法更為有效率。

4-3 叢集系統管理

透過叢集系統管理員，可以針對目前已建立好的叢集進行管理的工作，在這一節中將帶領大家深入叢集系統管理，在叢集系統管理員的畫面中，可以看到已建立的叢集與叢集下所連結的資源，另外在叢集系統管理員中，也可以進行新節點、新資源的連結，將其它的節點或是資源加入所設定的叢集中，擴充叢集的功能以及提供服務的資源。

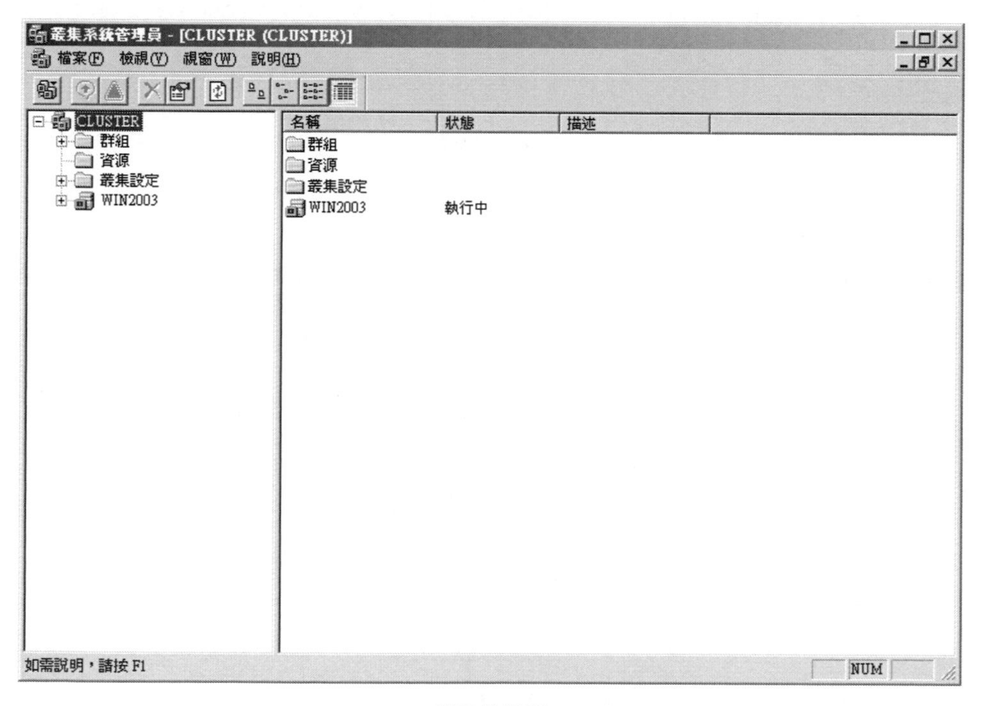

叢集的管理

◆群組

在「叢集群組」項目中，顯示了「叢集IP位址」、「叢集名稱」以及「本機仲裁」三個資源，由資源清單中可以看到目前這些資源的狀態、擁有者以及資源的類型。

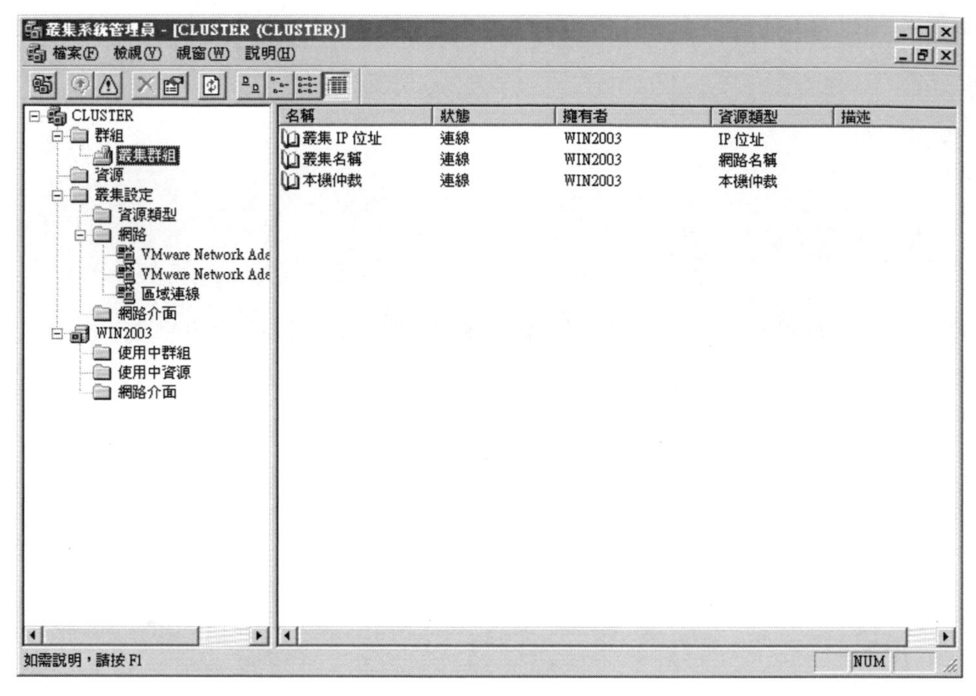

叢集群組項目

在叢集IP位址的內容設定中，提供了「一般」、「資源依存性」、「進階」以及「參數」等四個標籤頁，在「一般」標籤頁中，提供了名稱的設定、可能的擁有者，可以利用修改的功能，變更目前設定的內容，另外也可以選擇是否在其它資源監視器執行此資源。

一般內容的設定

在「資源依存性」的設定中，可以依據實際的需求，在啟動這項資源之前，必須先將那些資源上線，這些必須先上線的資源，就可以在這進行設定與修改，以確保所提供的資源不會因為與其它資源的依存性而造成無法使用的情況。

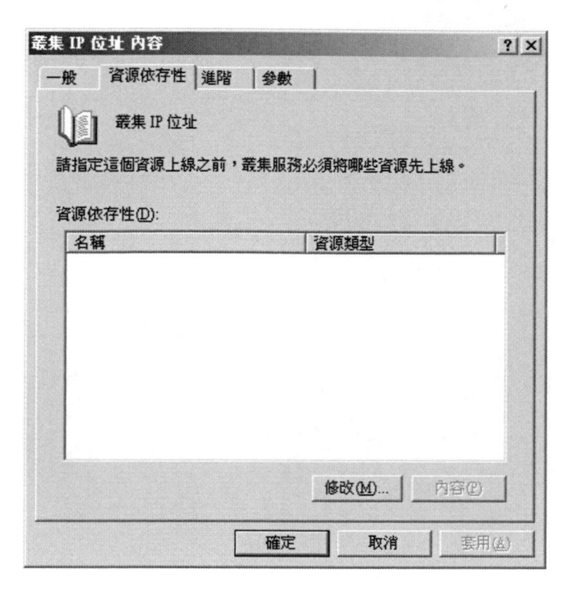

資源依存性

在「進階」標籤頁中，可以設定重新啟動的時間間隔，建議可以使用預設值即可，否則就依叢集運作的情況進行調整。

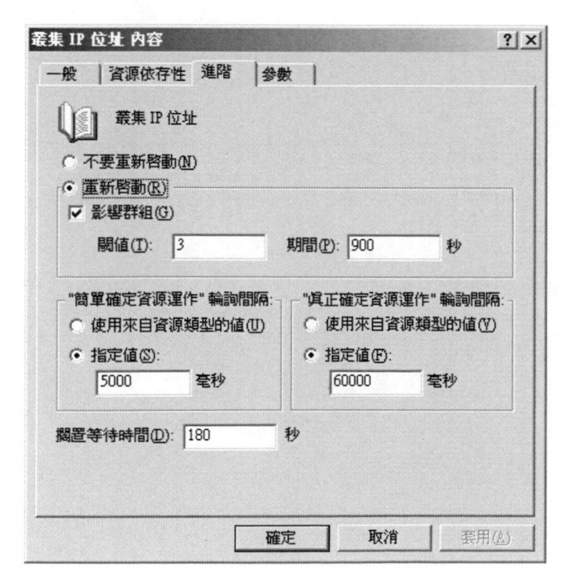

進階設定

在「參數」標籤頁中，以目前針對叢集IP位址的資源而言，主要是進行IP位址的設定，也包括了所使用的子網路遮罩以及網路連線，另外建議啟用NetBIOS給這個位址。

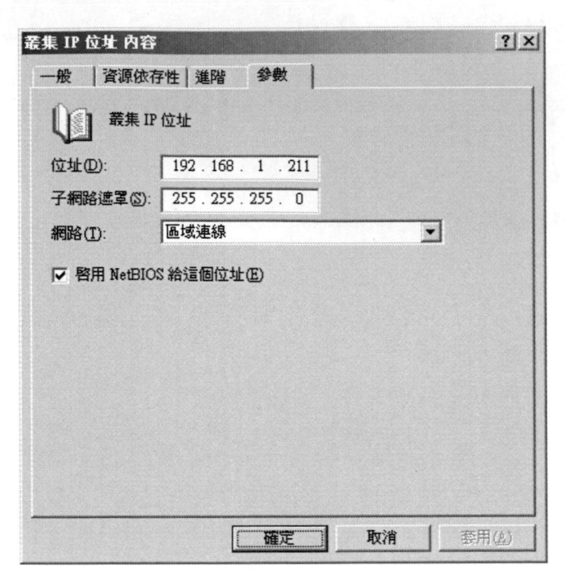

參數的設定

◆資源

在「資源」項目中，顯示了目前擁有的資源內容，目前有「本機仲裁」、「叢集IP位址」以及「叢集名稱」，在這可以看到目前的狀態、擁有者以及群組資訊，另外針對不同的資源類型，也會一併顯示在畫面中。

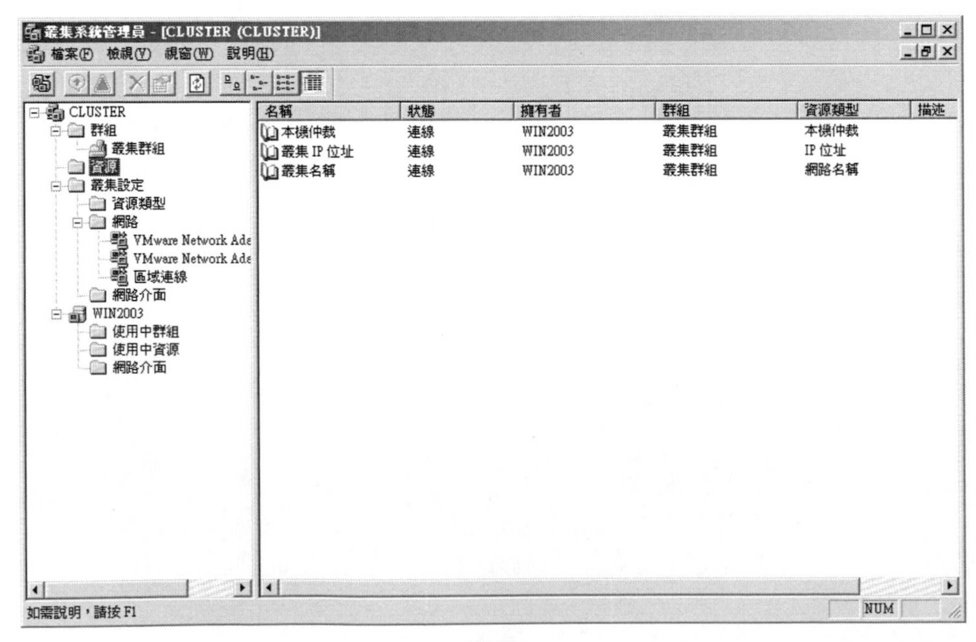

資源

◆叢集設定

在叢集的設定中，分成了「資源類型」、「網路」以及「網路介面」三大項，關於這些項目的設定可參考後續的內容。

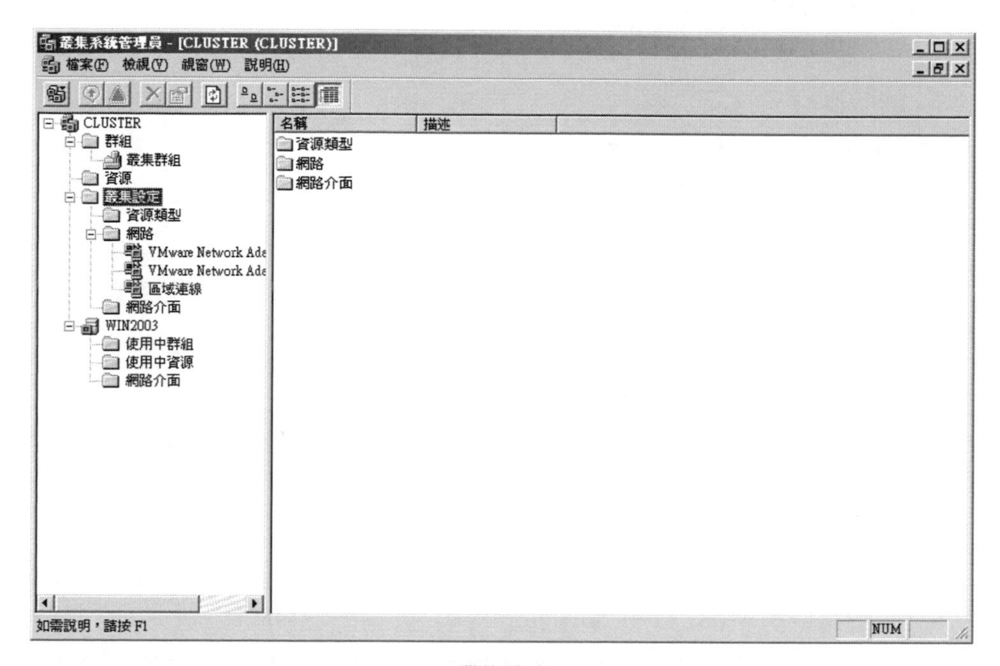

叢集設定

在「資源類型」的項目中，顯示而目前能夠支援的資源類型，包括了「IP位址」、「網路名稱」、「本機仲裁」、「DHCP服務」、「分散式異動協調器」、「檔案共用」、「一般應用程式」、「一般服務」、「訊息佇列處理」、「實體磁碟」、「列印多工緩衝處理器」、「WINS服務」、「磁碟區陰影複製服務工作」、「多數節點組合」以及「一般指令檔」，這些資料都搭配資源DLL以提供叢集使用。

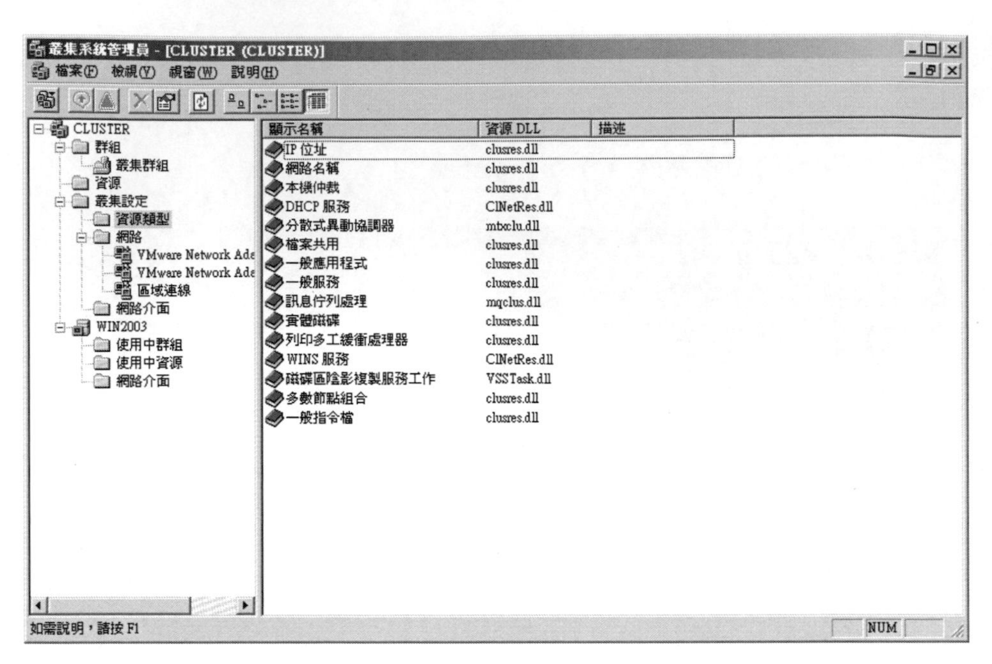

資源類型

「網路」項目主要是顯示目前所建立的網路連線，例如：區域網路等，如果有建立兩個以上的網路連線，都會一併顯示在清單中，以提供叢集選擇想要使用的網路連線，在這除了顯示網路連線的名稱外，也可以知道這個網路連線目前所扮演的角色以及所使用的遮罩。

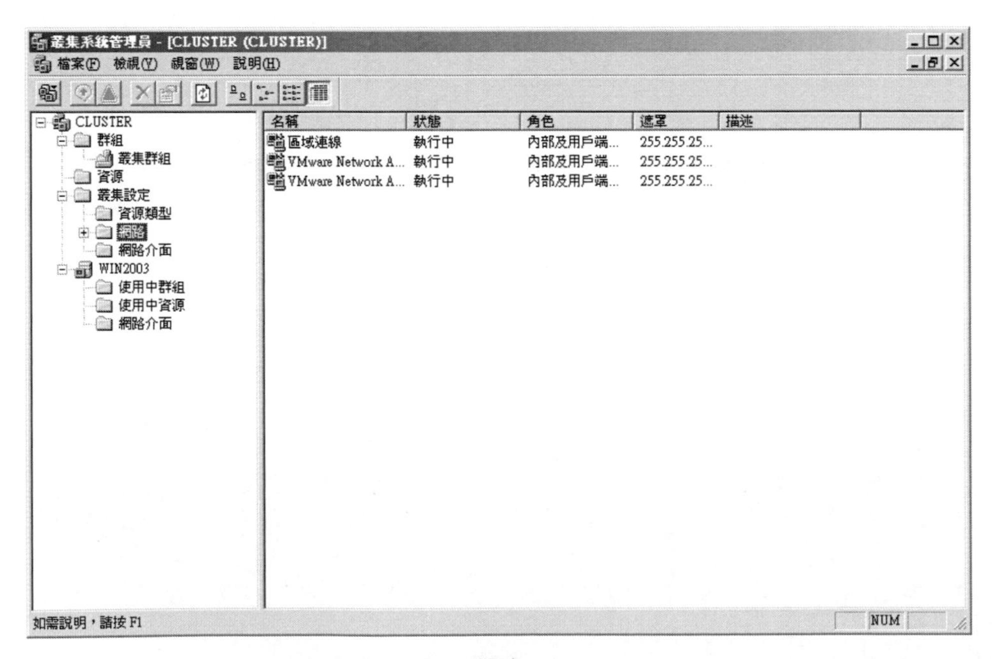

網路

針對這些網路連線可以進一步的檢視詳細的資訊，包括了節點的名稱、網路連線的名稱、執行的狀態、介面卡的廠牌以及目前使用的IP位址。

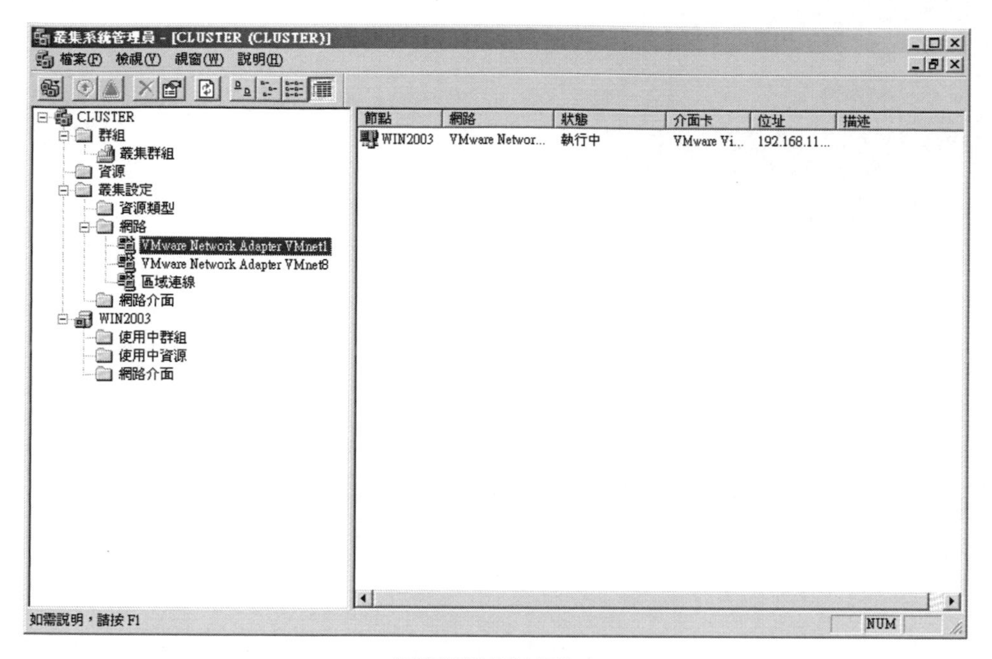

網路連線的詳細內容

「網路介面」項目則是顯示了目前在系統中所安裝的網路介面，不過在這所顯示的網路介面，不一定就是網路卡，因為以筆者而言，配合VMware虛擬出來的網路卡，也會一併顯示在清單中，同時可以在這知道目前每一個網路介面的使用情況，包括了節點名稱、網路連線名稱、目前的狀態、介面卡的名稱以及目前所使用的位址。

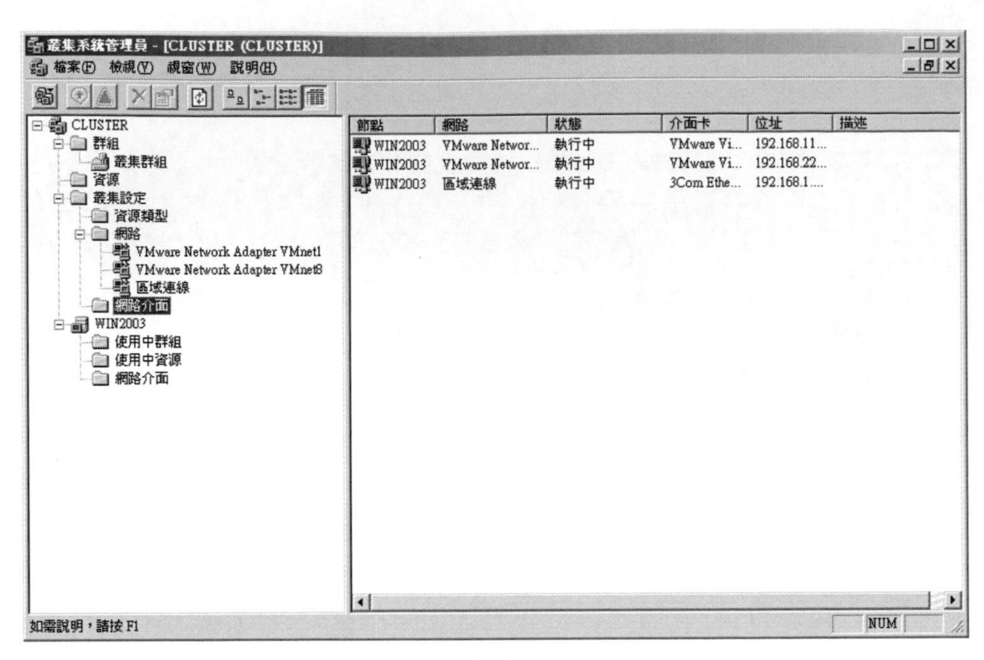

網路介面

而「WIN2003」是目前叢集系統中的一個節點，在這可以顯示「使用中的群組」、「使用中資源」以及「網路介面」三個項目的資訊，在個別節點中所看到的內容，是屬於每一個節點所提供或是具備的資源。

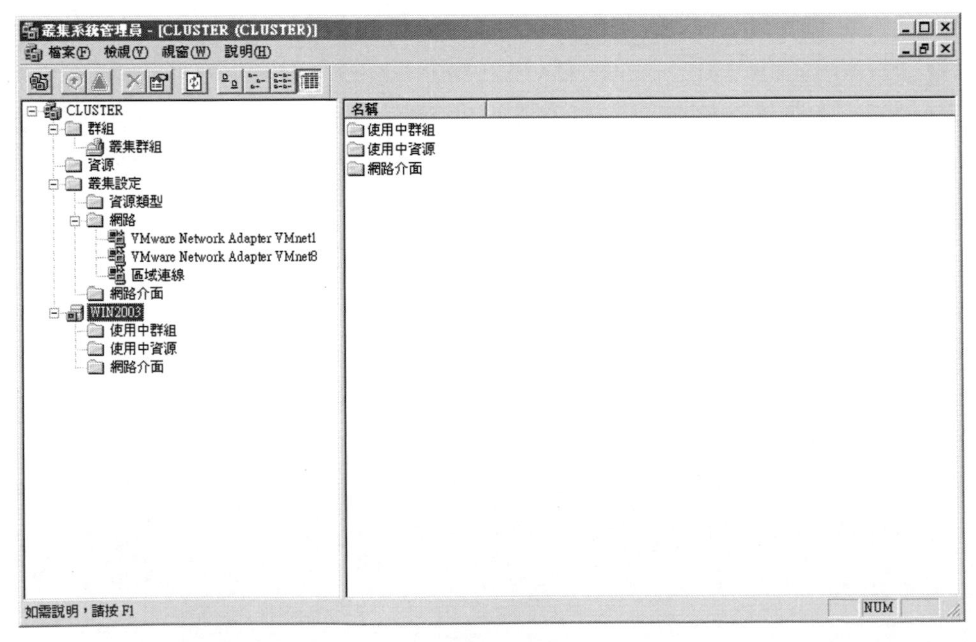

節點的內容

在「使用中的群組」項目中，開啟「叢集群組」的內容設定。

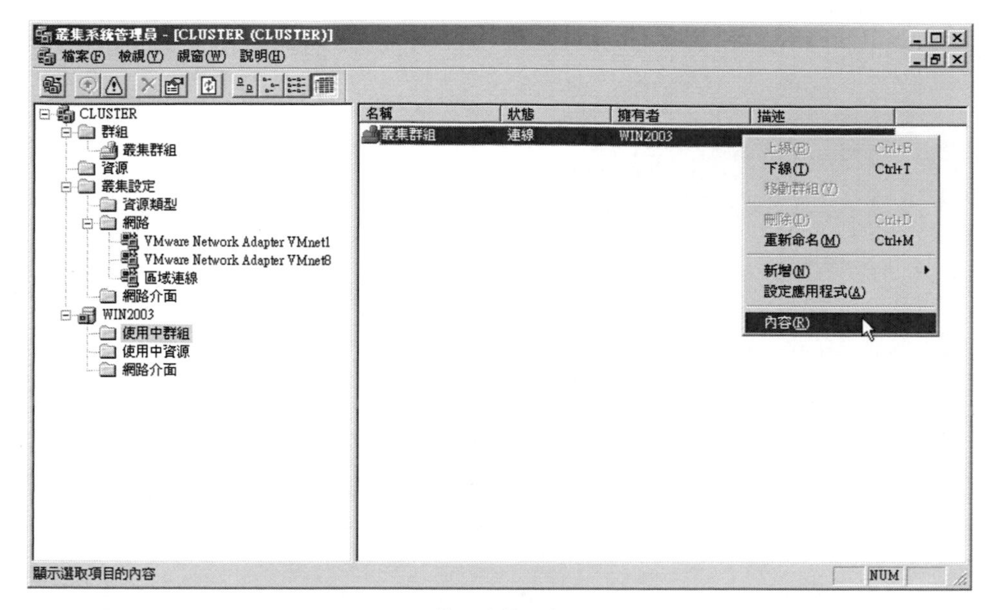

使用中的群組

在「叢集群組」的設定中，提供了「一般」、「錯誤後移轉」以及「錯誤後回復」的項目可以供我們進行設定，在「一般」標籤頁中，提供了名稱、描述以及慣用的擁有者設定，可以利用修改的功能進行設定。

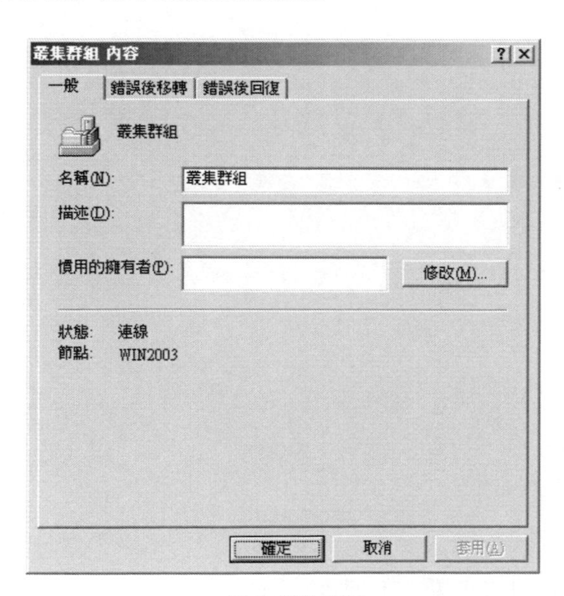

一般內容的設定

在「錯誤後移轉」的標籤頁中，主要是針對叢集群組的「閾值」以及「期間」進行設定，以確定移轉的時間。

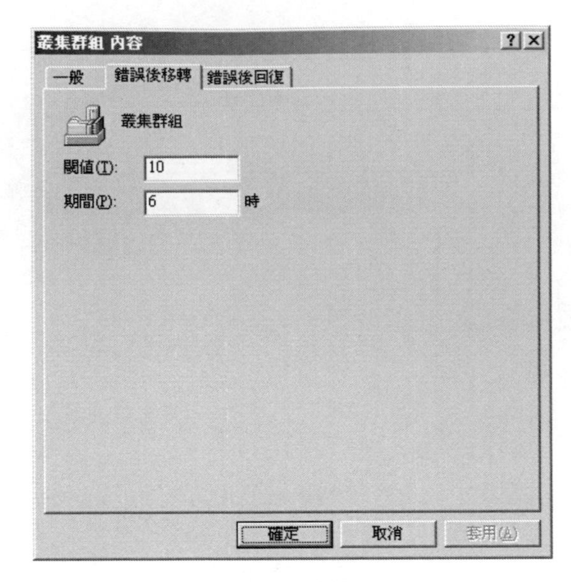

錯誤後移轉

在「錯誤後回復」的標籤頁中，提供了「預防錯誤後回復」以及「容許錯誤後回復」兩種選擇，如果使用容許錯誤後回復的模式，則必須指定「立即」或是錯誤後回復的時間。

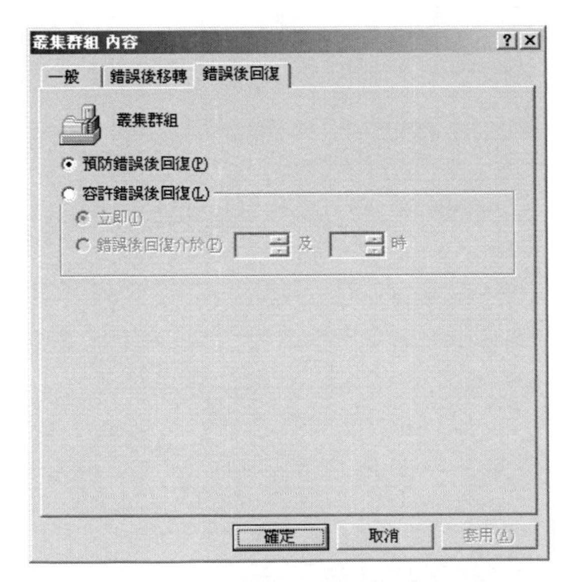

錯誤後回復

叢集系統管理員可以提供叢集伺服器，包括每一個節點、資源的管理，因此透過管理員所提供的管理工具與整合後的管理畫面，可以有效的掌控每一項叢集資源，並且可以依據實際的運作模式進行設定，而不需要針對叢集中個別的節點進行調校，能夠減輕系統管理人員的負荷。

Chapter 5

Active Directory

5-1 認識Active Directory

對於大型的網路架構進行管理時，總會無法找到一個能夠管理每一位使用者、每一台電腦、每一台印表機資源的方式，而Active Directory將網路上的每一項資源都物件化了，透過儲存網路物件的相關資訊，以便系統管理員和使用者方便尋找和使用此資訊，配合階層化的資料結構，可以快速的找到所需要使用的物件，整體運作方式，有點類似DNS的架構，以層次的觀念為基礎。

Active Directory 物件的相關資訊放置在資料存放區中，這個資料存放區也稱為「目錄」，而在資料存放區中的物件，通常包括了一些共用的資源，例如：伺服器、印表機、磁碟區、網路使用者、使用者帳號等，針對這些物件進行管理，就能夠確實的掌握整個架構的運作。

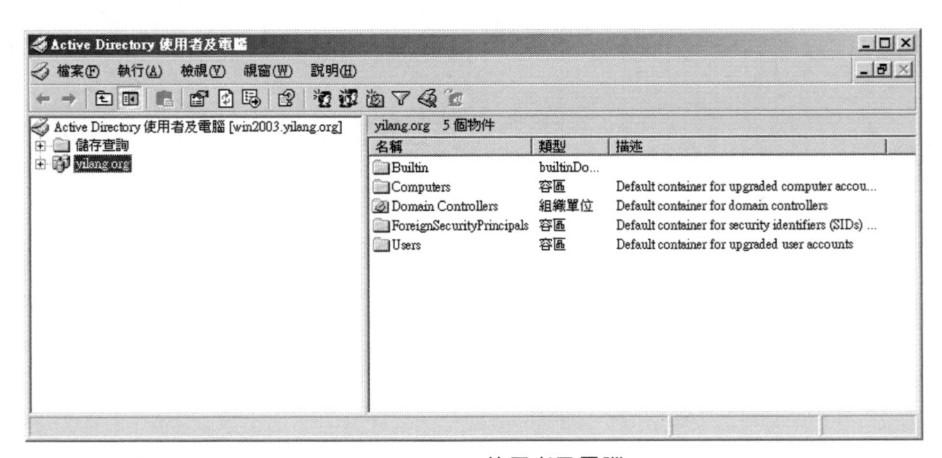

Active Directory使用者及電腦

Active Directory 整合了安全性的設定，不論是登入或是物件的存取，都必須經過驗證的程序，運用單一網路登入，系統管理員可以管理整個網路的目錄資料及組織，並且所授權的網路使用者可以存取網路上任何位置的資源，原則式的系統管理使管理工作變得更為容易。

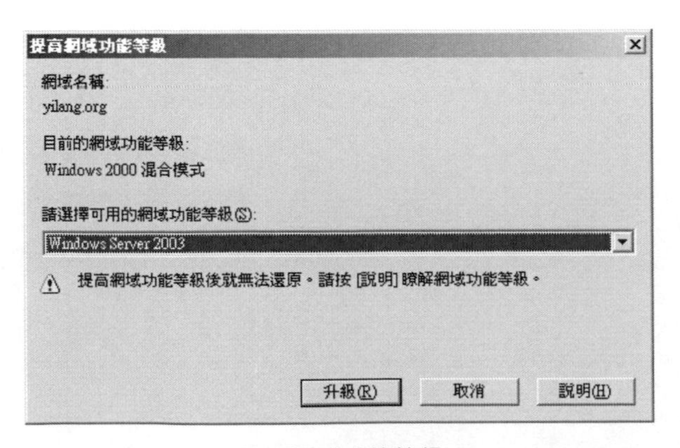

提昇網域功能等級

在後續的內容中，將針對Active Directory環境的建置與管理進行介紹，可以讓大家從零到有，在目前的網域中進行Active Directory的設定與物件的管理。

5-2 Active Directory的新功能

Windows Server 2003在Active Directory做了一些改良，也增加了一些新的功能，在這一節中將針對Active Directory的新功能進行介紹，讓大家在未開始動手建置之前，先對於各項功能做個瞭解，可以減少實際進行建置時遇到的問題。

◆ 使用者物件的多重選擇

一次修改多個使用者物件的一般屬性。

◆ 拖放功能

藉由將一或多個物件拖拉至網域階層中想要的位置，來將Active Directory物件從一個容器，移動至另一個容器，拖放一個或多個物件到目標群組之後，便可以新增物件到群組成員資格清單。

◆ 有效率的搜尋能力

搜尋功能屬於物件導向，並提供有效率的搜尋方式，這會將與瀏覽物件相關的網路傳輸量最小化。

◆ 已儲存的查詢

儲存常用的搜尋參數，以便於Active Directory使用者及電腦中重複使用。

◆ Active Directory命令列工具

執行新的管理狀況之目錄服務命令。

◆ 使用備份媒體新增其他網域控制站的能力

利用備份媒體，減少新增網域控制站到現有網域所需花費的時間。

◆ 萬用群組成員資格快取

儲存驗證網域控制站上的萬用群組成員資格資訊來進行登入時，避免跨距WAN 找尋通用類別目錄。

◆ 安全LDAP流量

Active Directory管理工具會預設簽署和加密所有的LDAP流量，簽署LDAP流量

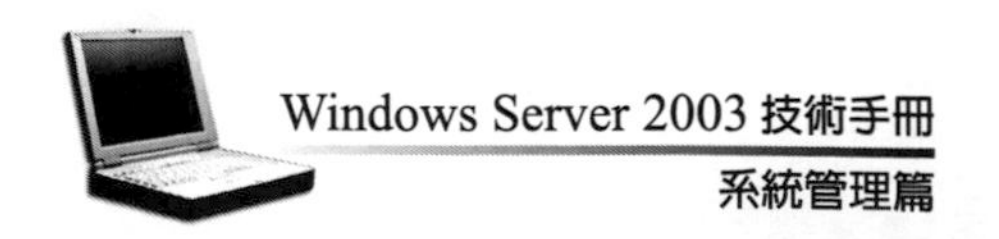

可確保封裝資料來自特定來源，而且未受到篡改。

◆ 使用者與電腦帳戶的不同位置選項

可以利用下列早期應用程式設計介面（API）所建立的使用者帳戶與電腦帳戶的重新設定預設位置：NetUserAdd、NetGroupAdd和NetJoinDomain，可以從使用者與電腦容器重新將位置重新設定到可以套用群組原則的組織單位。

◆ Active Directory配額

Active Directory中可以指定配額，以控制使用者、群組或電腦可以在指定目錄磁碟分割中擁有的物件數量，但是網域管理員和企業系統管理員會從配額中排除。

◆ InteOrgPerson類別

InetOrgPerson類別一直以來被新增於基底架構以作為安全性原則，也可以使用相同方式作為使用者類別，而userPassword屬性也可以用來設定帳戶密碼。

◆ 應用程式目錄磁碟分割

設定網域控制站之間的應用程式特定資料複寫領域，可以控制Active Directory中所儲存網域名稱系統（DNS）區域資料的複寫範圍，所以只有樹系中的特定網域控制站才會參與DNS區域複寫。

下列清單總結說明可啟用的全網域和全樹系Active Directory功能，這些功能會在網域或樹系功能層級已經提升為Windows Server 2003時啟用。

◆ 網域控制站重新命名工具

重新命名網域控制站而無須先將其降級。

◆ 網域重新命名

重新命名Windows Server 2003網域，可以變更任何子系、父系、樹狀目錄或樹系根網域的NetBIOS名稱或DNS名稱。

◆ 樹系信任

建立樹系信任，將雙向轉移延伸超出單一樹系到達第二樹系。

◆ 樹系重新架構

將現有網域移動到網域階層中的其他位置。

◆ 解除架構物件的功能

從架構中停用不必要的類別或屬性。

◆ 動態輔助類別

提供動態連結輔助類別至個別物件的支援，而不只是整個物件類別，而曾經附加到物件實體的輔助類別也可以在稍後從實體中移除。

◆ 通用類別複寫改進方式

當管理動作導致部分屬性集的擴展時，保留通用類別的同步處理狀態，這會藉由只傳輸過去新增的屬性，將部分屬性集擴充產生的結果降到最低。

◆ 複寫增強

連結值複寫允許個別群組成員跨網路的複寫，而不是將整個群組成員關係當作單一單位的複寫。連結值複寫的相關資訊，新的開展樹狀目錄演算法會讓複寫更有效率，也可以在Windows 2000和Windows Server 2003樹系的許多網域及站台之間更具調整性。

◆ 網域或樹系之間資源的使用者存取控制

不允許網域或樹系中的使用者存取其他網域或樹系中的資源，然後設定允許來驗證使用者或群組物件的本機資源存取控制資料項目（ACE）。

部份Active Directory的功能，必須昇級到Windows Server 2003之後，才能夠使用，因此如果發現有部份功能無法使用，則可以先檢查一下目前作業系統的版本，是否能夠適用執行功能。

5-3 Active Directory的佈署

在正式的佈署Active Directory之前必須對於Active Directory進行瞭解，熟悉所提供的資源以及運作的模式，再透過「設定您的伺服器」進行伺服器角色的新增，就可以進行Active Directory伺服器的安裝程序，在這必須確定所選擇的安裝項目。

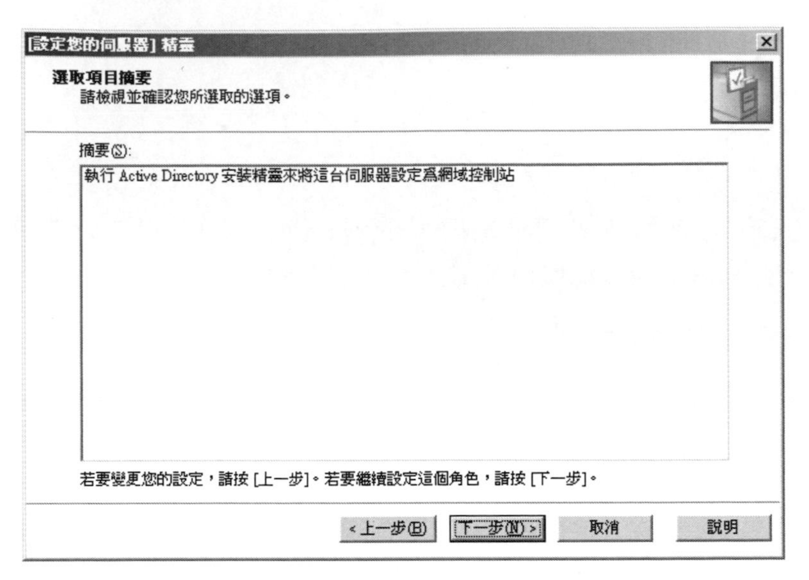

預備進行安裝的摘要

在安裝的過程中，會進行系統環境的偵測，因為安裝精靈偵測出可能潛存的安全漏洞，例如：終端機伺服器的服務，則會提出警告，在安裝時將會變更終端機伺服器的安全性原則，變成只有系統管理員可以登入電腦，以提昇對於伺服器的保護。

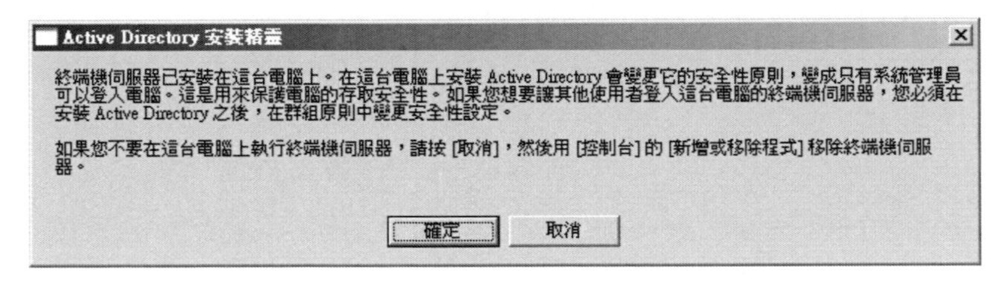

提示訊息

啟動安裝精靈後，會進行作業系統相容性的檢查，以確定目前執行的作業系統能夠符合Active Directory作業時的需求，這是因為Windows Server 2003所使用的增強式安全性設定會影響舊版的Windows，如果使用過舊的版本，例如：Windows 95或Windows NT 4.0 SP3以前的版本，基於安全上的考量，將無法登入Windows Server 2003的網路控制站進行網路資源的存取。

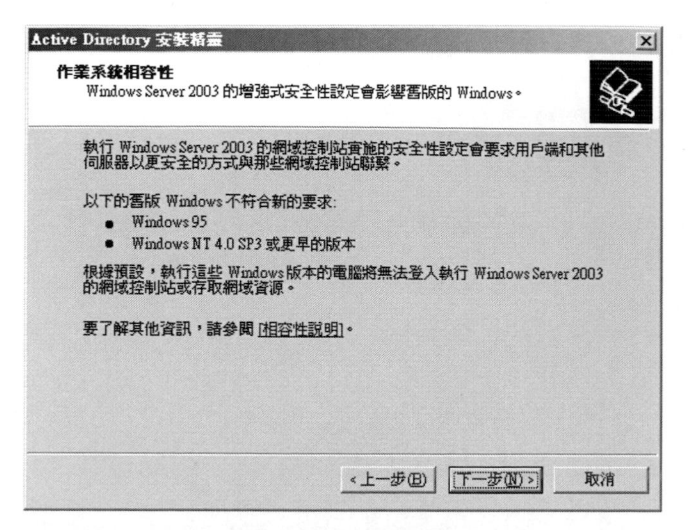

檢查作業系統的相容性

選擇網域控制站的類型，在這可以選擇「新網域的網域控制站」或是「現存網域中的網域控制站」，如果目前的網域中還沒有任何的網域控制站，則必須選擇前者，在新網域中建立一個網域控制站。

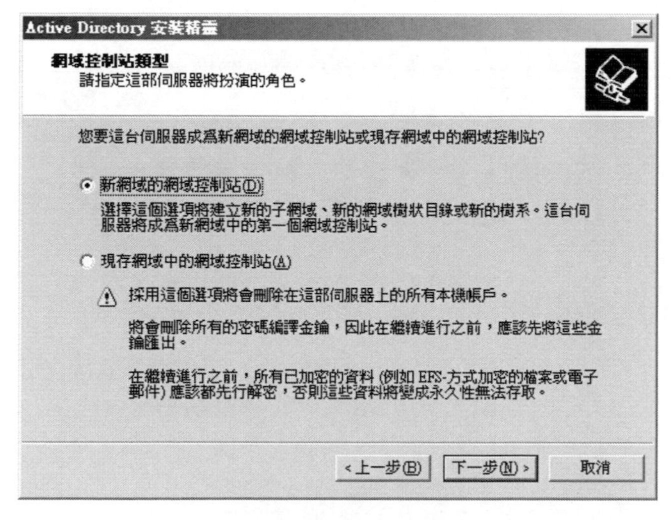

選擇網域控制站的類型

輸入新網域的完整DNS名稱，例如：yilang.org等。

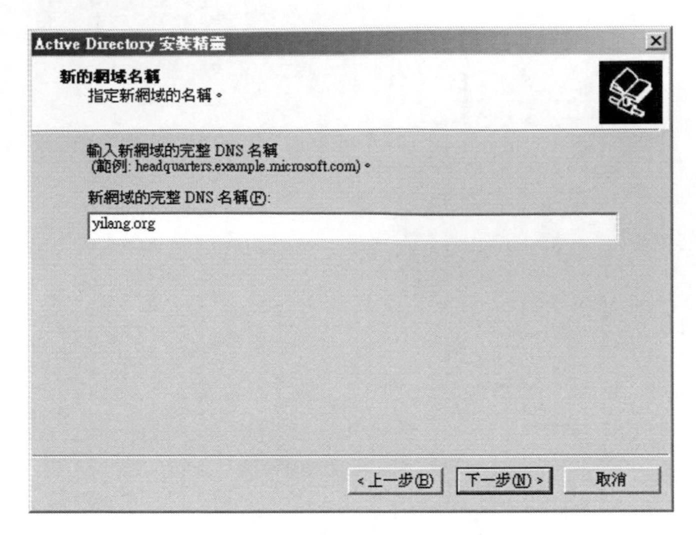

輸入新網域完整的DNS名稱

接著為新網域指定一個NetBIOS名稱，這是提供給舊版Windowsws的使用者識別新網域的名稱。

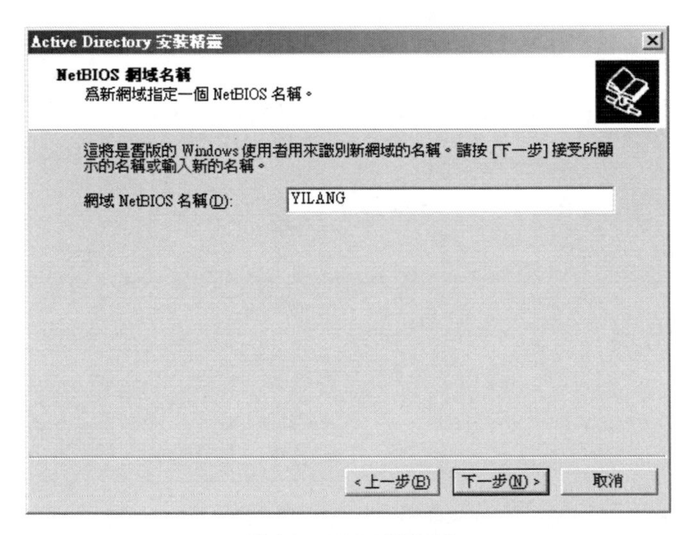

指定NetBIOS的名稱

設定資料庫以及記錄檔資料夾的位，在這建議儘可能將資料庫與記錄檔儲存在不同的硬碟上，這樣可以提供最佳的效能以及當意外發生時的回復能力。

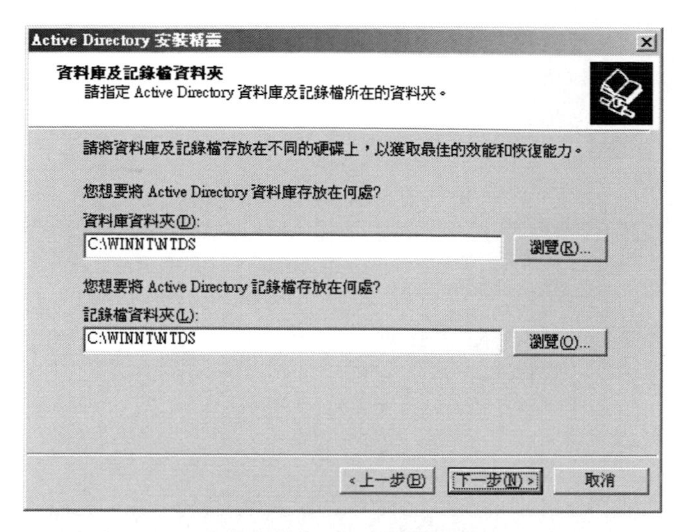

設定資料庫及記錄檔資料夾

設定共用的系統磁碟區，SYSVOL資料夾必須儲存在使用NTFS檔案系統的磁碟區。

Active Directory 安裝精靈

共用的系統磁碟區

將資料夾指定成共用的系統磁碟區。

SYSVOL 資料夾存放網域公用檔案的伺服器複本。SYSVOL 資料夾的內容將複寫到網域中的所有網域控制站。

SYSVOL 資料夾必須位於一個 NTFS 的磁碟區。

請輸入 SYSVOL 資料夾的位置。

資料夾位置(F):

C:\WINNT\SYSVOL

瀏覽(R)...

< 上一步(B) 下一步(N) > 取消

共用的系統磁碟區的設定

進行DNS登錄的診斷，以確定DNS能夠正常的運作，在Active Directory的世界中，所有的物件都會隸屬於某一個網域，這需要DNS伺服器的配合，因此在安裝Active Directory的過程中，對於DNS登錄必須進行診斷，如果發生問題，則可以根據所提供的資訊，進行問題的修正，然後再次進行診斷，一定要完全沒有問題，才能夠確保Active Directory能夠正常的運作。

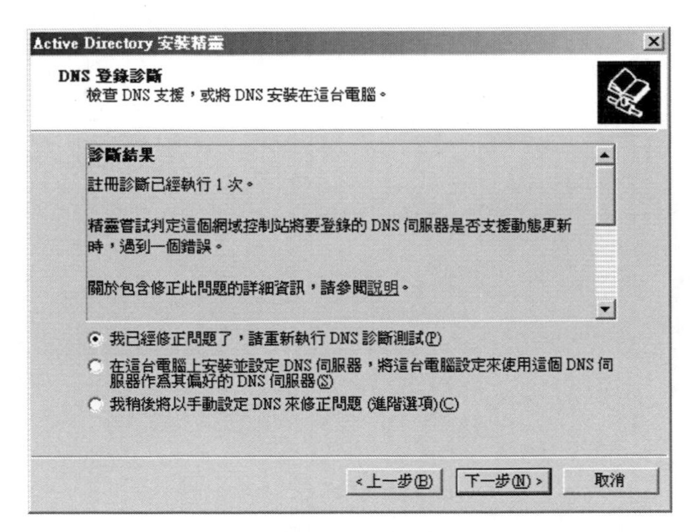

DNS登錄的診斷

接著進行使用權限的設定，在這必須選擇想要預設的使用權限給使用者以及群組物件，分別是「使用權限和前版Windows 2000 Server作業系統相容」以及「使用權限只和Windows 2000或Windows Server 2003作業系統相容」，一般而言會選擇後者，只有經過驗證的使用者，才能夠讀取這個網域的資訊。

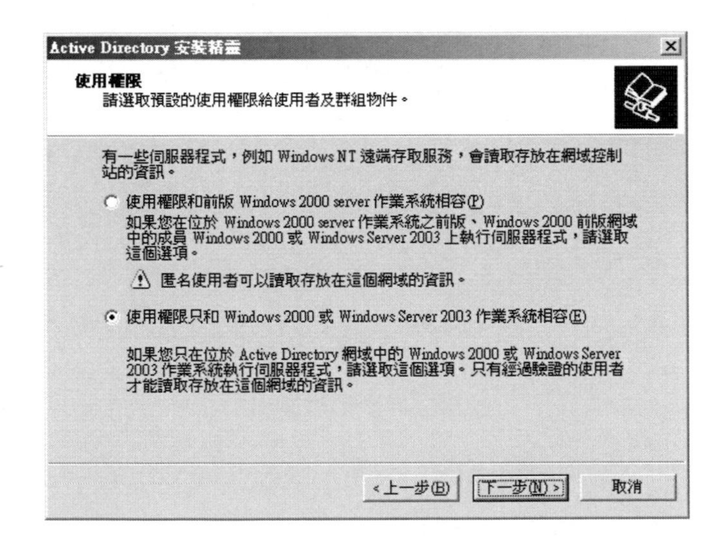

選擇使用權限

針對目錄服務還原模式的系統管理員密碼，輸入還原模式密碼，這是指派給Administrator的密碼。

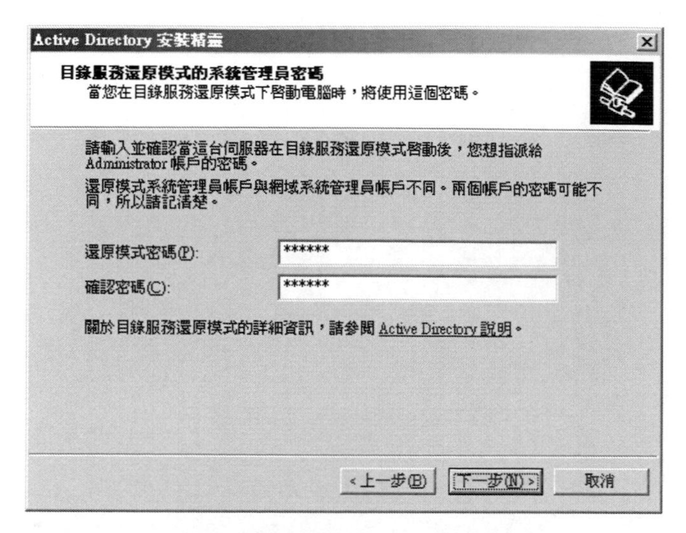

目錄服務還原模式的系統管理員密碼

確認所選擇的部份，檢視清單中所顯示的資訊，如果發現有任何的問題，必須回到先前的程序中進行修正。

Active Directory 安裝精靈
摘要
請再一次檢視確認您所選取的選項。
您已選擇(Y):
將這台伺服器設定成網域樹狀目錄新增樹系中的第一台網域控制站。
新網域名稱是 yilang.org。它同時也是新樹系的名稱。
網域的 NetBIOS 名稱是 YILANG。
資料庫資料夾: C:\WINNT\NTDS
記錄檔資料夾: C:\WINNT\NTDS
SYSVOL 資料夾: C:\WINNT\SYSVOL
新的網域 Administrator 密碼和這台電腦的 Administrator 密碼相同。
如果您要變更選項，請按 [上一步]。要開始操作，請按 [下一步]。
< 上一步(B)
下一步(N) >
取消

確認選項

確定無誤後，接下來就會開始進行Active Directory的設定，並且建立一些初始化的資料庫檔案，放置在先前所指定的路徑。

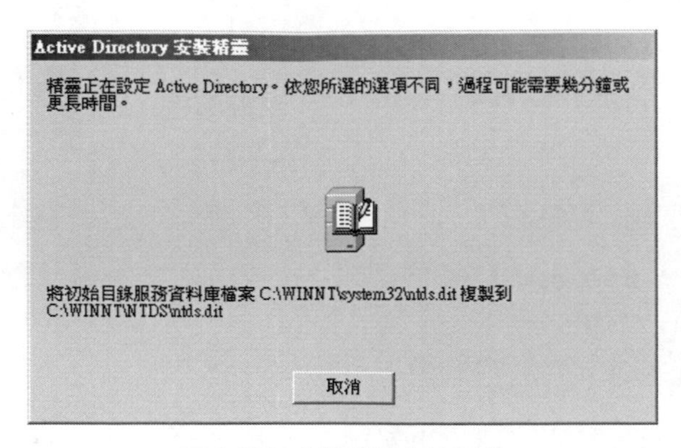

正在進行安裝與設定的程序

完成網域控制站的設定後，必須重新啟動電腦，才能確保Active Directory正常的運作。

重新啟動電腦

重新啟動電腦後，會再進行環境的設定，最後會顯示目前「這台伺服器現已成為網域控制站」的訊息。

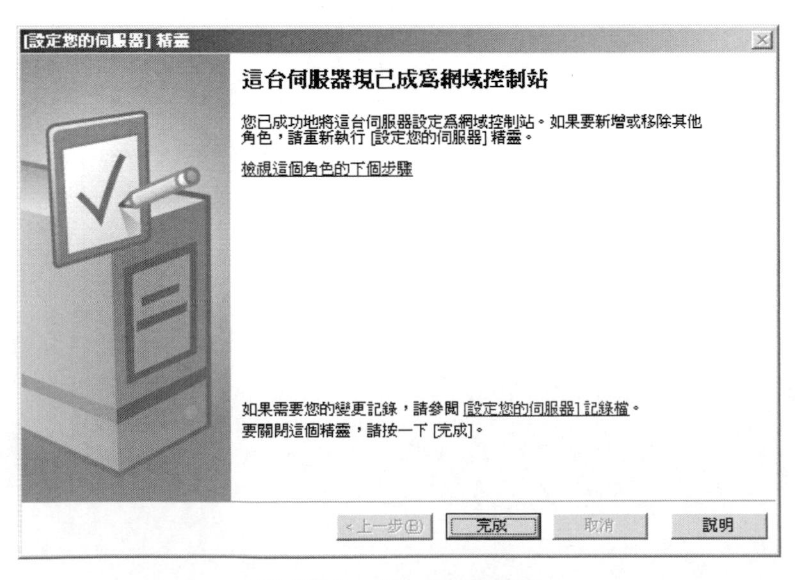

完成Active Directory的設定

整個設定的程序是相當容易的，只需要確定每一個步驟所設定的參數，就可以輕易的完成Active Directory設定的程序，完成Active Directory的設定後，部份伺服器或是系統的管理界面，將會被整合到Active Directory管理界面中。

5-4 Active Directory的驗證

對於POP3服務而言，Active Directory可以提供整合式的驗證，如果建立的信箱與現有的Active Directory帳戶相對應，則使用者就可以直接使用他們現有的Active Directory網域使用者名稱和密碼來收發電子郵件。

Active Directory 整合式驗證同時支援純文字以及「安全密碼驗證（SPA）」電子郵件用戶端認證，由於純文字透過一種不安全的、未編碼的格式來傳送使用者的認證，因此並不建議使用純文字驗證，而SPA需要電子郵件用戶端透過安全性認證來傳送使用者的名稱和密碼，因此也不建議使用純文字驗證。

對於存取網域中的物件而言，使用者都需要經過身分的驗證，才能夠存取網域中的物件，在權限的控制上也較為嚴格，沒有權限的使用者就無法使用，因此在對於使用的管理上，必須指派適合的權限，如果是系統管理人員，也可以透過委派的方式，提供其它的使用者，能夠擁有已進行委派的物件控制權。

Active Directory網域包含每一個IAS伺服器要求用來驗證使用者認證及評估授權和連線限制的使用者帳戶、密碼與撥入內容，如果要最佳化IAS驗證以及授權回應時間，並最小化網路傳輸，必須在網域控制站上安裝IAS。

5-5 應用程式目錄磁碟分割

應用程式目錄磁碟分割是一種僅會複寫至特定網域控制站的目錄磁碟分割，只有執行Windows Server 2003的網域控制站，能夠主控應用程式目錄磁碟分割的複本，而參與複寫特定應用程式目錄磁碟分割的網域控制站，則會主控該磁碟分割的複本。

許多應用程式和服務都可使用應用程式目錄磁碟分割，來儲存應用程式的特定資料，除了安全性原則之外，應用程式目錄磁碟分割可包含各種類型的物件，通常應用程式會建立應用程式目錄磁碟分割，並在其中儲存和複寫資料，而Enterprise Admins群組的成員可使用Ntdsutil命令列工具，以手動方式建立或管理應用程式目錄磁碟分割。

使用者及電腦管理

應用程式目錄磁碟分割的好處之一，就是因為其中的資料可以複寫至樹系中的不同網域控制站，這樣的方式，可以提供備用的資源，避免資料不慎遺失時，仍然有備用的資源可以取回，這種方式與網域目錄磁碟分割不同之處，在於使用此方式時，資料是複製到該網域中的所有網域控制站，另外將應用程式的資料儲存在應用程式目錄磁碟分割中，而不儲存於網域目錄磁碟分割內，將可降低複寫的流量。

在樹系名稱區中，可能有三種應用程式目錄磁碟分割配置方式：

- ◆ 應用程式目錄磁碟分割的子分割。
- ◆ 網域目錄磁碟分割的子分割。
- ◆ 樹系中的新樹狀目錄。

應用程式目錄磁碟分割是整體樹系名稱區的一部份，就如同是一個網域目錄磁碟分割，因此名稱必須依循與網域目錄磁碟分割相同的網域名稱系統，只要是網域目錄磁碟分割可在樹系名稱區中出現的地方，都可以出現應用程式目錄磁碟分割。

5-6 樹系與信任關係

在Windows Server 2003樹系的管理上，可以連接兩個分離的Windows Server 2003樹系，以形成單向或雙向可轉移的信任關係類型，雙向的樹系信任可用來形成兩個樹系中任何網域之間的轉移信任類型。

樹系信任可以提供下列的優點：

- ◆ 在各個樹系的網域間完成雙向信任關係。
- ◆ 降低共享資源所需的外部信任數量，以簡化管理兩個Windows Server 2003樹系之間的資源。

- 使用Kerberos V5以及NTLM驗證協定來提升在兩個樹系間傳輸的驗證資料的信任度。
- 在兩個樹系間使用使用者主要名稱（UPN）驗證。
- 系統管理的靈活性。

樹系信任只可在兩個樹系間建立，不能以隱含方式延伸至第三個樹系。這表示，如果樹系1與樹系2間建立了樹系信任，而樹系2與樹系3間也建立了樹系信任，樹系1就會與樹系3之間不會有任何的信任關係。

透過Active Directory網域及信任的管理界面，可以針對目前的網域進行管理，而管理工作對於每一個樹系而言，都是唯一的。

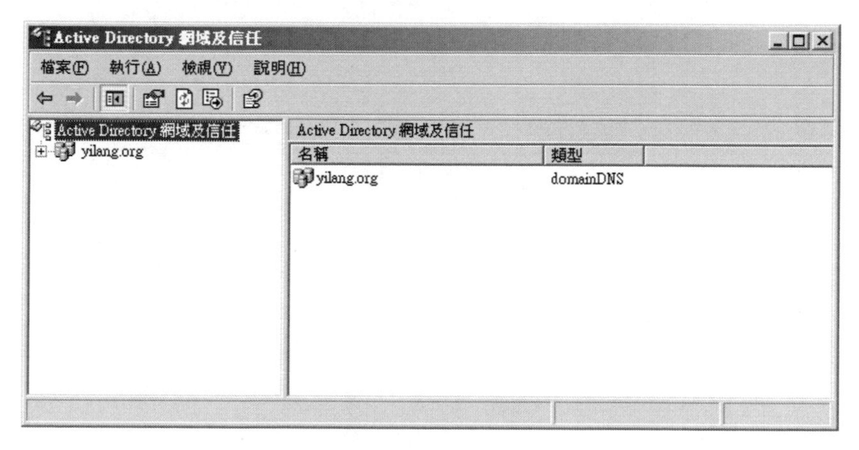

Active Directory網域及信任

在Active Directory使用者及電腦的管理畫面中，可以針目前網域中的使用者以及群組進行管理，也可以管理屬於這個網域的電腦。

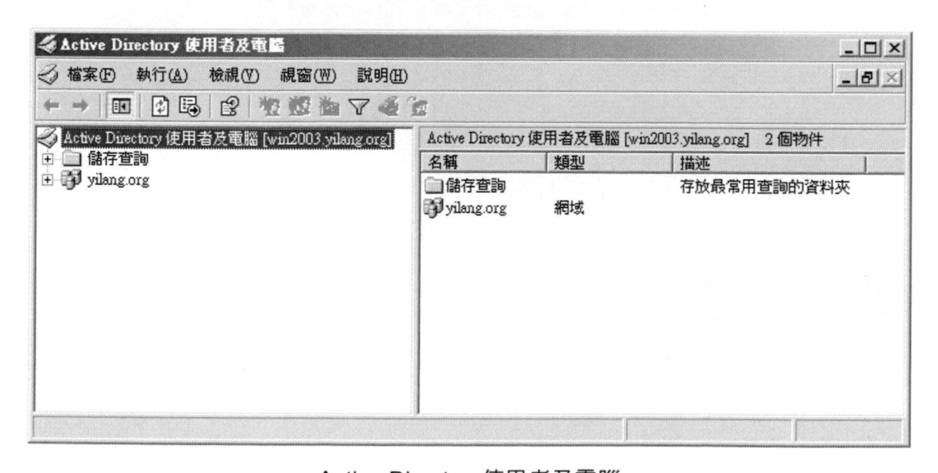

Active Directory使用者及電腦

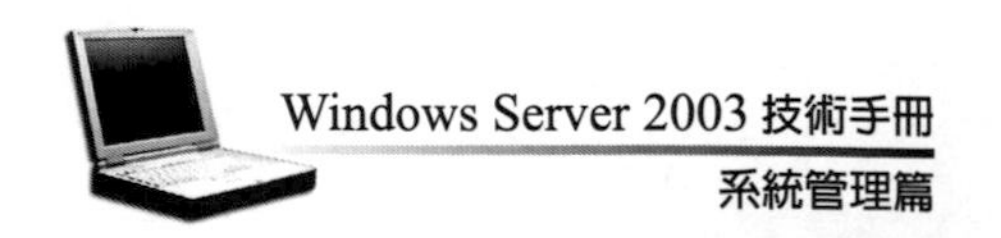

在「Active Directory網域及信任」的管理畫面中，可以針對目前的網域，進行提高網域功能等級的設定，只需要在想要提昇網域功能等級的網域名稱上，進入設定的畫面即可。

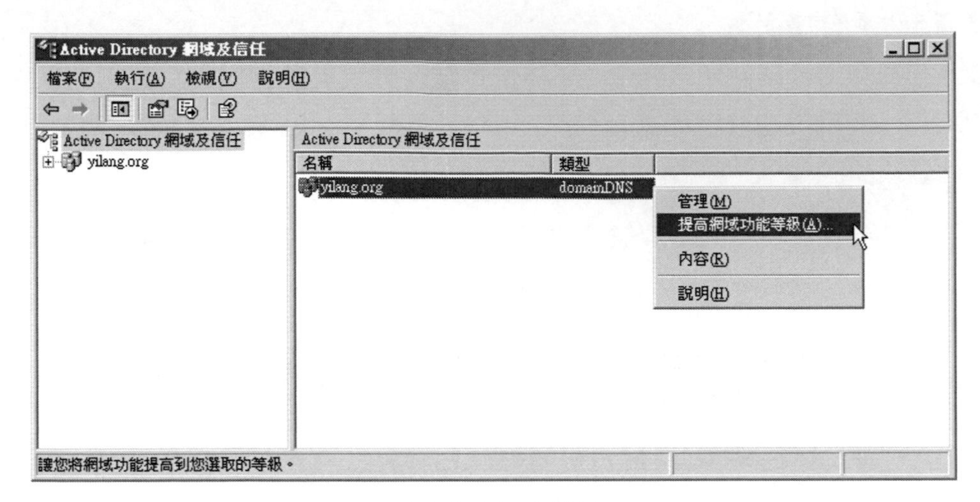

提昇網域功能等級

在提昇網域功能等級的設定畫面，在這可以選擇可用的網域功能等級，一旦提高網域功能等級後，就無法還原。

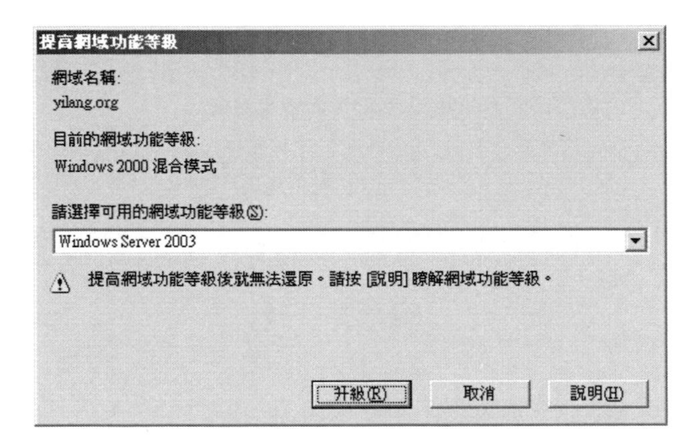

提昇網域功能等級的設定

委派控制

利用委派控制精靈，可以針對Active Directory物件的控制權，授予使用者使用的權限，以便管理使用者、群組、電腦、組織單位以及其它屬於Active Directory中的物件。

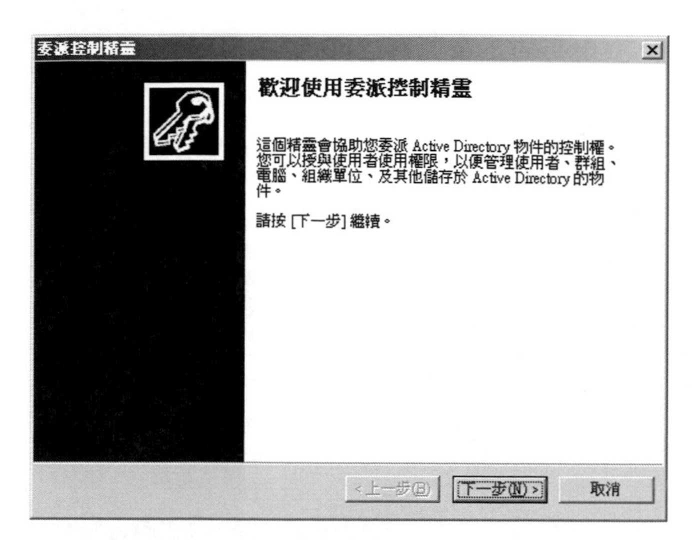

委派控制精靈

選擇一個或是多個想要委派控制的使用者或是群組，利用新增以及移除的功能，調整選取的使用者及群組清單。

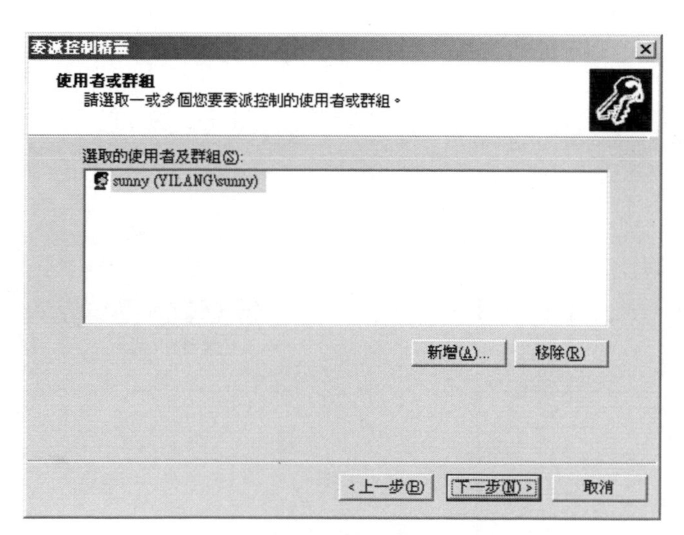

選擇使用者或群組

接著設定委派的工作，可以選取公用工作或是自訂工作，再進行委派的設定。

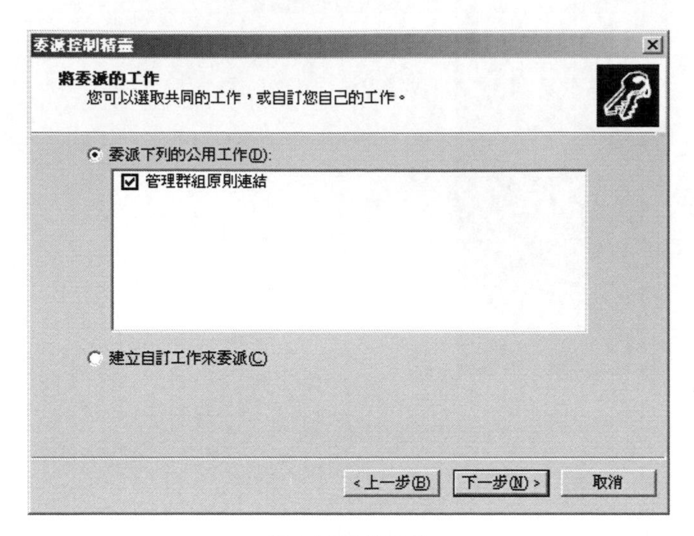

設定委派的工作

另外在Active Directory站台及服務的管理畫面中，也能夠針對目前站台中的物件，同樣能夠進行委派控制的設定。

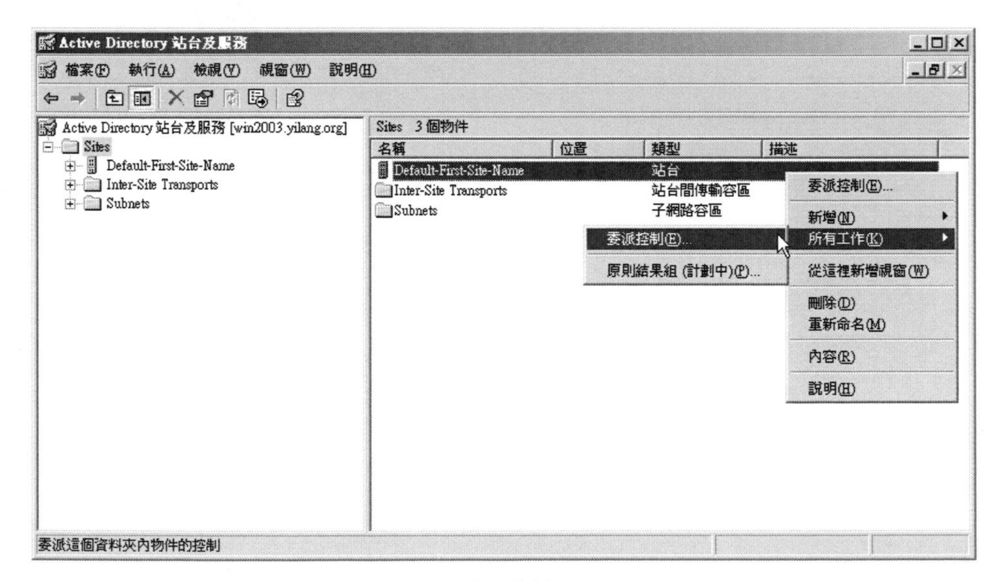

委派控制

針對物件的詳細資訊，可以開啟物件的內容進行檢視，在這顯示了「一般」、「位置」、「物件」、「安全性」以及「群組原則」等項目，在「一般」標籤頁中，提供了這個物件的描述以及子網路的資訊。

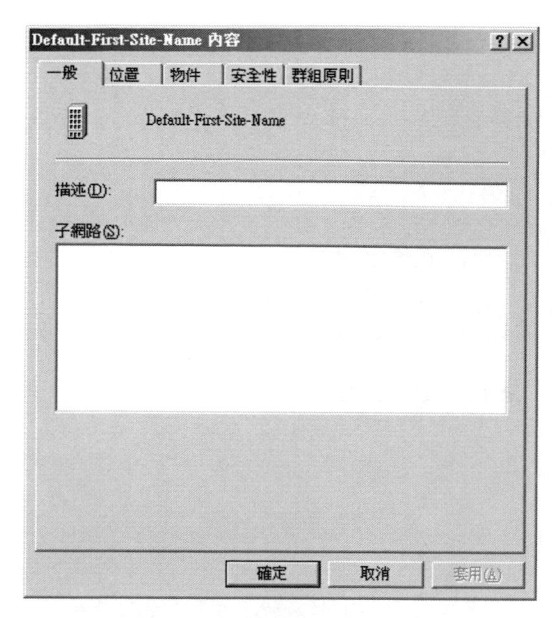

一般設定

在「位置」標籤頁中，可以輸入物件所在的位置，往後在查詢這個物件時，將會一併顯示物件所在的位置。

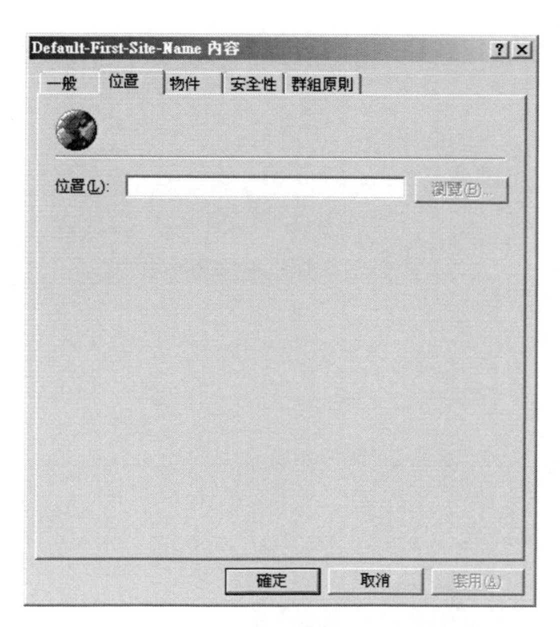

位置的設定

在「物件」標籤頁中，顯示了物件的正式名稱、物件的類別、建立日期、修改日期以及更新序列號碼等資訊。

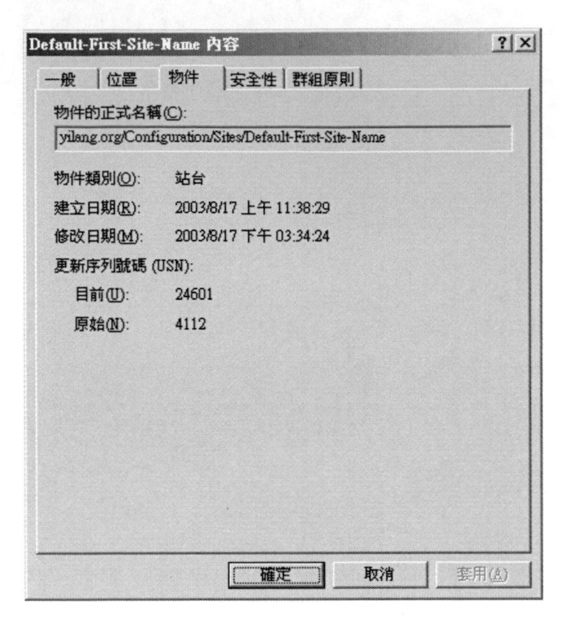

物件的資料

在「安全性」標籤頁中，可以針對這個物件，進行安全性的設定，能夠允許經過授權的使用者或群組成員使用這個物件。

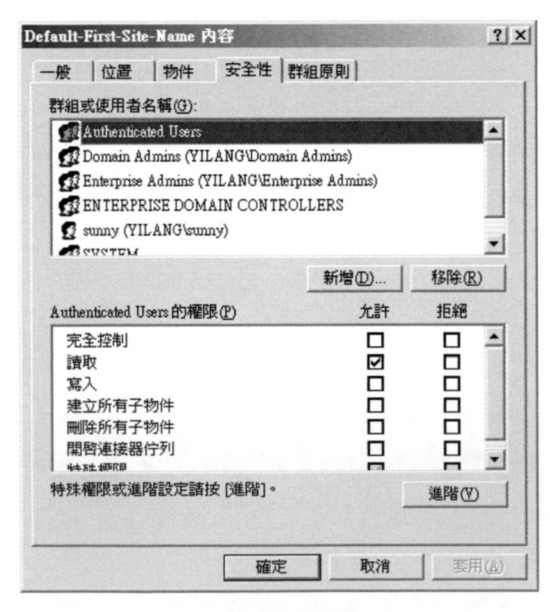

安全性的設定

在「群組原則」標籤頁的設定中，可以針對目前的物件與群組原則物件連結，利用新增的方式加入連結的物件，在越上方的物件會擁有較高的權限。

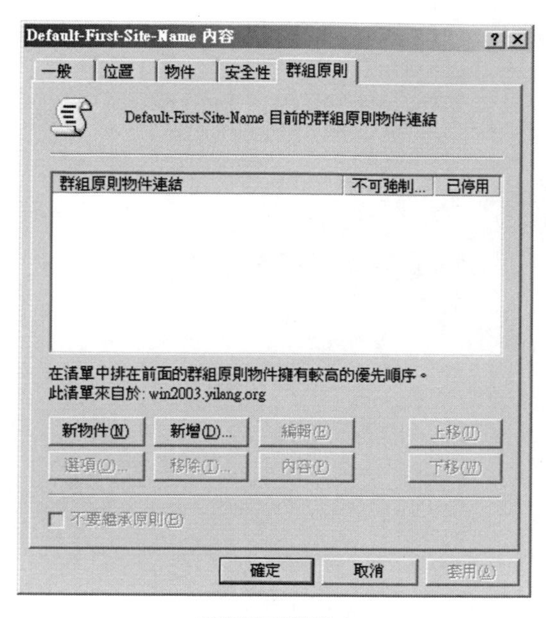

群組原則的設定

新增子網路

可以在目前的站台中建立新的子網路，利用「新增子網路」的功能，就可以進行子網路環境的設定了。

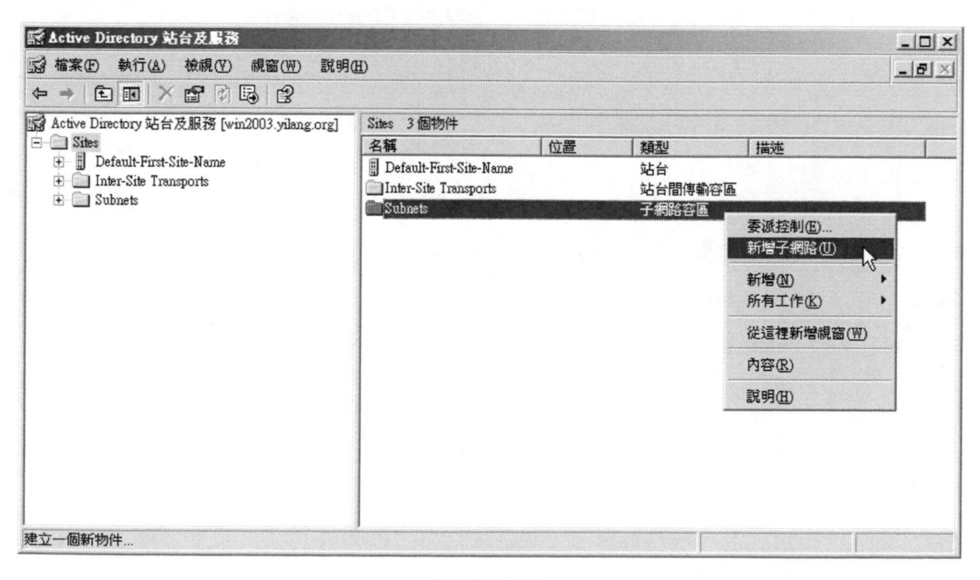

新增子網路

輸入子網路的位址，例如：位址192.168.1.0遮罩為255.255.255.0，接著再設定這個子網路的站台物件。

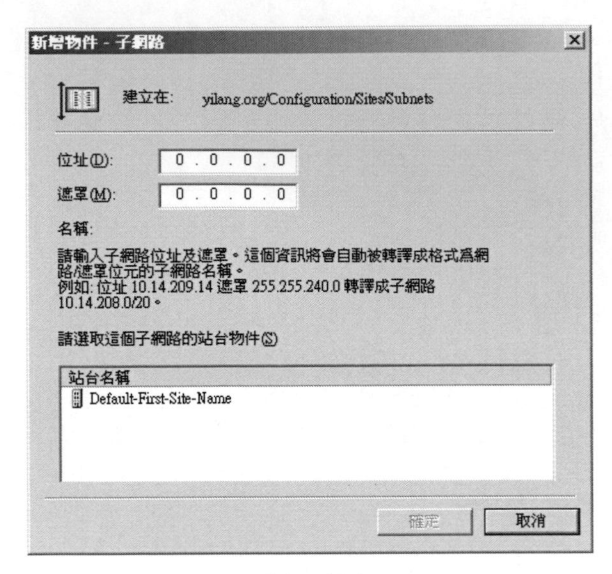

設定子網路

5-7　安全機制與管理

Active Directory在安全機制上提供了較嚴密的保護，不論是網域中的任何物件，在進行存取的控制之前，必須講求是否擁有該項物件的存取權限，因此在安全機制的建立以及未來的管理上，在權限的設定方面應該是最為重要的。

Active Directory使用者及電腦

提供了目前網域中的使用者以及電腦物件的設定，以目前所介紹的例子而言，在「yilang.org」網域中，分成了「Builtin」、「Computers」、「Domain Controllers」、「ForeignSecurityPrincipals」以又「Users」五個不同的物件，在這些物件中還有其它的物件，例如：在Users物件中，還有使用者物件。

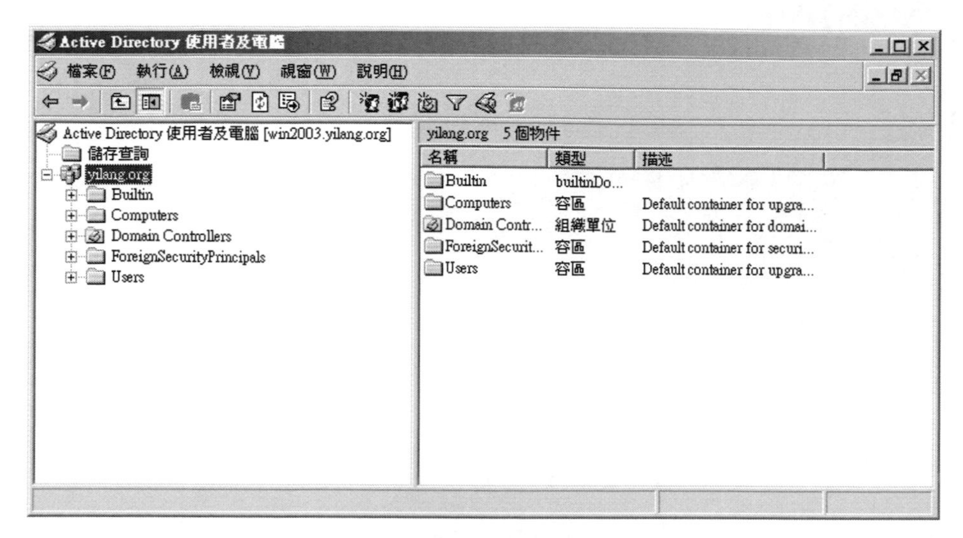

網域中的物件

在「Builtin」物件中，提供了Active Directory中內建的群組物件，這些物件有些與與原本Windows Server 2003的群組一樣。

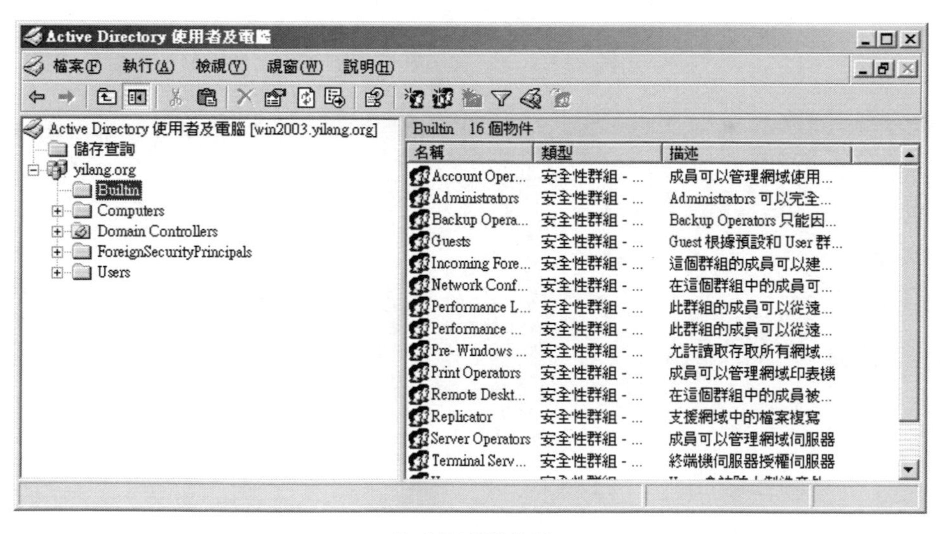

內建的群組物件

在「Domain Controllers」中，則顯示了目前Active Directory中的網站控制站。

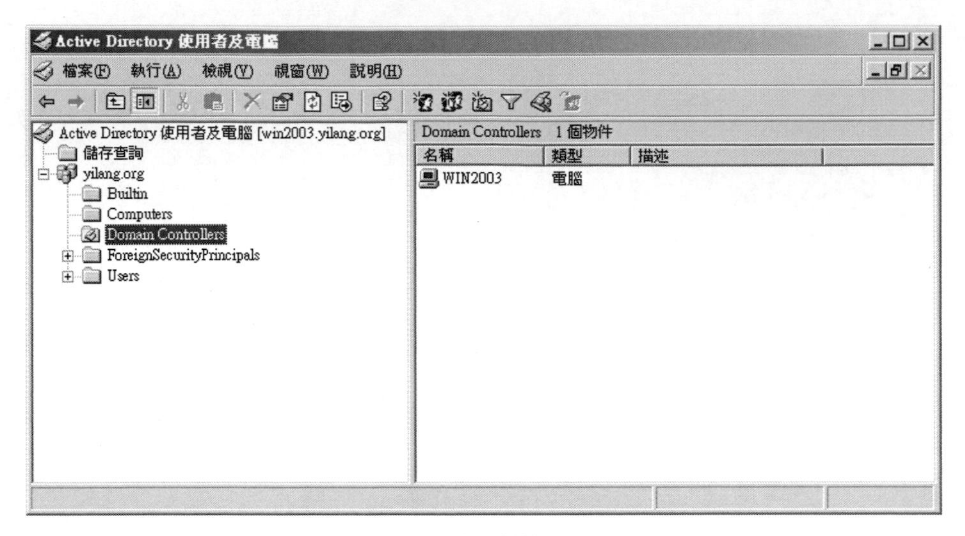

網域控制站

在「Users」中顯示了目前所有的使用者與群組物件，可以進一步的進行屬性的設定。

使用者與群組

群組原則物件編輯器

群組原則物件編輯器提供了電腦設定以及使用者設定兩大類，再分別針對軟體、Windows設定以及系統管理範本進行原則的編輯。

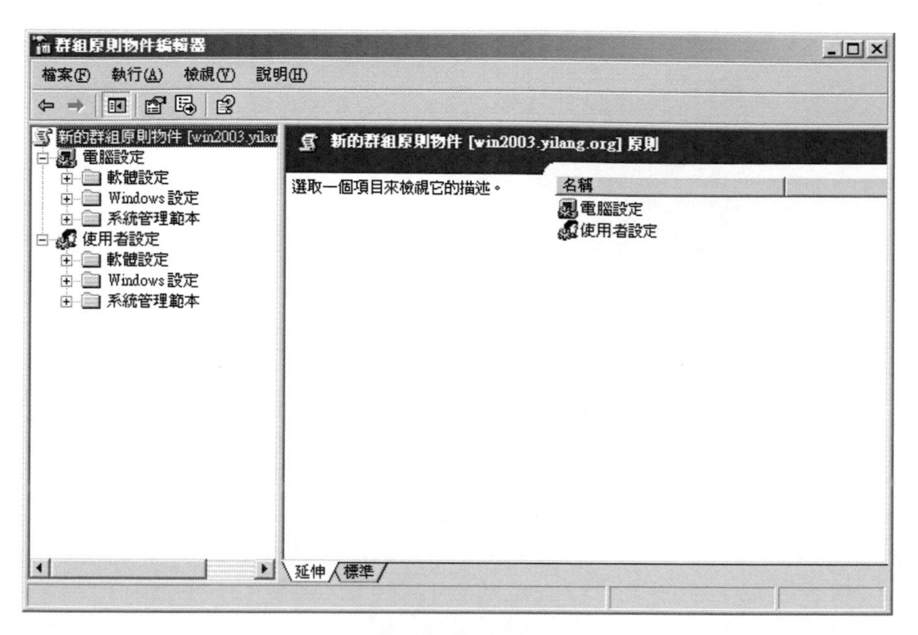

群組原則物件編輯器

在Windows設定項目中，可以針對指令碼以安全性設定進行編輯，而其它的項目，也是透過相同的方式進行群組原則的編輯。

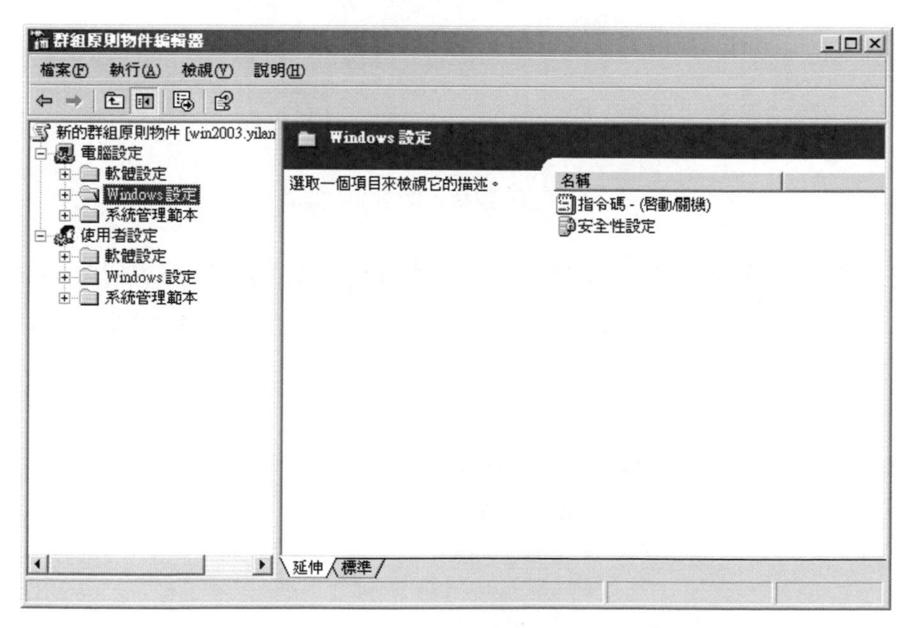

Windows設定

在新增群組原則物件連結的設定畫面中，分成了「網域/組織單位」、「站台」以及「全部」三個項目，在「網域/組織單位」標籤頁中，提供了網域、組織單位以及連結的群組原則物件。

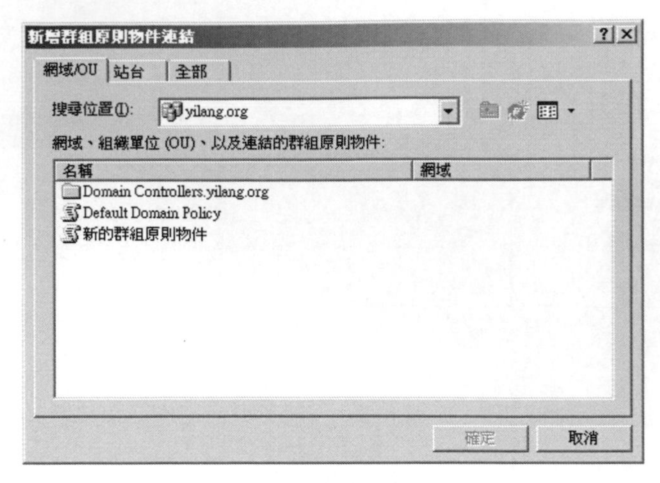

網域與組織單位

對於新的群組原則物件，可以設定連結的選項，選擇「不可強制覆蓋」或是「已停用」群組原則。

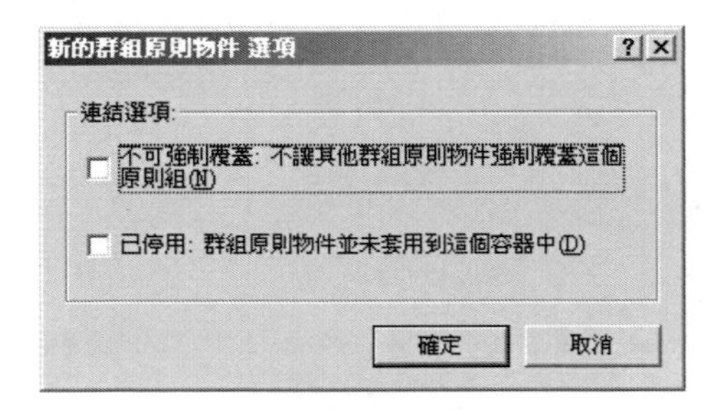

連結選項的設定

在進行物件的刪除之前，會顯示確認的畫面，並且選擇進行刪除物件的處理方式，在這提供了「從清單中移除連結」或是「移除連結並永久刪除群組原則物件」，這可以依據管理上的考量選擇刪除物件的方式。

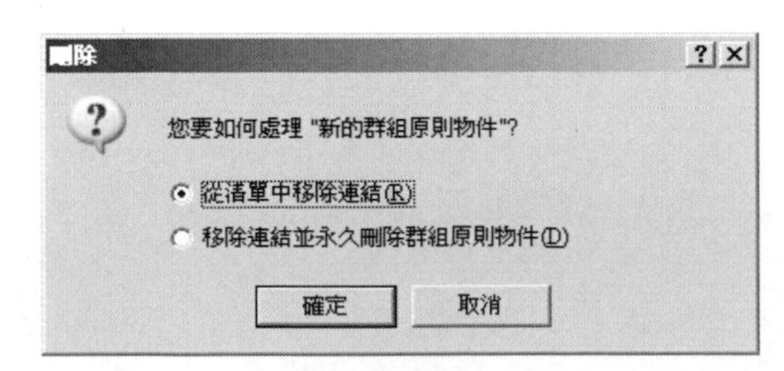

刪除物件

在物件的內容中，提供了「一般」、「連結」、「安全性」以及「WMI篩選器」的設定項目，在「一般」標籤頁中，顯示了物件的摘要資料，在這也可以選擇是否停用這個群組原則物件。

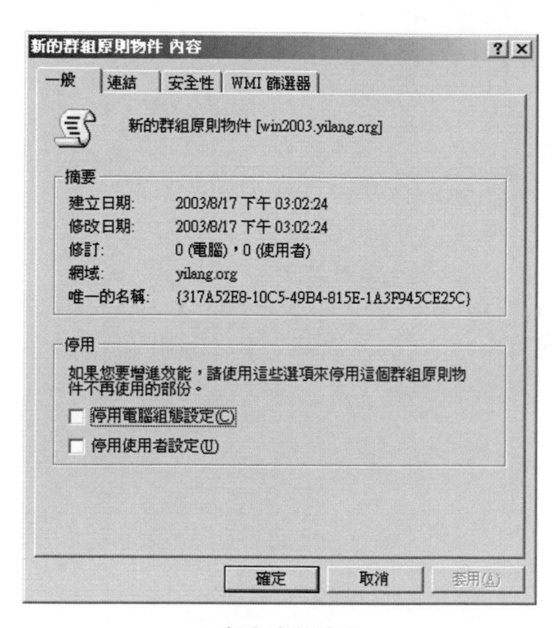

一般內容的設定

在「連結」標籤頁中，提供可以搜尋使用這個群組原則物件的網站、網域以及組織單位，選擇好搜尋的目標後，就可以按下「立即尋找」的功能，找尋是否有符合的項目。

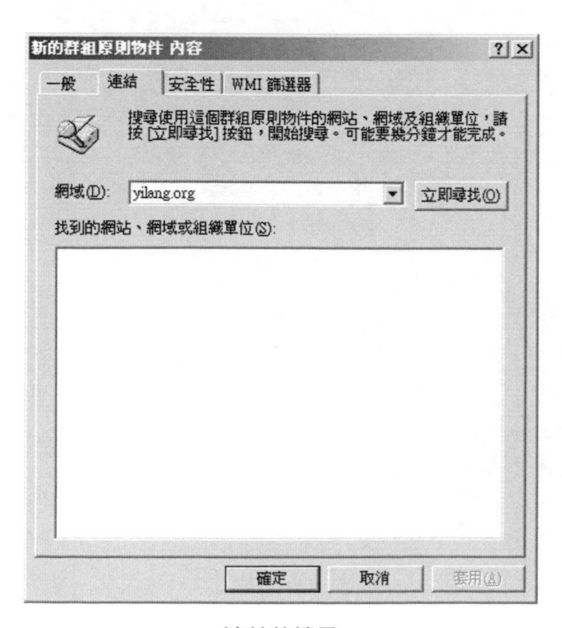

連結的搜尋

在「安全性」標籤頁中，則針對群組以及使用者對於這個群組原則物件的控制權限進行設定。

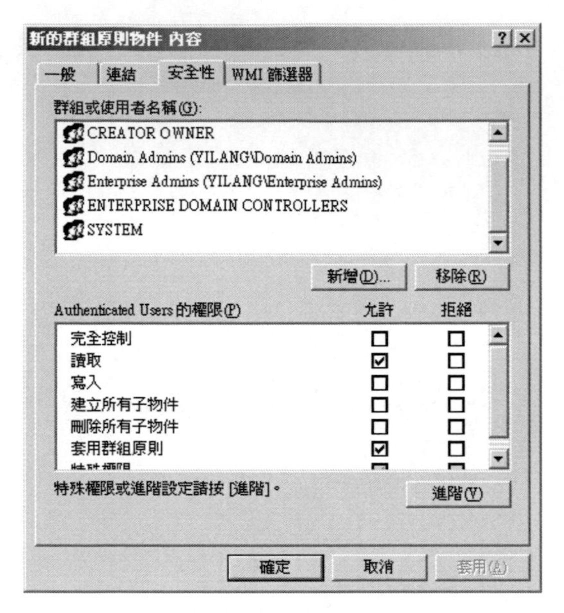

安全性的設定

在進階安全性的設定，分成了「權限」、「稽核」、「擁有者」以及「有效權限」等項目，詳細的設定方式，可以參考前面章節的說明，在此就不再贅述了。

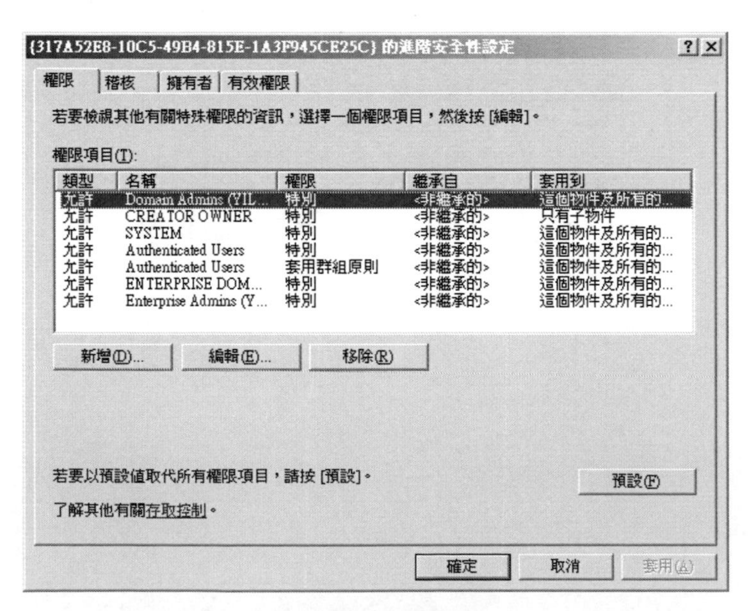

進階安全性的設定

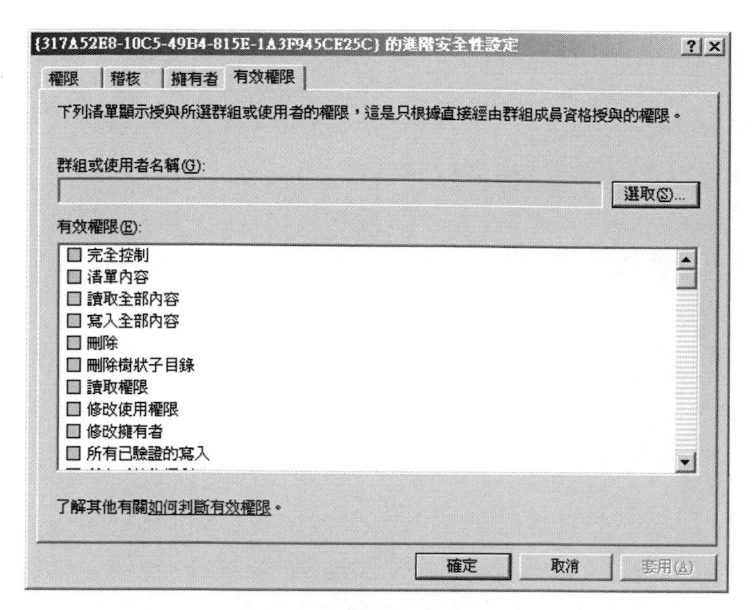

有效權限的設定

在群組原則物件內容的「WMI篩選器」項目，則可以指定一個WMI篩選器來套用到這個群組原則物件，透過屬性的查詢，就可以篩選出這個群組原則物件套用到那一個使用者或是電腦上。

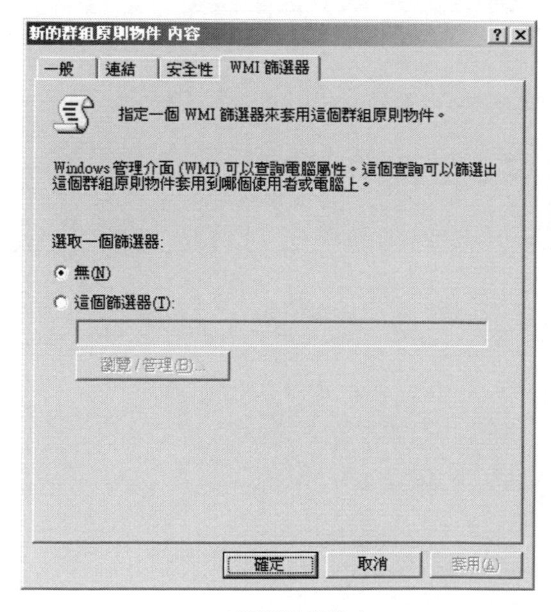

WMI篩選器的設定

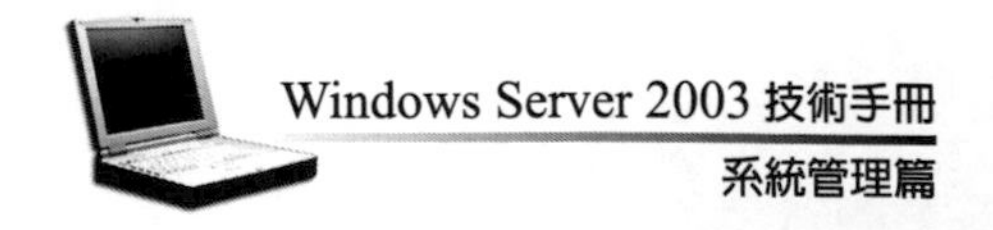

尋找使用者、連絡人及群組

在Active Directory中可以進行使用者、聯絡人以及群組的尋找，只需要指定目標所屬的網域，就可以進行搜尋的處理程序。

搜尋使用者、連絡人以及群組

在「進階」標籤頁中，則可以針對特定項目，指定條件與內容值等資料，再進行尋找的處理。

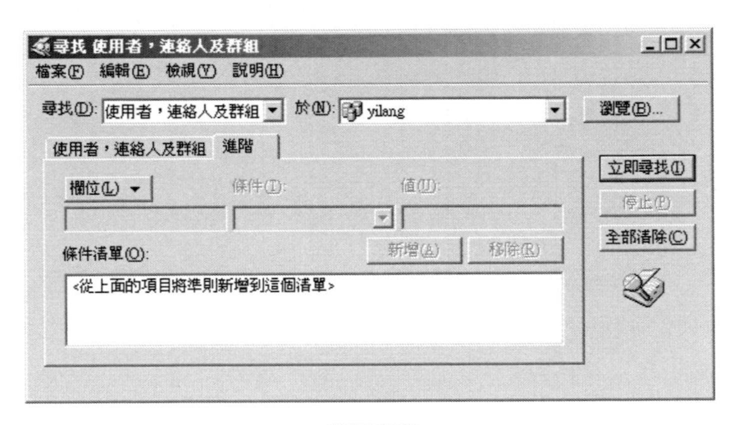

進階搜尋

連線到網域

輸入網域的名稱，可以連線到指定的網域，不過準備連線的這個網域必須存在，否則無法建立連線，另外也可以將連線後的網域管理工作，整合到目前的主控台中。

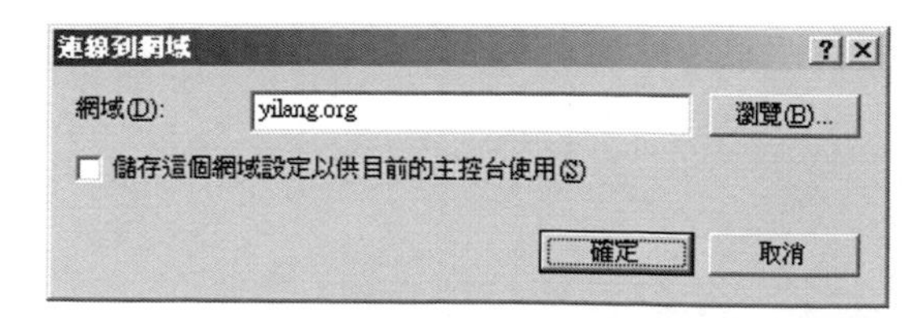

連線到網域

連線到網域控制站時，必須輸入另外一個網域控制站的名稱，或是直接由清單中選擇可用的網域控制站。

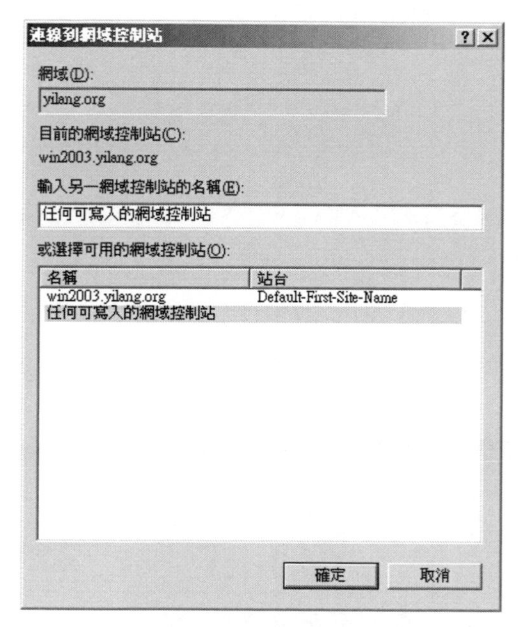

連線到網域控制站

操作主機的指派

在Active Directory網域中，已指派網域控制站一些特殊的內建角色，而網域控制站也已指派這些內建角色執行單一主操作的操作，這些操作的項目，包括了資源識別元配置、架構修改、PDC模擬、在樹系中新增或移除網域以及追蹤橫跨樹系中所有網域之安全性原則的變更。

保存Active Directory中RID操作主機角色的網域控制站，指派RID主機以為網域中的每個網域控制站配置相關ID的唯一順序，因此當網域控制站使用配置的ID時，它們會連絡RID主機並根據需要配置為其他順序，而且不論何時，都只能將RID主機角色指派給每個網域中的一個網域控制站。

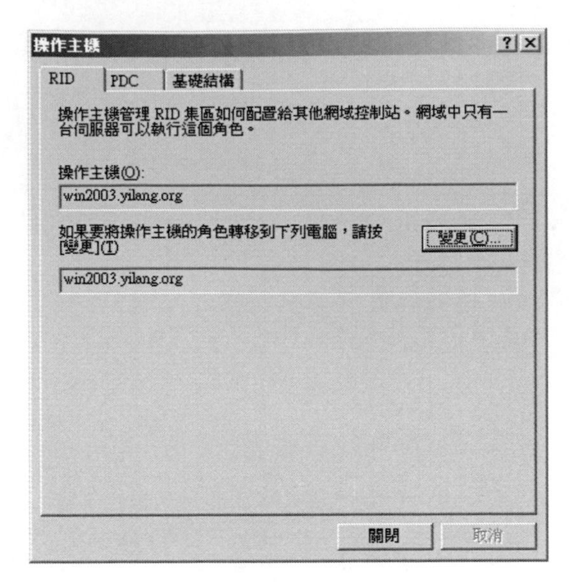

RID的指派

在Windows NT網域中執行Windows NT Server 4.0或較早版本的網域控制站時，會驗證網域登入嘗試並且更新網域中的使用者、電腦及群組帳戶，一個網域僅有一個PDC，而且PDC包含網域之目錄資料庫的主要讀寫複本。

操作主機
RID
PDC
基礎結構
操作主機會模擬 Windows 2000 前版用戶端網域主控站的功能。網域中只有一台伺服器會執行這個角色。
操作主機(O):
win2003.yilang.org
如果要將操作主機的角色轉移到下列電腦，請按[變更](T)
變更(C)...
win2003.yilang.org
關閉
取消

PDC的指派

將基礎結構操作主機角色保留在Active Directory中的網域控制站，在群組成員資格變更並跨網域複寫這些變更時更新群組至使用者參照，可以隨時將基礎結構主機角色指派給每個網域中的僅一個網域控制站。

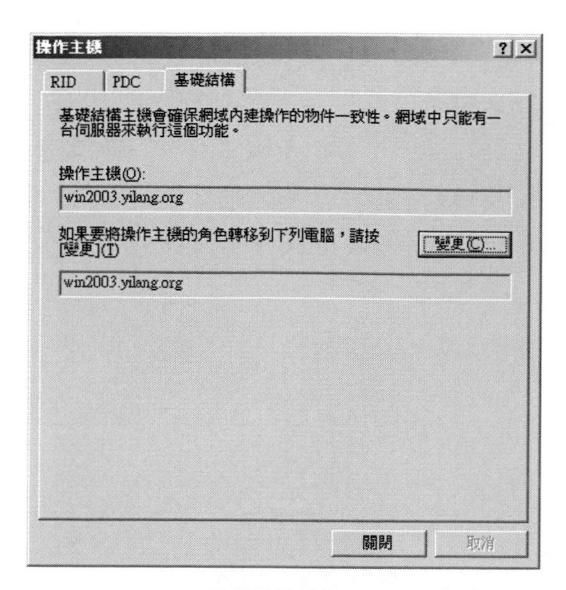

基礎結構的指派

除了主機的指派之外，也可以在現有的網域中加入電腦、連絡人、群組等物件，直接在使用者及電腦的管理畫面中，就可以依據需求加入指定的物件。

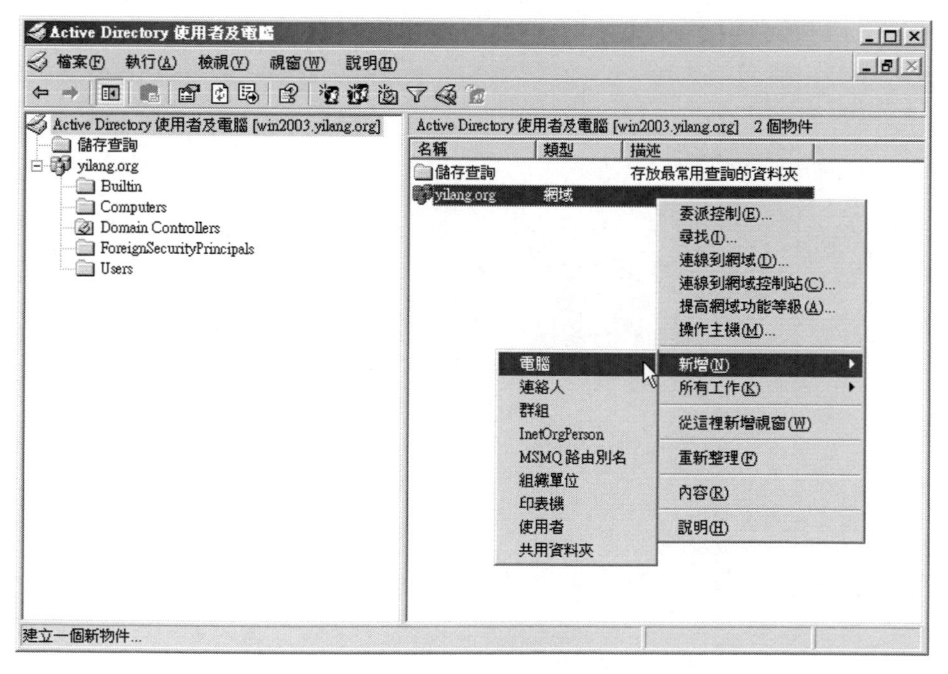

新增物件到網域中

Active Directory提供了層次分明得架構，能夠有條理的控制網域中的每一個物件，掌握每一項資源，在使用者與群組的管理上，與物件的存取權限息息相關，而透過Active Directory進行網路的管理，可以在最有效率的環境中，進行管理的工作，不過在進行建置時，需要留意每一項設求，對於物件所扮演的角色，必須清清楚楚的，在進行屬性的調整時，才能夠賦予適當的屬性與權限。

Chapter 6

WINS伺服器

6-1 認識WINS伺服器

「Windows網際網路名稱服務（WINS）」提供分散式資料庫，用來登錄及查詢網路中所使用的電腦及群組NetBIOS名稱的動態對應，而WINS伺服器會將NetBIOS名稱對應到IP位址，並用來解決在路由環境中解析NetBIOS名稱的問題，主要是使用在TCP/IP上的NetBIOS的路由網路中，WINS是NetBIOS名稱解析最好的選擇，以往早期的Windows作業系統，會使用NetBIOS名稱做為識別以及尋找網路上登錄或解析名稱時所需要的電腦以及其它共用或分組的資源。

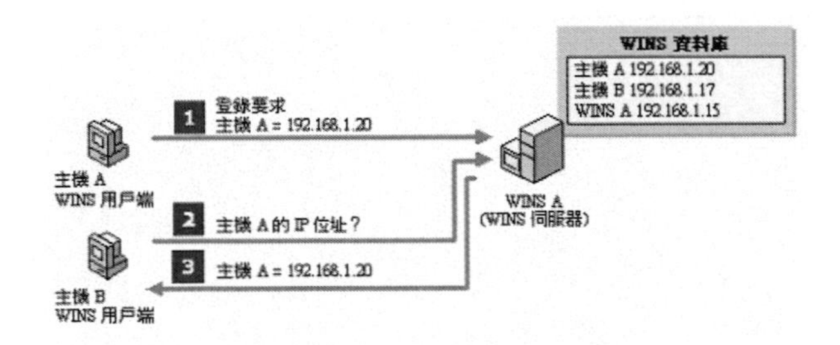

用戶端與WINS伺服器的關係

以往的Windows作業系統在建立網路服務時，NetBIOS名稱是必要的，而NetBIOS命名通訊協定可以與TCP/IP以外的網路通訊協定相互搭配，但是WINS主要是針對TCP/IP的NetBIOS環境而設計的，可以簡化TCP/IP網路中的NetBIOS命名空間的管理機制。

使用WINS管理TCP/IP的網路，可以具備以下幾項優點：

- 支援電腦名稱登錄及解析的動態名稱至位址的資料庫
- 名稱至位址的資料庫的集中管理，能夠減輕管理人員對於管理LMHOST檔案的不便
- 藉由許可用戶端查詢WINS伺服器以直接尋找遠端系統，可以降低子網路上的NetBIOS的廣播流量
- 支援網路上早期Windows以及NetBIOS用戶端，允許此類型用戶端在每個子網路上，不需本機網域控制站的存在，就可以透過WINS伺服器，以確定能夠進行與瀏覽遠端Windows網域的清單
- 當執行WINS對應整合時，可藉由啟用DNS用戶端尋找NetBIOS資源

6-2 WINS伺服器的建置

WINS伺服器可以從「管理您的伺服」進行伺服器角色的新增，不過為了提供更完整的資源，建議安裝兩台WINS伺服器，除了可以提供備援的機制外，也可以使用更多進階的功能，例如：複寫協力電腦，可以透過複寫的機制，將目前的伺服器的資料與其它的伺服器進行交換。

WINS伺服器的安裝

如果目前的伺服器尚未安裝WINS伺服器，則可以直接由「管理您的伺服器」進行伺服器角色的新增程序，在伺服器角色的清單中，就可以選擇安裝WINS伺服器，接著將會進行相關檔案的複製以及環境的設定。

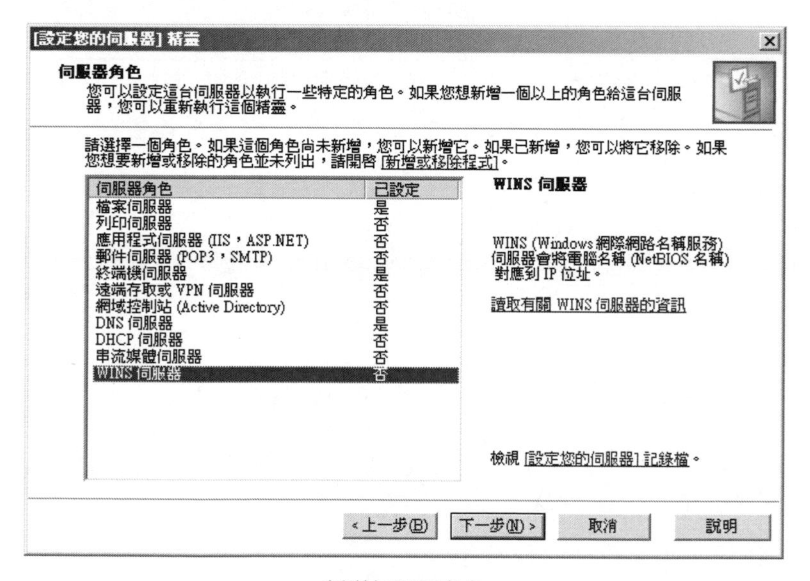

新增伺服器角色

確認準備進行安裝的項目，一般而言如果僅是單純安裝一種伺服器，則可以直接進入下一個步驟，相關的檔案或是元件，在安裝的過程中，將會自動進入安裝與複製。

[設定您的伺服器] 精靈

選取項目摘要
請檢視並確認您所選取的選項。

摘要(S):
安裝 WINS

若要變更您的設定，請按 [上一步]。若要繼續設定這個角色，請按 [下一步]。

< 上一步(B)　下一步(N) >　取消　說明

確認安裝項目

完成檔案的複製與環境的設定後，WINS伺服器就安裝完成了，在「管理您的伺服器」中，將會看到剛剛安裝的WINS伺服器已經整合到同一個管理界面中。

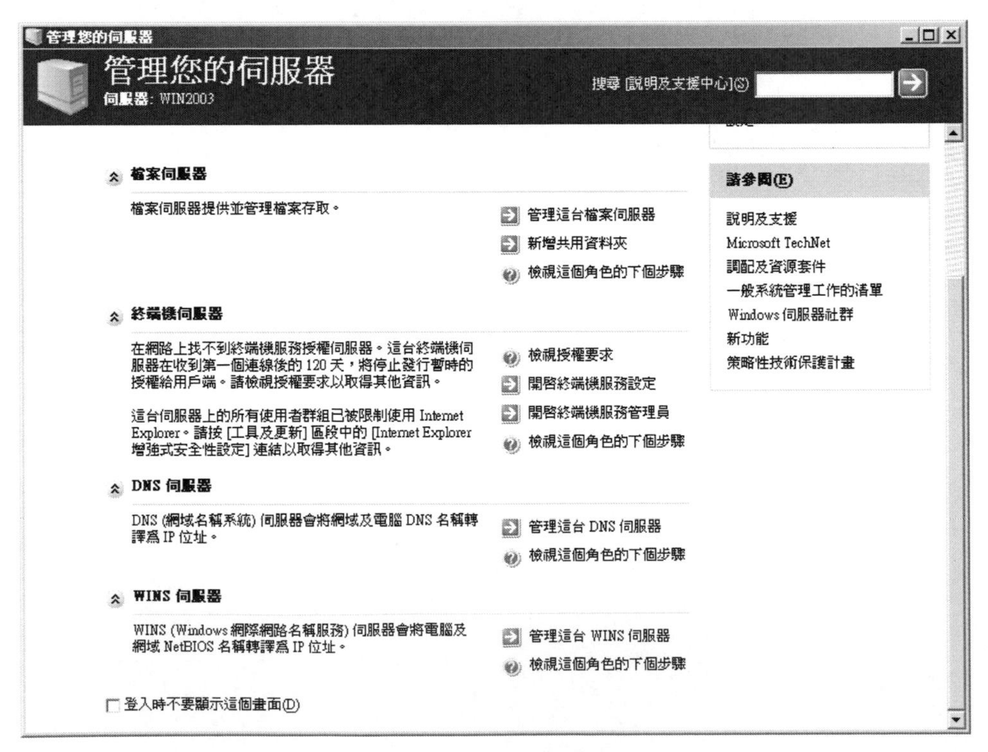

完成WINS伺服器的安裝

WINS伺服器的內容

進入WINS伺服器的管理界面，在這可以看到目前伺服器的狀態以及目前這個伺服器的管理畫面，包括了「使用中的登錄」以及「複寫協力電腦」的功能，首先將先針對伺服器本身內容的設定進行介紹。

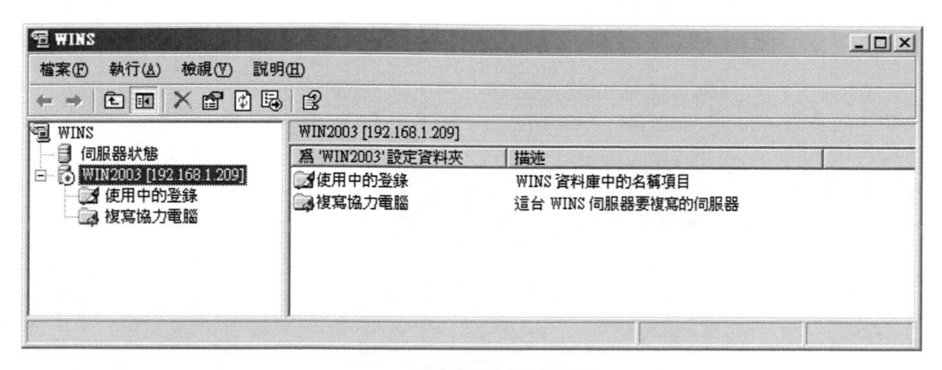

WINS伺服器的管理畫面

◆一般

在「一般」標籤頁中，針對伺服器的更新統計時間以及資料庫預設的備份路徑進行設定，在資料庫備份的部份，可以選擇使用在伺服器關機時，就自動進行備份的程序，將伺服器關機前最後的狀態儲存到資料庫中。

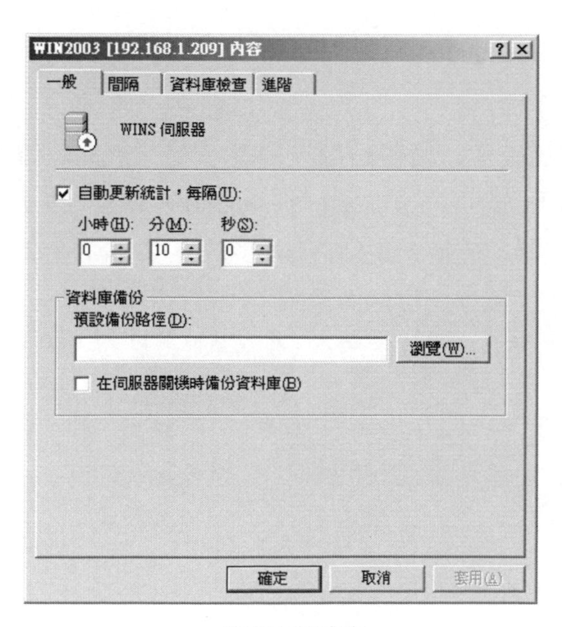

一般內容的設定

◆間隔

「間隔」標籤頁，主要是提供記錄更新、刪除以及確定的速率，包括了「更新間隔」、「廢止間隔」、「廢止逾時」以及「確認間隔」四個項目，這些項目可以使用預設的值，或是依據實際上的使用需求進行調整，固定的時間間隔將會自動執行這些程序。

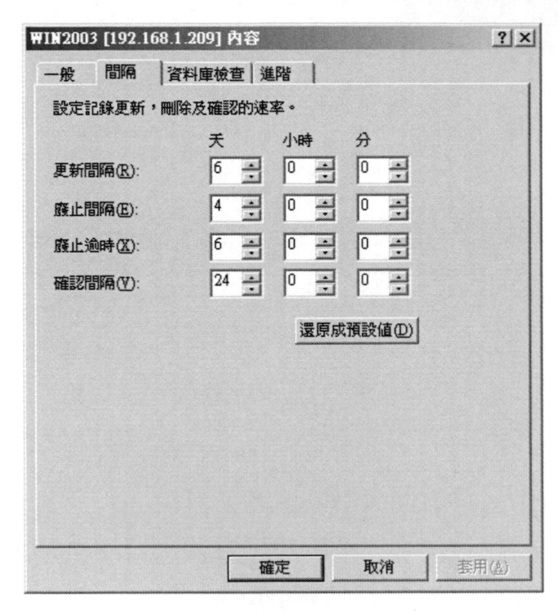

時間間隔的設定

◆資料庫檢查

資料庫一致性的檢查，一般預設每天檢查一下，當然可以自行調整進行一致性檢查的時間間隔，另外也可以指定開始檢查的時間，建議將開始檢查的時間，預設在半夜，此時WINS伺服器的負載應該是最輕的時候，在檢查對象的設定上，可以選擇「擁有者伺服器」或是「隨機選擇協力電腦」兩種。

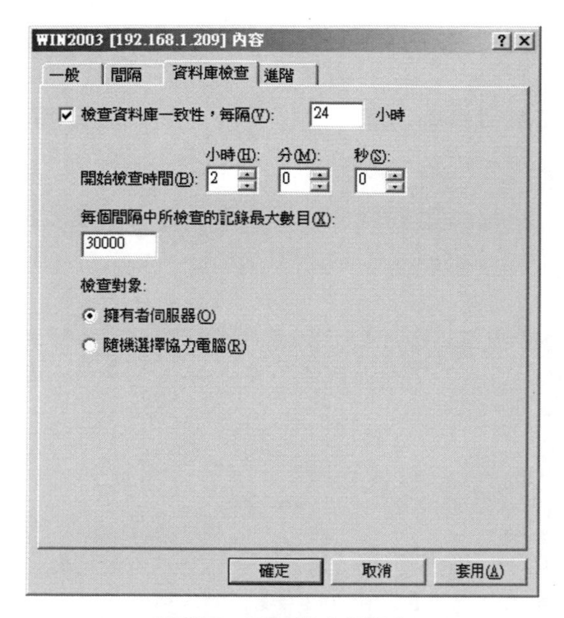

資料庫一致性檢查的設定

◆進階

在「進階」標籤頁中，提供了事件日誌記錄的功能，可以選擇是否將事件詳細的記錄到日誌中，以備日後參考，不過因為使用事件日誌的功能，將會影響系統的效能，因此建議在發生問題，而必須進一步的找尋發生的問題時，才使用日誌的功能，另外建議啟動高速量處理，調整伺服器能一次處理完成的要求數量，而資料庫路徑則可以使用預設的路徑即可。

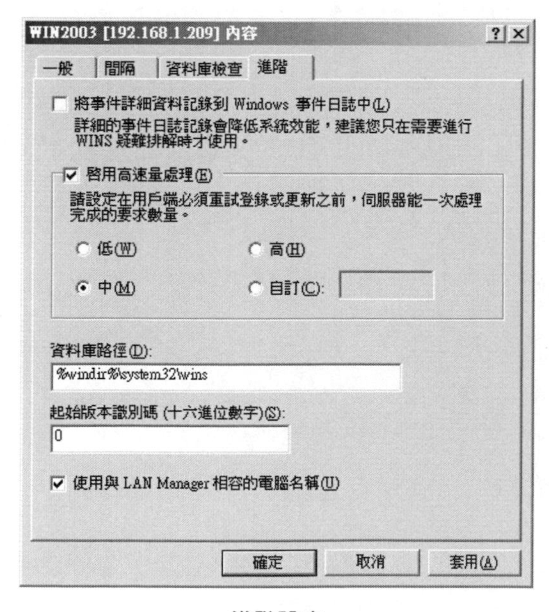

進階設定

顯示伺服器統計資料

使用顯示伺服器統計資料的功能，可以檢視目前伺服器的相關資訊，包括了伺服器開始運作的時間、資料庫初始化、統計上次清除、上次週期複寫、上次手動複寫、上次網路更新複寫、上次位址變更複寫、查詢總計、釋放總計、唯一登錄等項目的資料，這些資料可以提供系統管理人員掌握目前WINS伺服器的狀態。

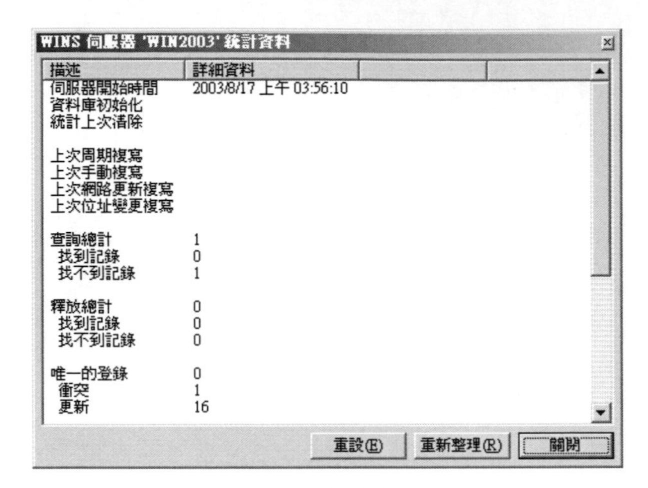

統計的資料

資料庫的管理

◆基本的管理

在資料庫的基本管理中，可以使用「清理資料庫」、「檢查資料庫一致性」以及「檢查號碼版本的一致性」，這些功能可以針對目前的WINS伺服器的資料進行處理。

清理資料庫

◆備份與還原資料庫

WINS伺服器目前所使用的資料庫可以進行備份與還原的處理，利用「備份資料庫」的功能，就能將目前的資料庫備份到磁碟中，當要進行資料庫的還原時，必須先停止伺服器的運作，才能夠進行還原資料庫的程序，一旦使用還原資料庫的功能，將會複寫原先的資料庫，在使用上需要特別留意，備份資料庫的處理程序可以每隔一段時間就執行，而還原資料庫的處理程序，大多是因為伺服器運作發生了問題，利用資料庫還原的方式，將先前資料庫的資料還原，將有問題的資料庫進行複寫的處理。

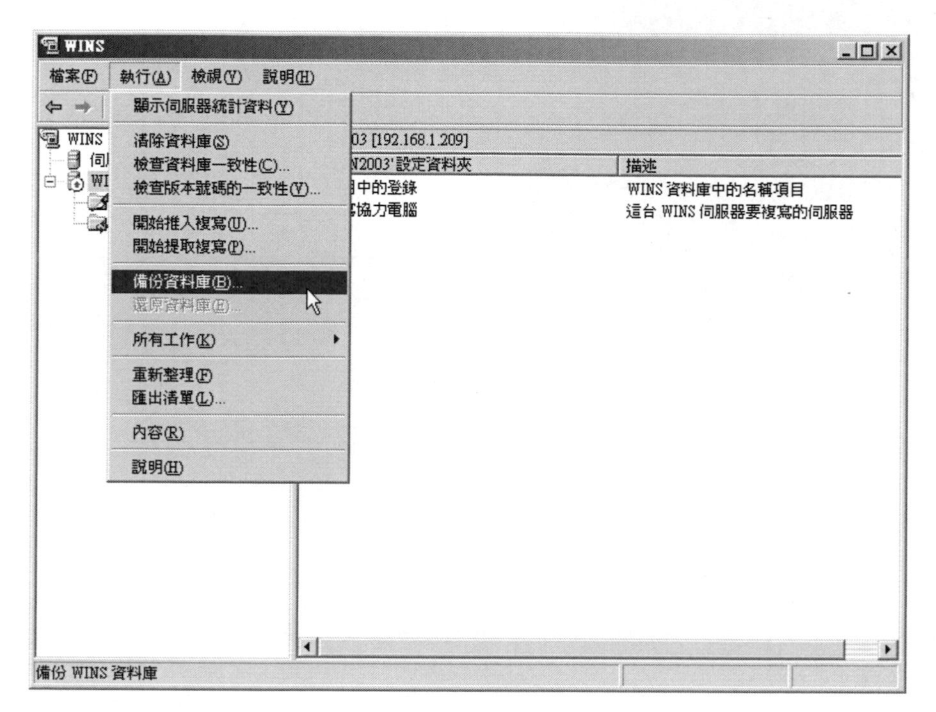

備份資料庫

WINS伺服器的控制

對於WINS伺服器的運作，可以透過「所有工作」項目中的「啟動」、「停止」、「暫停」、「繼續」以及「重新啟動」進行控制，假如我們要停止目前的伺服器，進行資料庫的還原程序，則可以利用這所提供的「停止」控制，將目前的伺服器停止服務，再進行資料庫的還原。

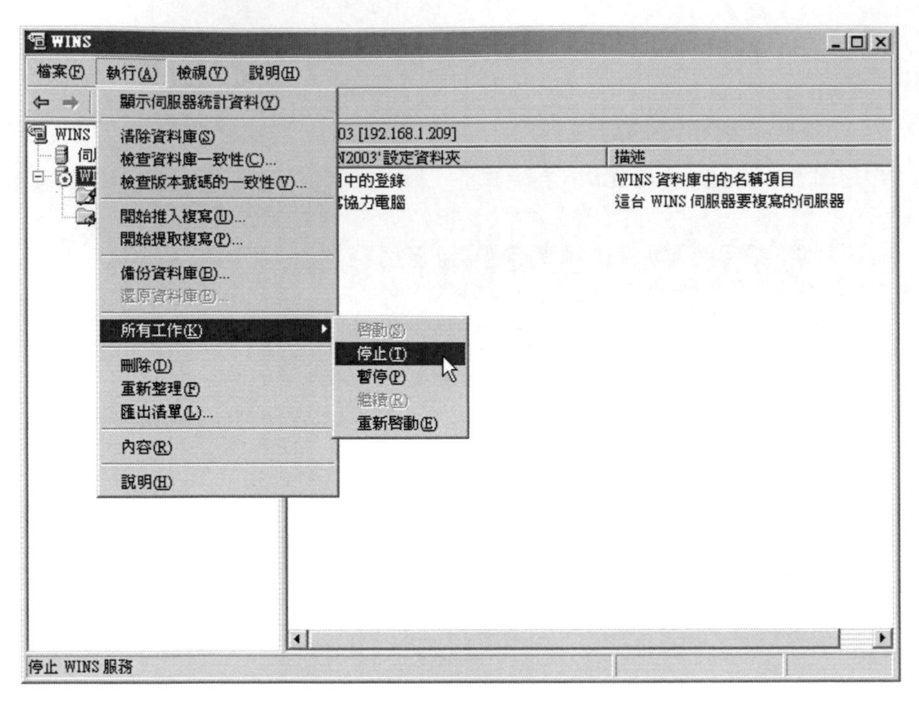

伺服器運作的控制

停止伺服器的運作後，所有的服務將會停止，然後在WINS伺服器的管理畫面，將會出現找不到WINS伺服器的訊息。

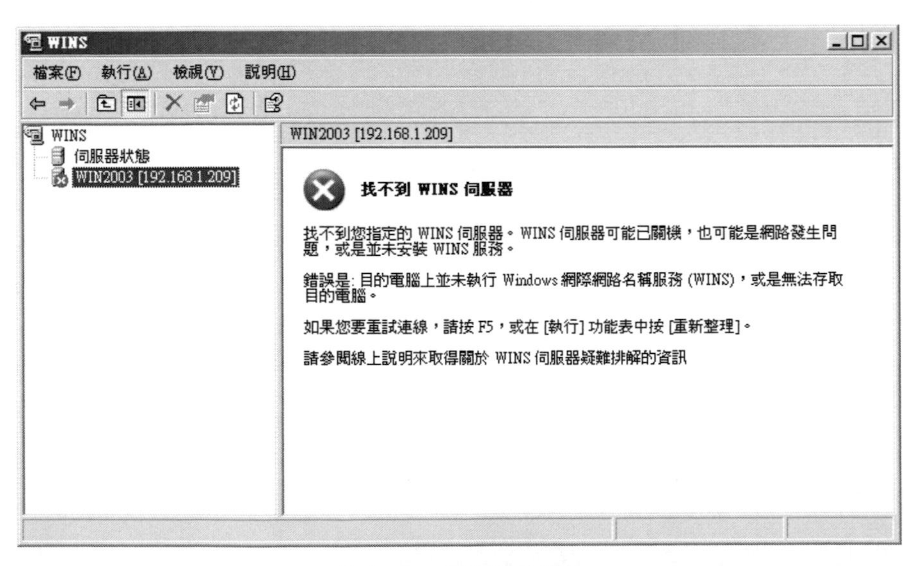

停止WINS伺服器的運作

以上是WINS伺服器的安裝與基本環境的設定，可以掌握目前WINS伺服器的運作情況，也可以控制伺服器的運作情況，下一節中將針對伺服器的管理進行介紹。

6-3 WINS伺服器的管理

WINS伺服器的管理分成兩大部份，分別是「使用中的登錄」以及「複寫協力電腦」，在這一節中將針對這兩個部份進行功能的介紹與相關的說明，也會包括了整體環境的設定。

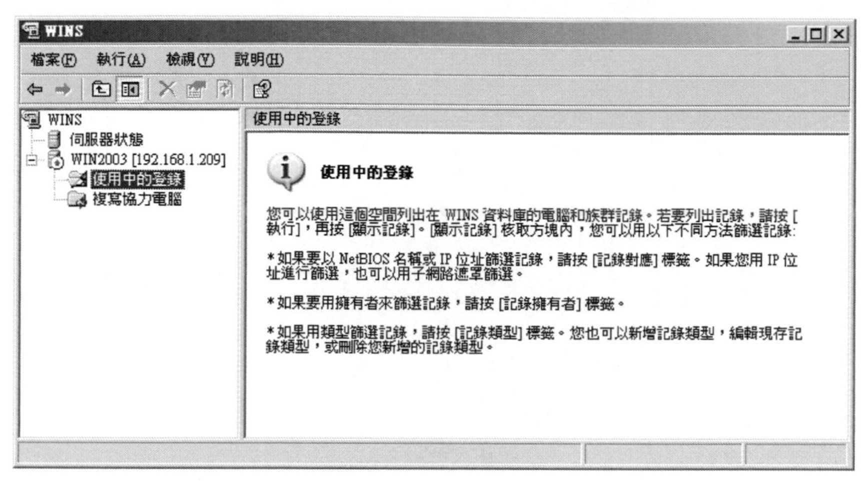

使用中的登錄說明

◆顯示記錄的篩選器

在「記錄對應」標籤頁中，可以設定篩選記錄符合指定的名稱模式，也可以使用IP位址進行篩選，完成篩選的程序後，將會顯示目前WINS資料庫中符合條件的記錄，如果不輸入任何的條件，則會顯示資料庫中所有的記錄，不過如果資料庫較大時，將會耗費較多的時間與系統資源。

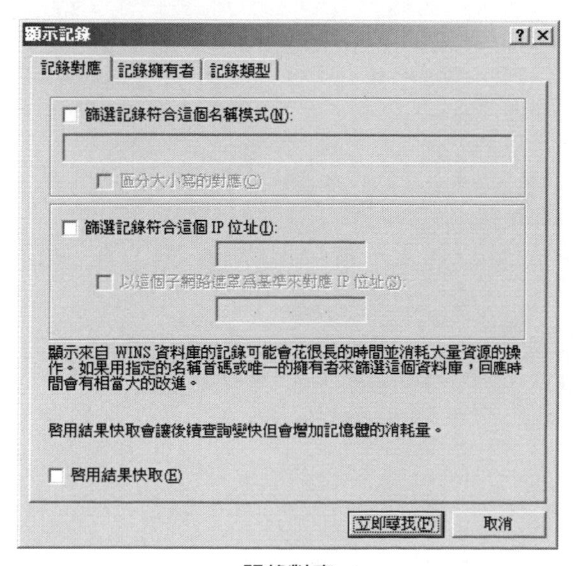

記錄對應

「記錄擁有者」標籤頁可以讓我們選擇是否依照所選擇的擁有者，進行資料庫記錄的篩選，如果有多個擁有者，也可以同時以多位擁有者進行記錄的篩選。

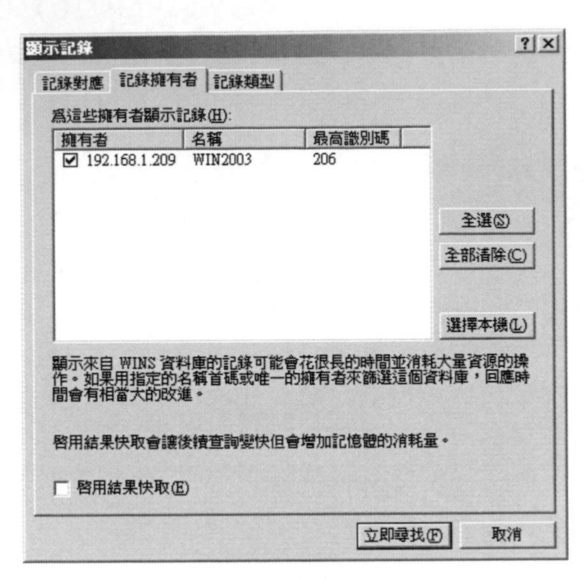

記錄擁有者

「記錄類型」的清單，則讓我們選擇想要顯示的記錄類型，一般而言大多會顯示所有的記錄類型，以得到較完整的資訊。

顯示記錄

記錄對應 | 記錄擁有者 | 記錄類型

顯示下列記錄類型(H):

- [00h] 工作站
- [03h] 信差
- [06h] RAS 伺服器
- [1Bh] 網域主瀏覽器
- [1Ch] 網域控制站
- [1Eh] 標準群組名稱
- [1Fh] NetsDDE
- [20h] 檔案伺服器

全選(S)　全部清除(C)

新增(A)...　編輯(I)...　刪除(D)...

顯示來自 WINS 資料庫的記錄可能會花很長的時間並是使用大量資源的操作。如果用指定的名稱首碼或唯一的擁有者來篩選這個資料庫，回應時間會有相當大的改進。

啓用結果快取會讓後續查詢變快但會增加記憶體的消耗量。

啓用結果快取(E)

立即尋找(F)　取消

記錄類型

◆顯示記錄

進行篩選後，將會顯示符合條件的記錄，在這可以得到記錄名稱、記錄類型、IP位址、目前狀態、靜態設定、擁有者以及版本等方面的資訊。

記錄清單

針對記錄的內容，可以直接開始想要檢視的記錄，就可以取得更詳細的資料。

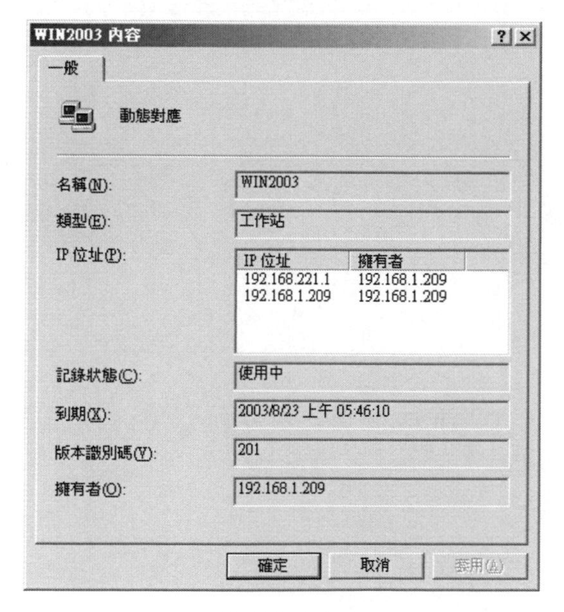

記錄的內容

◆新增靜態對應

我們可以在資料庫中加入靜態對應的設求，將電腦名稱對應到所指定的IP位址，在這可以選擇不同的類型，包括了「唯一」、「群組」、「網域名稱」、「網際網路群組」以及「多重主目錄」五種，可以依據實際的狀態選擇適合的類型即可，而NetBIOS領域的欄位，如果不確定輸入的資料，則可以省略。

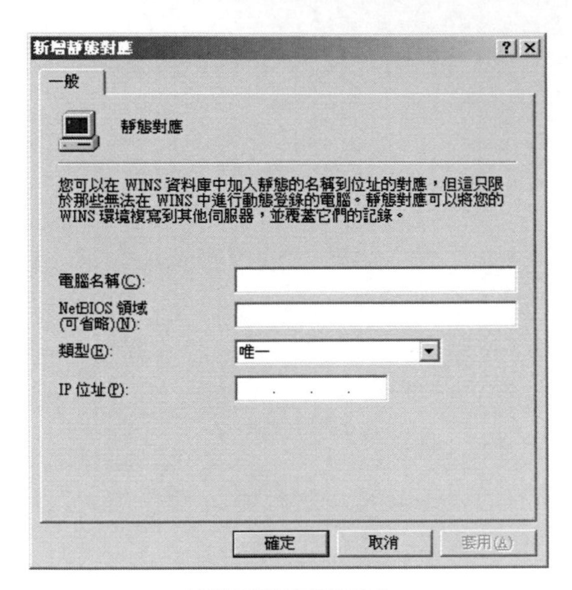

新增靜態對應的設定

◆匯入LMHOSTS

對於區域網路電腦主機的對應設定，也可以直接匯入LMHOSTS檔案，以節省重複進行設定所花費的時間。

◆檢查名稱記錄

對於名稱記錄，可以利用檢查名稱記錄的功能，針對指定的一組名稱記錄進行檢查，在這也可以一併檢查協力電腦的名稱記錄。

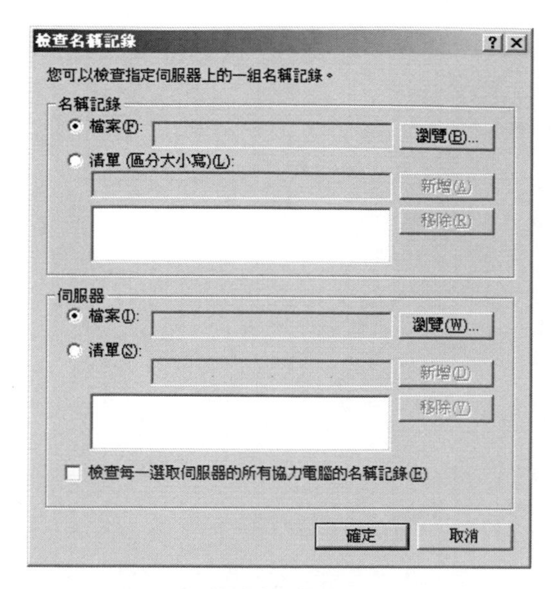

檢查名稱記錄

複寫協力電腦

如果目前的網路環境中，有兩台以上的WINS伺服器，則可以將這些WINS伺服器納入管理。

◆新增複寫協力電腦

複寫協力電腦是另一台WINS伺服器，利用新增複寫協力電腦的功能，輸入WINS伺服器的IP位址，或是利用瀏覽的方式，直接指定WINS伺服器所使用的名稱，不過如果確定WINS伺服器的IP位址，仍然建議直接以IP位址的方式輸入。

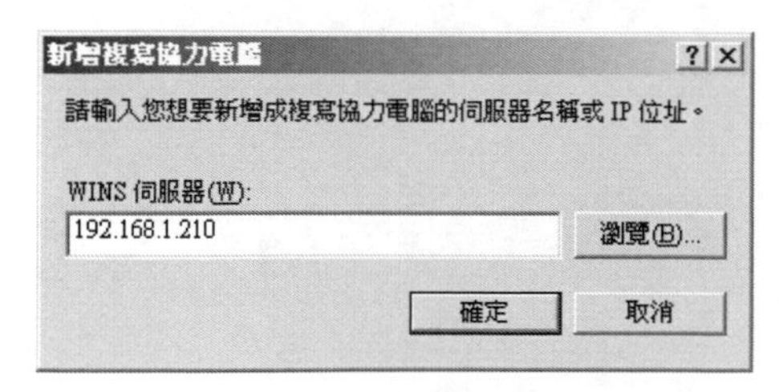

輸入WINS伺服器的IP位址

完成複寫協力電腦的新增後，將會顯示在清單中，在這會顯示伺服器的名稱、IP位址以及所使用的類型，其中伺服器的名稱為自動取得，這是WINS伺服器的電腦名稱。

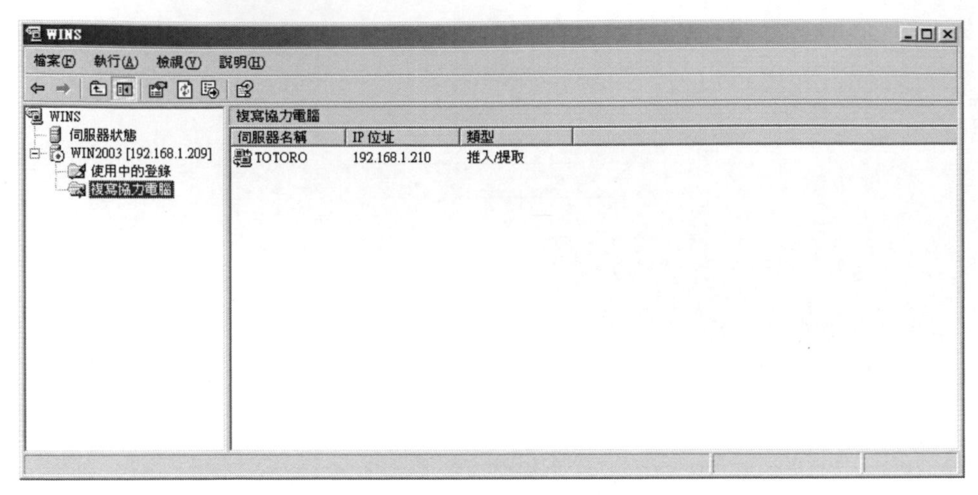

完成複寫協力電腦的新增

針對複寫協力電腦的內容，在「進階」標籤頁中，可以設定複寫協力電腦的類型，可以選擇「推入/提取」、「推入」或「提取」，一般而言都選擇「推入/提取」類型，在提取複寫的時間設定上，可以使用預設的值，或是依據實際的需求進行調整。

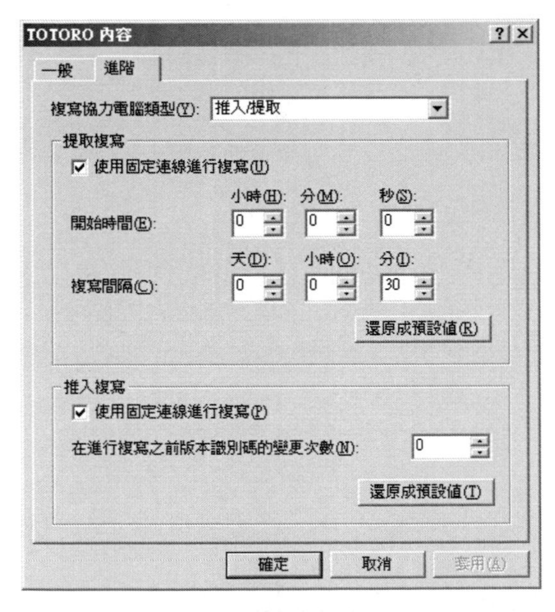

協力電腦的內容

◆立即複寫

立即進行資料的複寫，完成複寫後，原本的的資料庫將會被修正，而無法復原。

◆複寫協力電腦內容

在「一般」標籤頁中，提供了兩個選項，主要是針對與協力電腦的關係以及是否覆寫這台伺服器上的唯一性靜態對應進行設定，一般而言建議只跟協力電腦進行複寫的處理，而不覆寫唯一性類型的靜態對應，因為變更靜態對應可能會造成WINS伺服器資料庫發生錯誤。

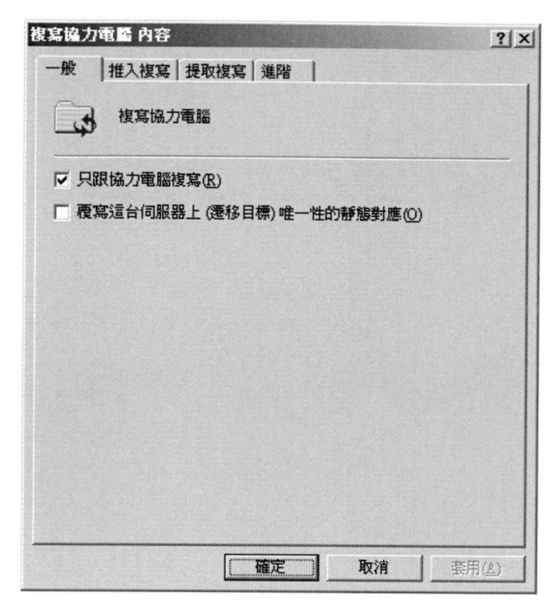

一般內容

在「推入複寫」標籤頁中，提供了在開始推入複寫時機的設定，可以選擇在服務啟動時或是在位址變更時，另外在進行複寫之前版本識別碼變更的次數，在這也可讓推入複寫協力電腦使用固定的連線。

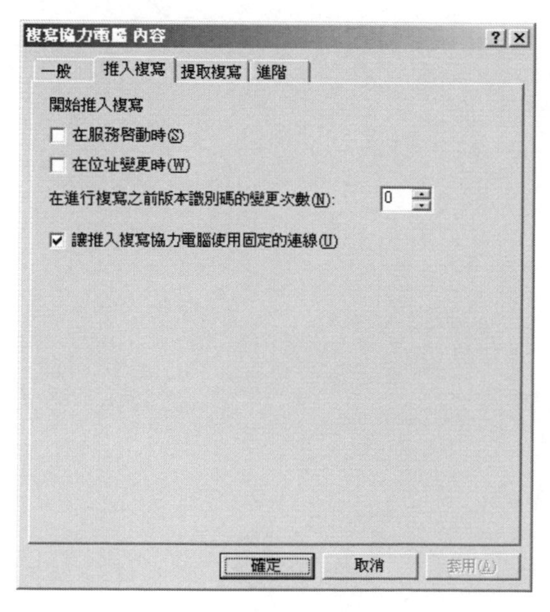

推入複寫的設定

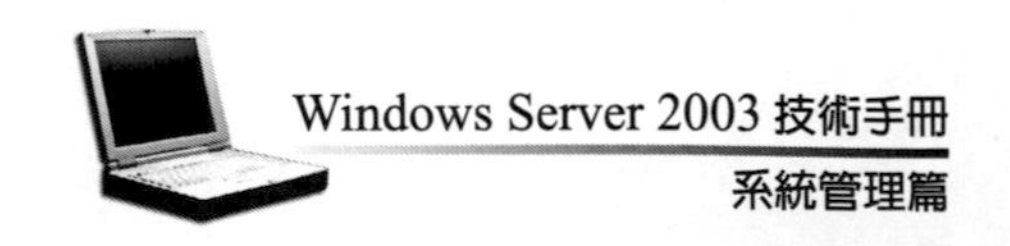

在「提取複寫」標籤頁中，主要是針對開始提取複寫的時間以及複寫的時間間隔，也可以設定重試的次數，另外提供兩個選項，讓我們選擇是否在服務啟動時就開始提取複寫，是否讓提取複寫協力電腦使用固定的連線等，這兩個選項預設都是啟動的。

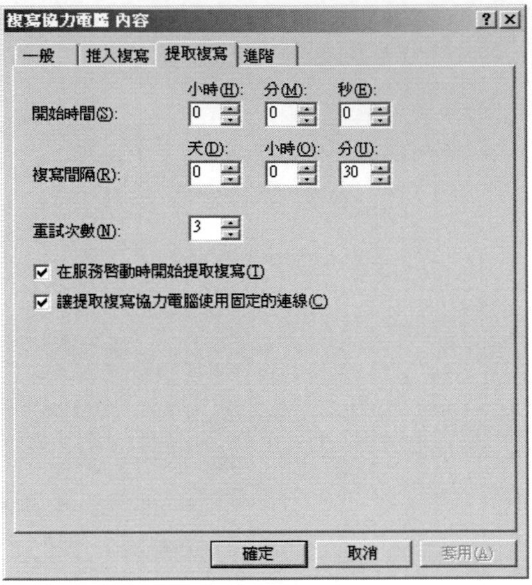

提取複寫的設定

在「進階」標籤頁中，提供了擁有者記錄的設定，可以選擇是否只接受或只停止在清單中的擁有者記錄，可以利用新增或移除的方式，變更擁有者的清單，另外也可以選擇是否啟用自動協力電腦設定，以便進行多點傳播間隔以及多點傳播存留時間的設定。

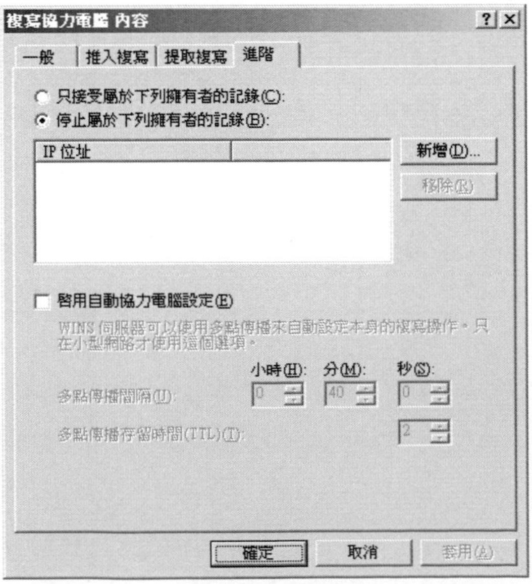

進階內容的設定

6-4 整合DNS與WINS

當無法透過查詢DNS網域名稱區來解析的DNS名稱時，就會向WINS伺服器進行查詢，同時使用WINS及DNS服務，可分別為NetBIOS名稱區以及DNS網域名稱區提供名稱解析，雖然DNS以及WINS都可以將不同及有用的名稱服務提供給用戶端，但早期的用戶端及程式，主要還是需要由WINS提供名稱的查詢。

當使用者無法透過DNS伺服器完成名稱的解析時，此時如果有WINS伺服器的建置，則會將查詢的目標，轉移到WINS伺服器上，而DNS以及WINS可以一起運作，彼此之間並不會任何的影響。

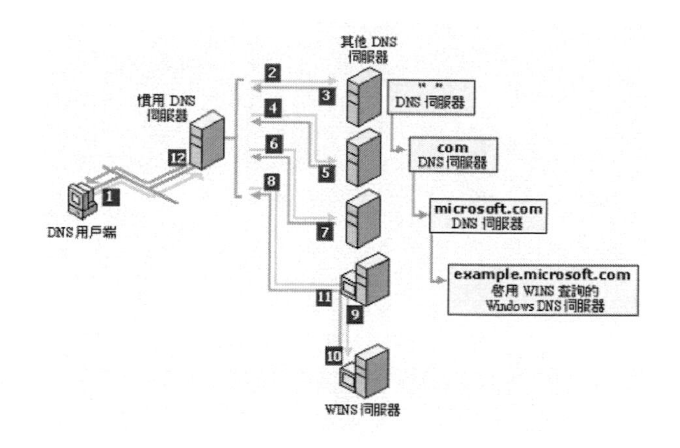

DNS與WINS伺服器

利用WINS-R記錄或是WINS反向對應項目，則可以在WINS上進行反向對應的查詢，不過因為WINS的資料庫並未依照IP位址建立索引，所以DNS服務無法將反向名稱對應傳送給WINS，也就無法直接取得IP位址的電腦名稱。

因為WINS不提供反向對應的功能，所以DNS服務會將節點介面卡狀態要求改為直接傳送給隱含在DNS反向查詢中的IP位址，因此當DNS伺服器從節點狀態回應中取得NetBIOS的名稱時，會將DNS網域名稱附加回NetBIOS名稱，並且將結果轉寄給要求用戶端；WINS伺服器與DNS伺服器都有各自的特性，而兩者可以建立協同運作的關係，以提供使用者進行名稱的解析。

DNS伺服器幾乎是所有的網路環境中，都必須進行建置的伺服器，而WINS伺服器可以彌補DNS伺服器無法查詢到IP位址的情況，而WINS伺服器採用NetBIOS進行名稱的解析。

Memo

Chapter 7

遠端存取與VPN伺服器

7-1 遠端存取功能

遠端存取功能，可讓使用撥號通訊的遠端的使用者能夠存取公司內部的網路，使用上就像是直接連線一樣，而遠端存取的功能，也提供了虛擬私人網路（VPN）的服務，因此使用者可以透過網際網路存取公司網路，除了便利性之外，也可以提供安全上的防護。

透過設定「路由及遠端存取」的服務，以做為遠端存取伺服器，可以提供連線的使用者執行遠端存取軟體並且初始到遠端存取伺服器的連線，而遠端存取伺服器會一直驗證使用者及服務工作階段，直到被使用者或網路管理員停止遠端存取的服務，因此遠端的使用者就可以透過所提供的LAN連線，使用公司內部的所有資源，這包括了檔案資源、列印資源等，如果有內部使用的伺服器，也可以直接取得伺服器所提供的網路服務。

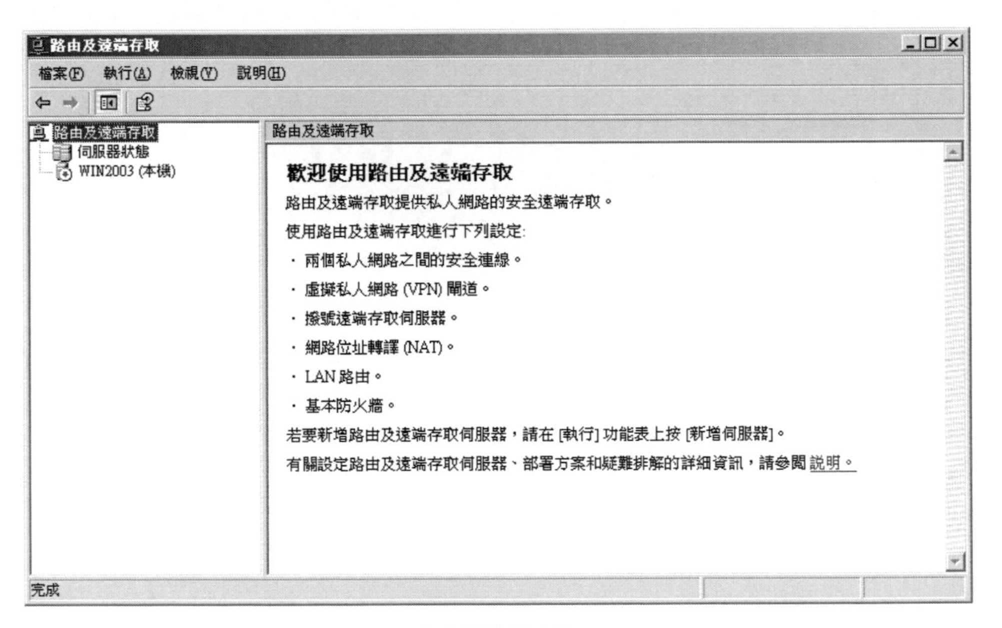

路由及遠端存取

虛擬私人網路（VPN）是目前在網路上經常使用的技術，可以提供遠端的使用者與伺服器本身建立一個私人的通道，提供一個安全的點對對連線，虛擬私人網路用戶端使用依據TCP/IP的特殊通訊協定，對虛擬私人網路伺服器上的虛擬連接埠進行虛擬呼叫，以建立VPN的連線，存取伺服器回應虛擬呼叫、驗證呼叫者，並且在虛擬私人網路用戶端及公司網路之間提供資料的傳送通道。

7-2 存取環境的設定

在建立遠端存取的環境時，可以透過「路由及遠端存取伺服器」進行設定，在這提供了四種預設的存取模式，分別是「遠端存取（撥號或VPN）」、「網路位址轉譯（NAT）」、「虛擬私人網路（VPN）存取和NAT」、「介於兩個私人網路的安全連線」，也可以使用「自訂設定」模式進行路由及遠端存取伺服器的安裝。

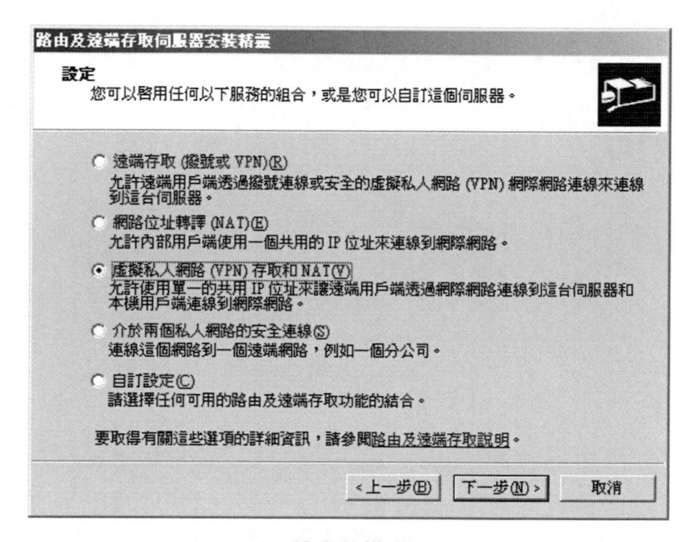

設定的模式

在建立VPN連線時，必須指定網路介面，可以直接由網路介面的清單中進行選擇，另外也可以選擇是否在所指定的網路介面上安裝基本的軟體型防火牆，以提供安全性的防護功能。

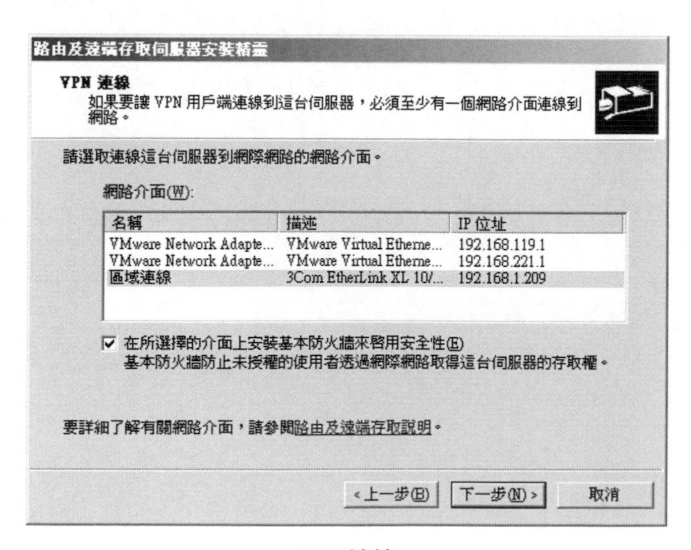

VPN連線

另外也可以將遠端的VPN使用者與內部網路的網路介面建立連接，直接進行指派的工作即可，以提供定址、撥號存取等其它的功能。

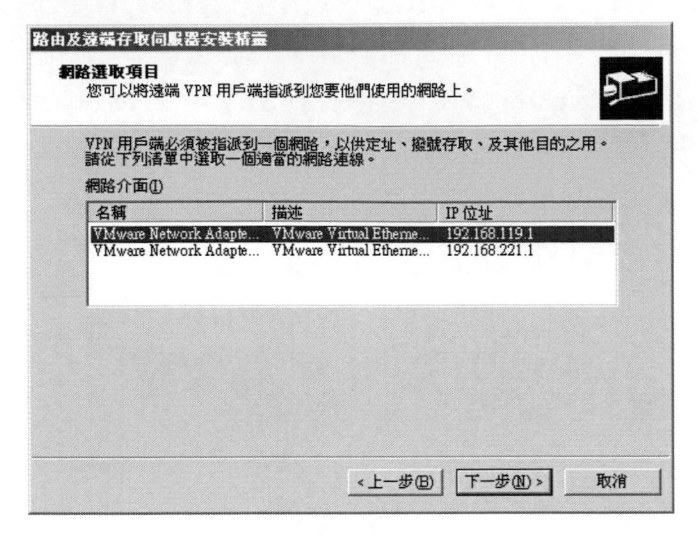

網路選取項目

在IP位址指派上，可以選擇提供給遠端使用者IP位址的指派方法，可以使用「自動」、以及從「指定範圍的位址」進行指派，一般而言可以配合DHCP伺服器運作，不過如果目前的網路環境中尚未架設DHCP伺服器，則路由及遠端存取伺服器仍然會分配位址給遠端的使用者。

路由及遠端存取伺服器安裝精靈

IP 位址指派

您可以選擇遠端用戶端 IP 位址的指派方法。

您希望 IP 位址如何被指派給遠端用戶端?

自動(A)

如果您使用 DHCP 伺服器來指派位址，請確認它的設定是否正確。如果您不使用 DHCP 伺服器，這台伺服器將會產生位址。

從指定範圍的位址(F)

< 上一步(B)　下一步(N) >　取消

IP位址指派

接著可以選擇是否要與RADIUS伺服器整合，以提供驗證的功能，不過如果設定成與RADIUS伺服器一起工作，則必須先完成RADIUS伺服器的建置。

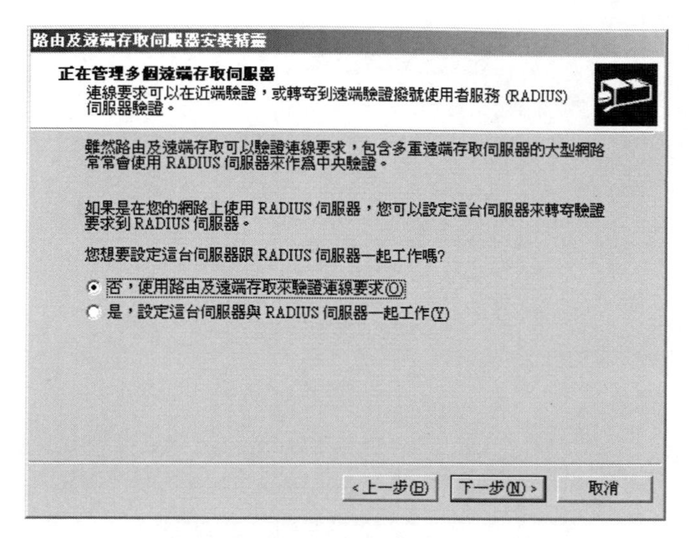

選擇是否與RADIUS伺服器一起工作

因為選擇使用「自動」指派IP位址的方式，所以在完成設定的程序後，會再度提醒必須進行DHCP伺服器的建置，以確定遠端的使用者在連上遠端存取伺服器時，能夠提供DHCP所提供的訊息轉接。

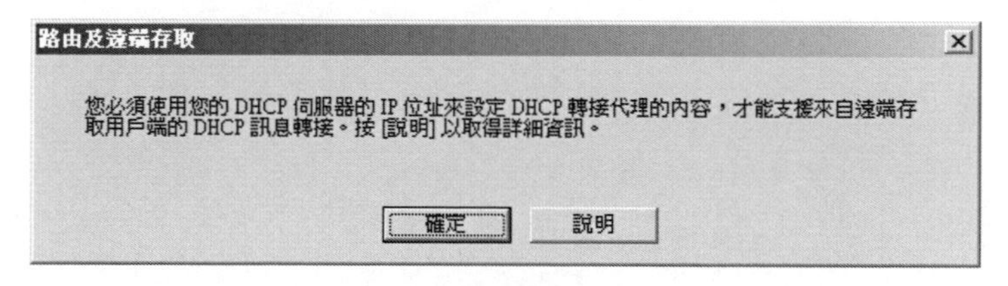

提示訊息

如果要變更遠端存取的環境，則可以重新進行路由及遠端存取伺服器的設定工作，再選擇想要使用的模式，不過在設定遠端存取伺服器的環境時，必須事先規劃好預計提供服務的方式。

路由及遠端存取的管理

對於提供遠端使用者連線的伺服器而言，瞭解使用者的行為是相當重要的，因此針對遠端存取記錄，可以直接開啟本機檔案的內容進行設定。

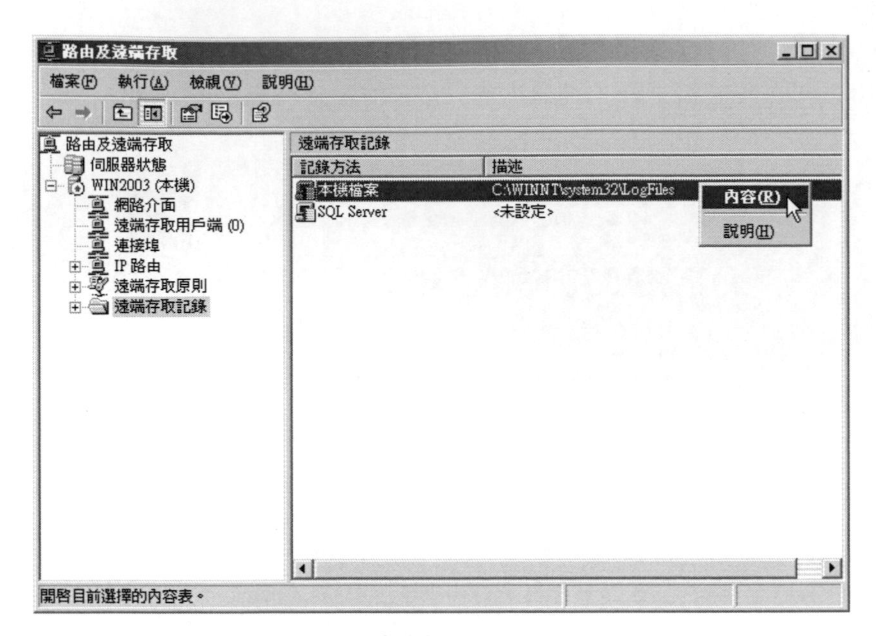

遠端存取記錄

在內容的設定中，可以提供記錄資訊的選擇，在這可以依照需求選擇想要記錄的項目，分成「帳戶處理要求」、「驗證要求」以及「週期狀態」三種類型，可以僅針對其中一種資訊類型進行記錄，也可以記錄所有的資訊類型。

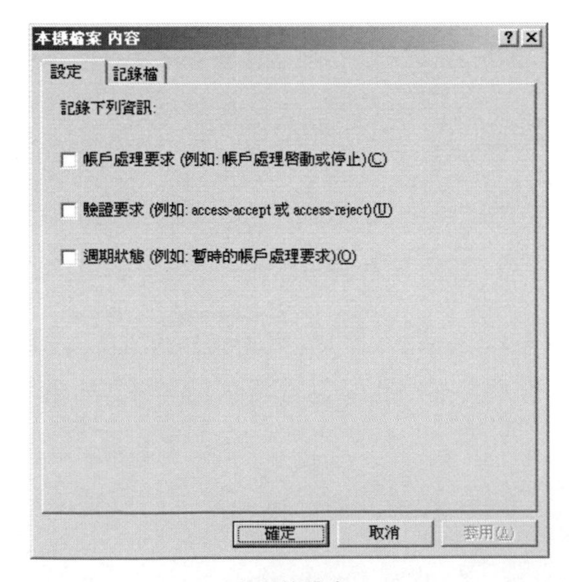

內容的設定

在「記錄檔」標籤頁中，提供了目錄的設定、記錄檔的格式以及建立新的記錄檔時間週期，一天而言為而日後尋找資料上的方便，建議將每天的記錄都製作成一個檔案，一般而言除了磁碟的空間所剩不多，大多不建議限制記錄檔的大小，因為如果有較多事件湧入時，將可能造成部份的記錄遺失。

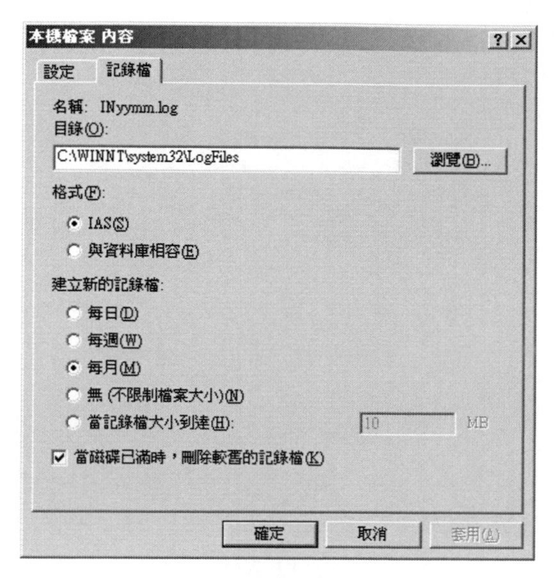

記錄檔的設定

在路由及遠端存取的管理界面中，對於遠端存取記錄的管理上，也可以直接與SQL Server搭配，直接將記錄儲存到資料庫中，整合到資料庫後，對於後續的應用而言，比較具有彈性，能夠配合應用程式的開發，提供查詢、統計等多樣化的功能。

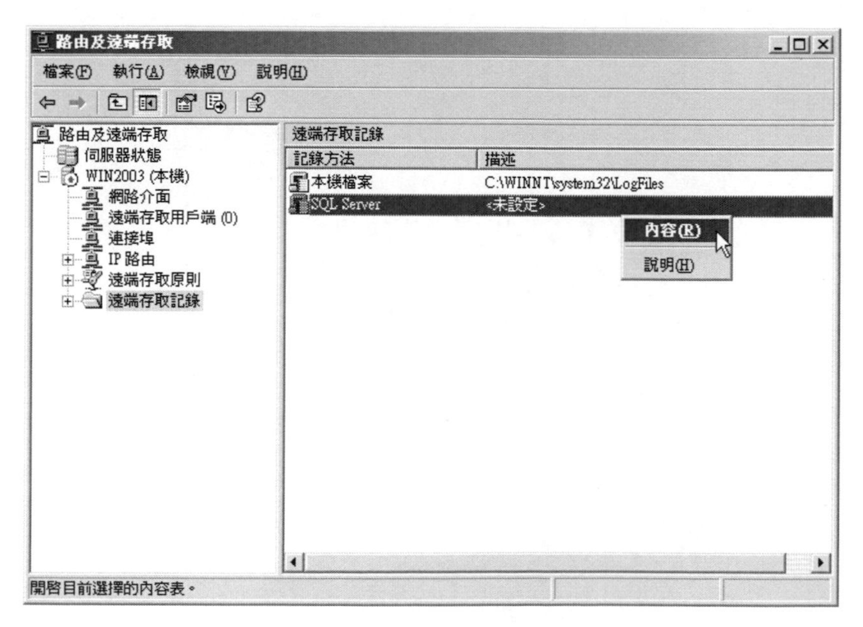

開啟SQL Server的存取記錄設定

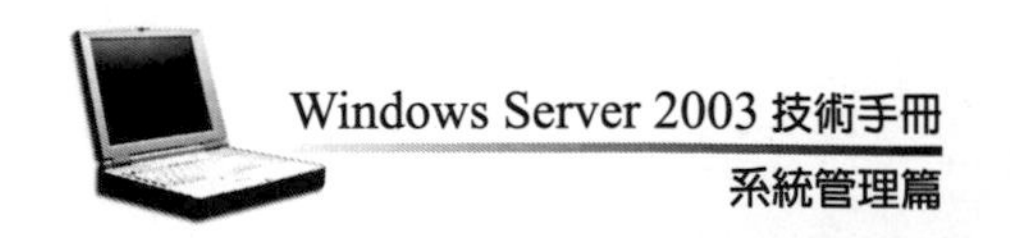

在這裏所提供的設定與先前儲存在本機檔案中的記錄檔大同小異，除了原先三個資訊類型的選項外，另外增加了同時存取工作階段最大數目的設定，預設值為2。

SQL Server 內容
設定
記錄下列資訊:
帳戶處理要求 (例如: 帳戶處理啓動或停止)(C)
驗證要求 (例如: access-accept 或 access-reject)(U)
週期狀態 (例如: 暫時的帳戶處理要求)(P)
同時存在工作階段的最大數目(M): 2
資料來源:
設定(O) ... 清除(E)
確定 取消 套用(A)

SQL Server內容的設定

按下「設定」按鈕，就可以針對與SQL Server連線的部份進行設定，必須先選擇伺服器的名稱，再輸入登入SQL Server的使用者資料，最後再選取伺服器上的資料庫，再經過連線測試後，就可以直接將記錄的內容儲存到SQL Server的資料庫中了。

資料連結內容
連線 進階 全部
指定下列項目以連接至 SQL Server 資料:
1. 選擇或輸入伺服器名稱(E):
重新整理(R)
2. 輸入資訊以登錄至伺服器:
使用 Windows NT 整合安全(W)
使用指定的使用者名稱及密碼(U):
使用者名稱(N):
密碼(P):
空白密碼(B) 允許儲存密碼(S)
3. 選取伺服器上的資料庫(D):
附加資料庫檔案做爲資料庫名稱(H):
使用此檔案名稱(F):
測試連線(T)
確定 取消 說明

資料連結的內容

在「進階」標籤頁中，可以針對連線逾時的時間進行設定，並且選擇所使用的存取權限。

資料連結內容
連線 進階 全部
網路設定
模擬層次(I):
保護層次(R):
其他
連線逾時(T): 秒。
存取權限(C):
Read
Read Write
Share Deny None
Share Deny Read
Share Deny Write
Share Exclusive
確定 取消 說明

進階設定

在「全部」標籤頁中，提供了各項內容值的設定，依據不同的名稱，可以指定初始化的內容。

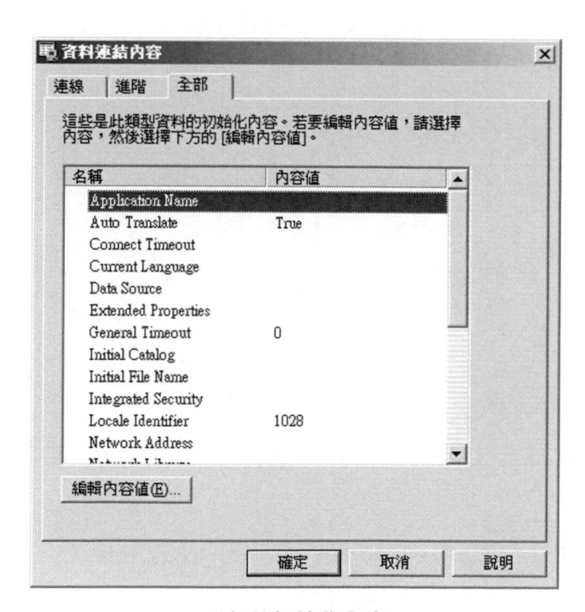

全部的初始化內容

想要編輯任何一項的內容時，只需要選取該項目，再按下「編輯內容值」按鈕，即可針對所指定的項目進行內容值的設定。

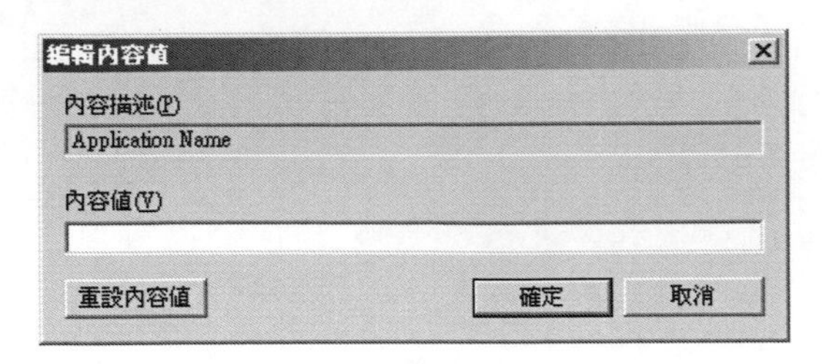

編輯內容值

存取環境的建置，著重在環境的建置以及記錄檔的使用，搭配不同的遠端存取模式，可以提供所需要的服務，

7-3 認識VPN

虛擬私人網路（VPN）可以提供公用網路與私人網路之間的連線，透過VPN的方式建立點對點的連線，可以在建立連線的兩台電腦之間進行資料的傳遞，可以為兩個連線的端點，提供一個較為安全的環境。

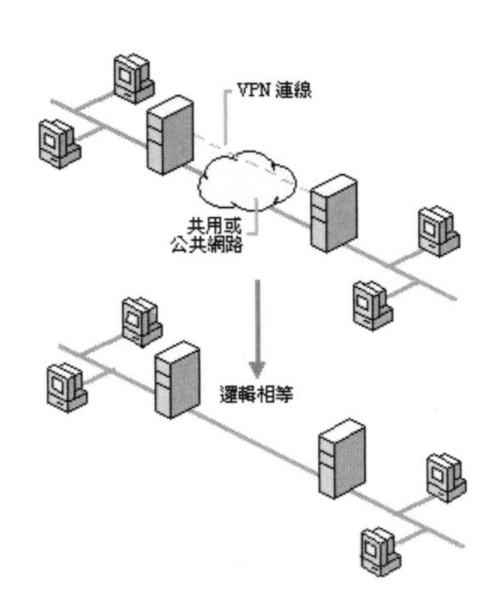

VPN的架構

在目前的網路環境中，尤其網際網路要與公司內部的遠端存取伺服器建立VPN的連線時，因為網路上的路由器並不一定提供VPN的服務，而提供網路連線服務的ISP業者也必須提供相關的服務，才能夠兩個端點建立一個VPN的連線，不過如果是使用網路數據專線的環境，例如：總公司與分公司之間的專線，在VPN的建置上就較為容

易，如果透過公共網路，則必須搭配實際的網路環境才能夠確定是否能夠提供VPN的連線。

Windows Server 2003的VPN網路提供以下的新功能：

◆ 網路位址轉譯（NAT）

Windows Server 2003的VPN伺服器能夠支援由NAT後端，使用VPN建立連線的用戶起始Layer Two Tunneling Protocol over Internet Protocol security（L2TP/IPSec）進行傳輸。

◆ VPN調配與網路負載平衡

Windows Server 2003的VPN伺服器能夠結合「網路負載平衡」進行VPN的調配，可結合「網路負載平衡」的「點對點通道通訊協定（PPTP）」及L2TP/IPSec VPN。

◆ 「NetBIOS over TCP/IP（NetBT）」名稱解析Proxy

當遠端存取VPN用戶端連接至VPN伺服器時，它會依賴目標網路上的DNS或WINS伺服器以進行名稱解析，DNS和WINS伺服器對於將DNS用作主機名稱解析或WINS用作NetBIOS名稱解析的組織而言相當常見，不過在較小型的公司中，不見得會架設這些伺服器，甚至沒有這樣的需求，因此可以透過名稱解析的方式，建立彼此之間的通訊。

NetBIOS名稱可以在沒有架設WINS或DNS伺服器的情況下，由執行Windows Server 2003的VPN伺服器進行解析，因為Windows Server 2003作業系統包含NetBT Proxy，因此對於連接VPN伺服器的遠端連線，VPN用戶端和網路區段上的節點可以解析彼此的NetBIOS名稱

◆ 預先共用金鑰設定以進行L2TP連線

Windows Server 2003能夠支援電腦憑證和預先共用金鑰作為建立L2TP連線之IPSec安全性關聯的驗證方法，而預先共用金鑰是在VPN用戶端與VPN伺服器兩者上設定的文字字串，不過使用預先共用金鑰，這是很不保險的驗證方法，因此最好只在調配公開金鑰基礎結構（PKI）以取得電腦憑證或VPN用戶端要求預先共用金鑰的情況下，才使用預先共用金鑰驗證機制。

7-4 建置VPN網路環境

路由及遠端存取伺服器提供了多種不同的服務方式，可以協助我們建立VPN連線，而且在設定時亦會同時調整VPN伺服器的環境，以符合VPN網路連線的需求。

建立VPN有兩種不同的方式，分別是：

◆ 遠端存取VPN連線

遠端存取用戶端會建立與私人網路連線的遠端存取VPN連線，而所架設好的VPN伺服器則會提供與已連接VPN伺服器整體網路的存取，遠端存取用戶端會將它自己驗證為遠端存取伺服器，以確定能夠建立VPN連線。

◆ 路由器對路由器VPN連線

路由器會建立用來連接私人網路兩個部分的路由器對路由器的VPN連線，而VPN伺服器可以提供與已連接VPN伺服器之間的路由連線，在路由器對路由器的VPN連線上，透過VPN連線從任一路由器傳送的封包基本上不是源自於路由器本身。

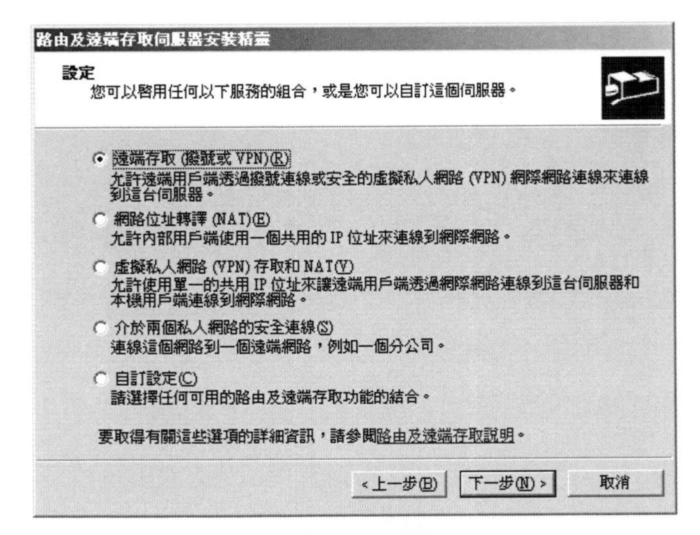

選擇適用的服務模式

接著將遠端存取的連線設定為「VPN」伺服器，以接收由網際網路上的使用者所提出的VPN連線要求。

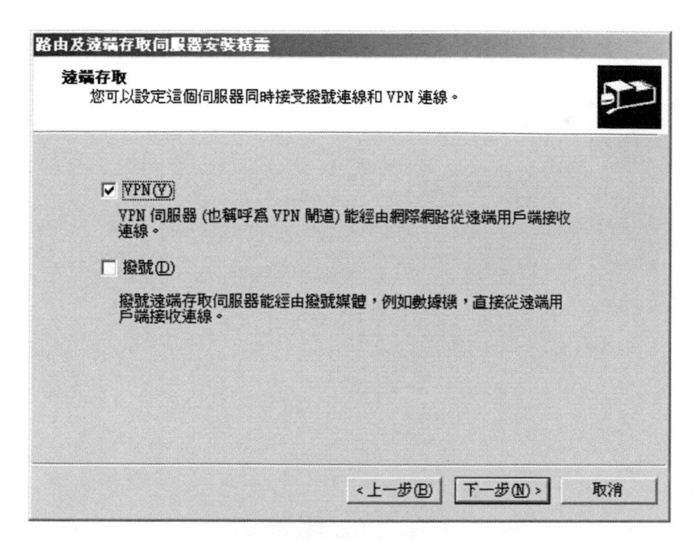

選擇遠端存取的模式

在這必須指定VPN連線所需要的網路介面，後續的設定步驟與先前的內容相同，在此就不再贅述了，請自行參閱前面章節的介紹。

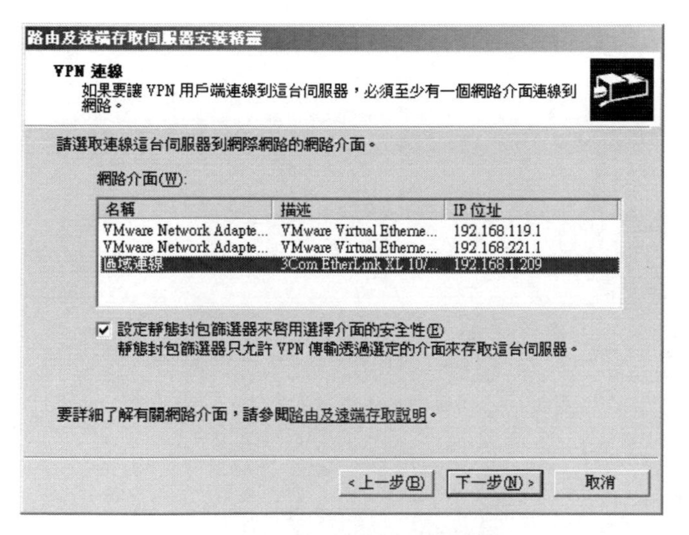

選擇建立VPN連線的網路介面

在「網路介面」項目中，提供了目前系統中所偵測到或是建立的網路介面，也包括了「回送」與「內送」兩個網路介面，在這可以確定這些網路介面的類型以及目前的連線狀態。

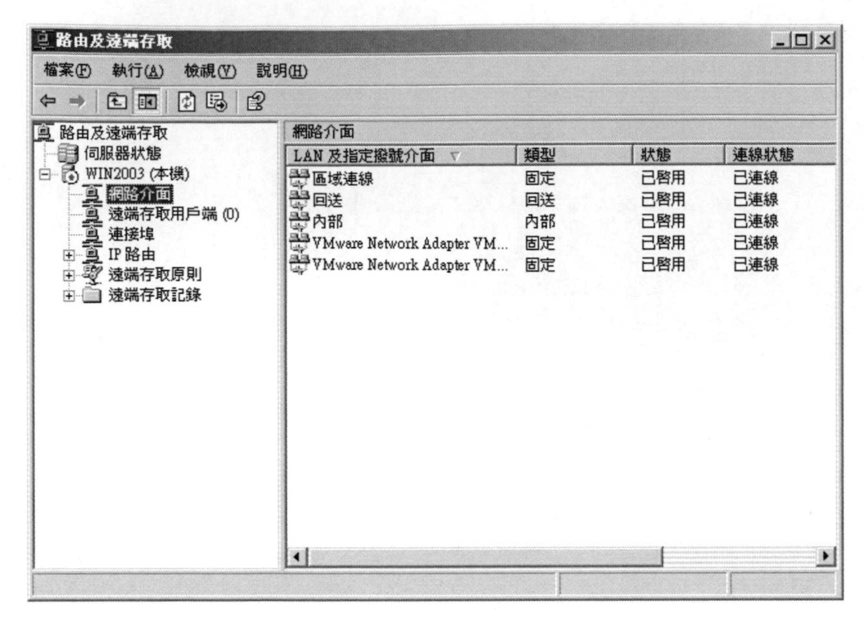

網路介面

在「連接埠」項目的設定中，顯示了目前系統上所有的連接埠，在這可以看到連接埠的名稱、裝置、使用者以及目前的狀態，由附圖所顯示的內容來看，目前遠端存取伺服器預先提供了相當多的VPN連接埠，不過目前的狀態都是非使用中，這代表目前尚沒有遠端的使用者連上VPN伺服器。

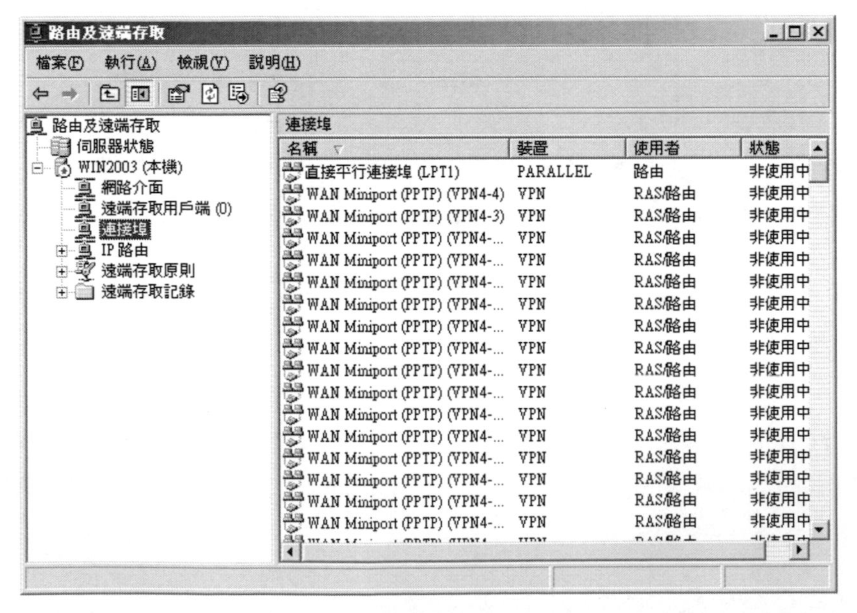

連接埠的內容

在「IP路由」的項目中，提供了「一般」、「靜態路由」、「DHCP轉接代理」、「IGMP」以及「NAT/基本防火牆」五個子項目，能夠讓我們針對不同的IP路由進行設定。

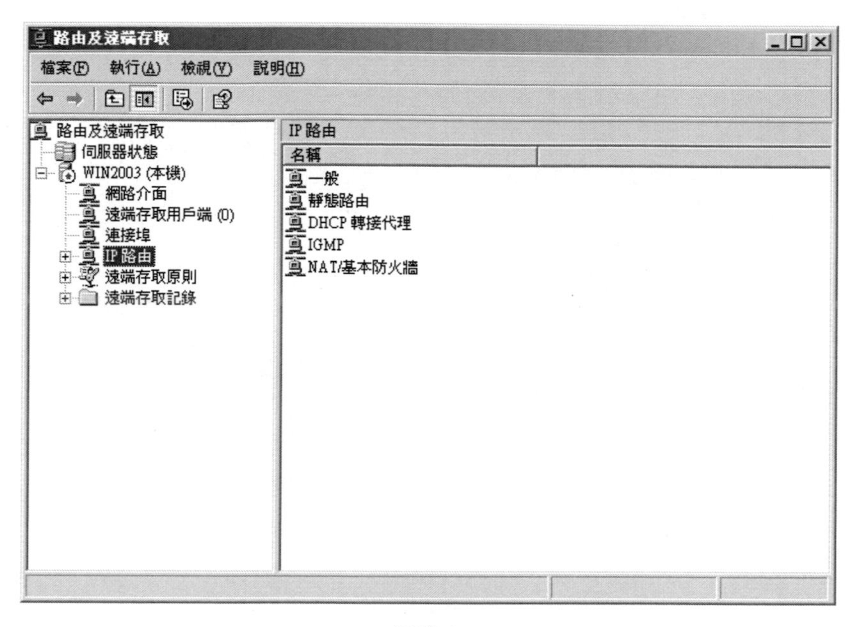

IP路由

在「IP路由/一般」項目中，提供了目前網路介面所使用的IP位址，以及系統管理狀態的資訊，在這可以針對介面的內容進行設定。

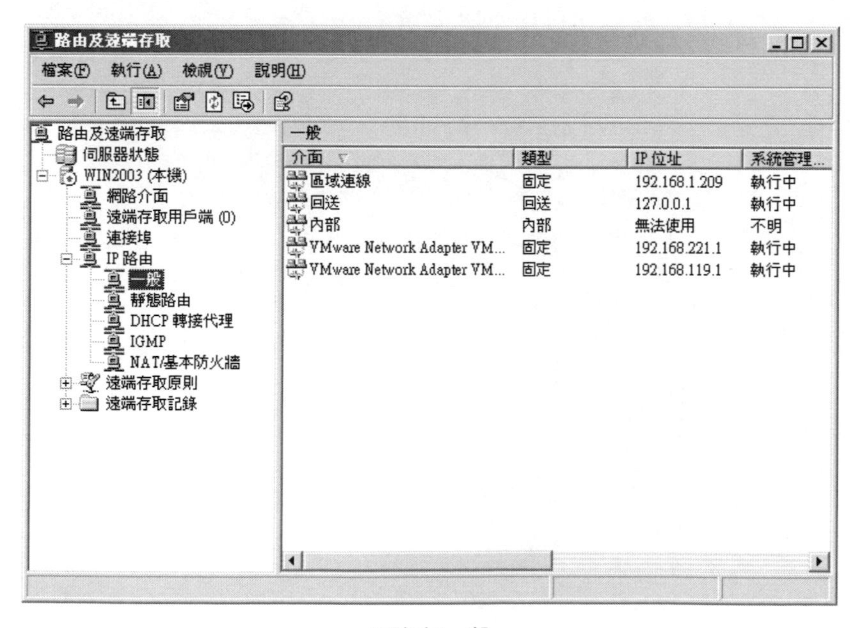

IP路由/一般

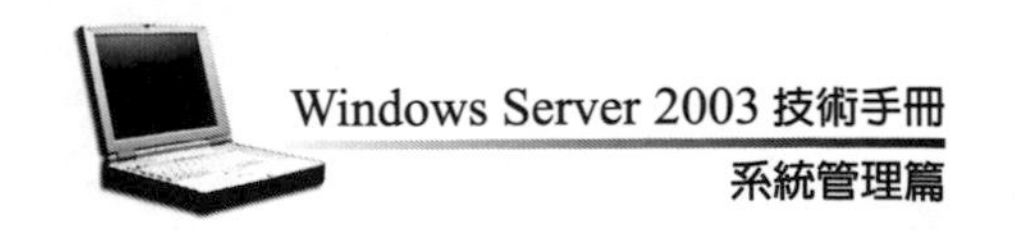

在介面的內容，提供了「一般」、「設定」、「多點傳播界限」以及「多點傳播活動訊號」等項目的設定，「一般」標籤頁中，針對IP介面提供了「啟用IP路由器管理器」、「啟用路由器探索通告」的功能，如果啟用了通告的功能，則必須指定相關的時間。

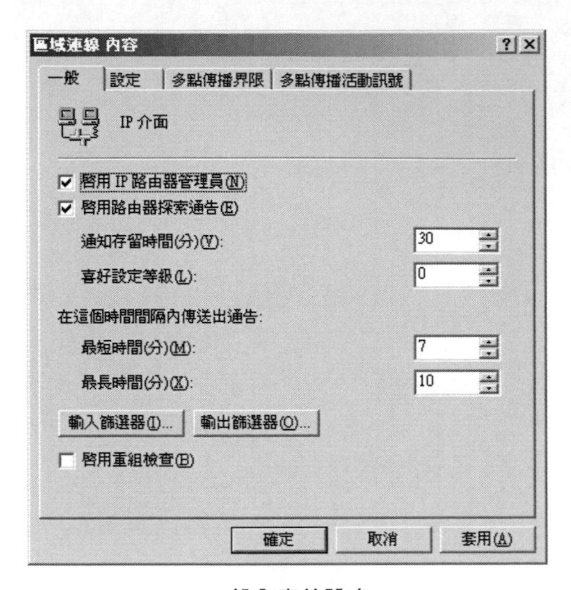

一般內容的設定

在「設定」標籤頁中，主要是針對IP位址進行設定，可以使用「自動取得IP位址」或是「使用下列的IP位址」兩種模式，不過如果使用自動取得IP位址的模式，則在目前的網路環境中必須要有DHCP伺服器的建置。

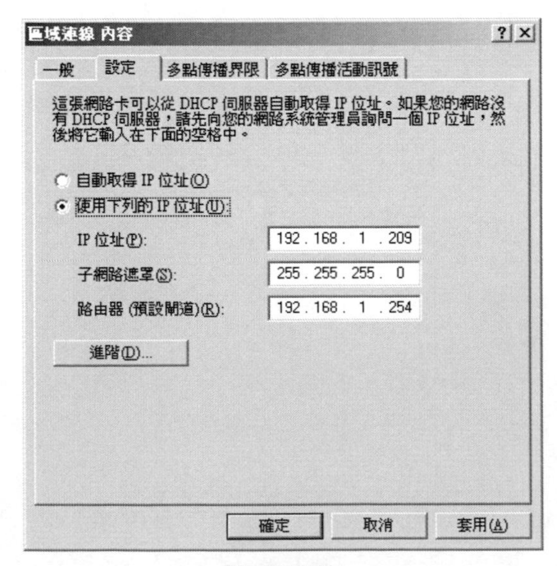

設定的內容

「多點傳播界限」的設定，可以設定傳播的領域，另外可以選擇是否指定存取的時間，如果啟動TTL界限的功能，則能夠針對TTL值以及速率限制進行調整。

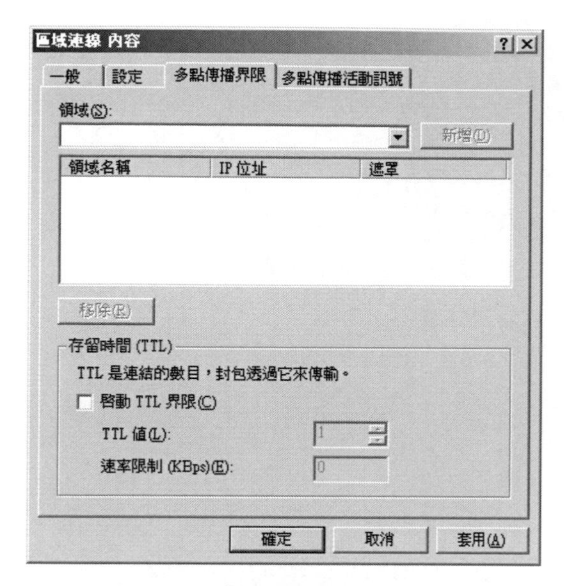

多點傳播界限

在「多點傳播活動訊號」標籤頁中，可以選擇啟用多點傳播活動訊號偵測的功能，藉由接聽週期多點傳播流量的方式，以確定目前提供多點傳播的架構是否正常運作。

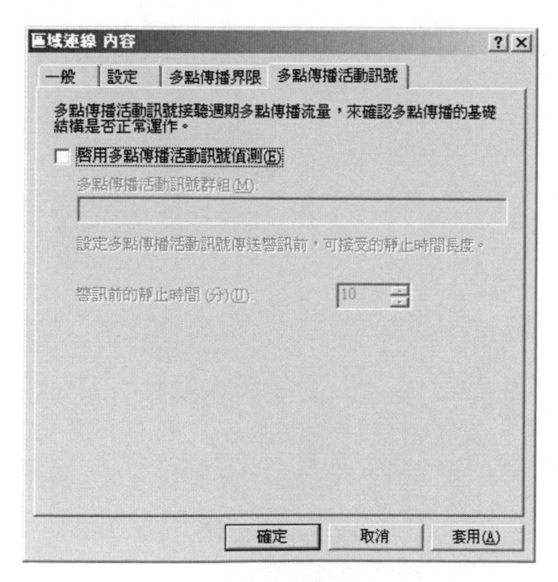

多點傳播活動訊號

「DHCP轉接代理」的項目，可以提供DHCP轉接代理的服務，在這樣可以看到目前所使用的轉接模式、已收到要求、已收到回覆、已丟棄要求以及已丟棄回覆的次數。

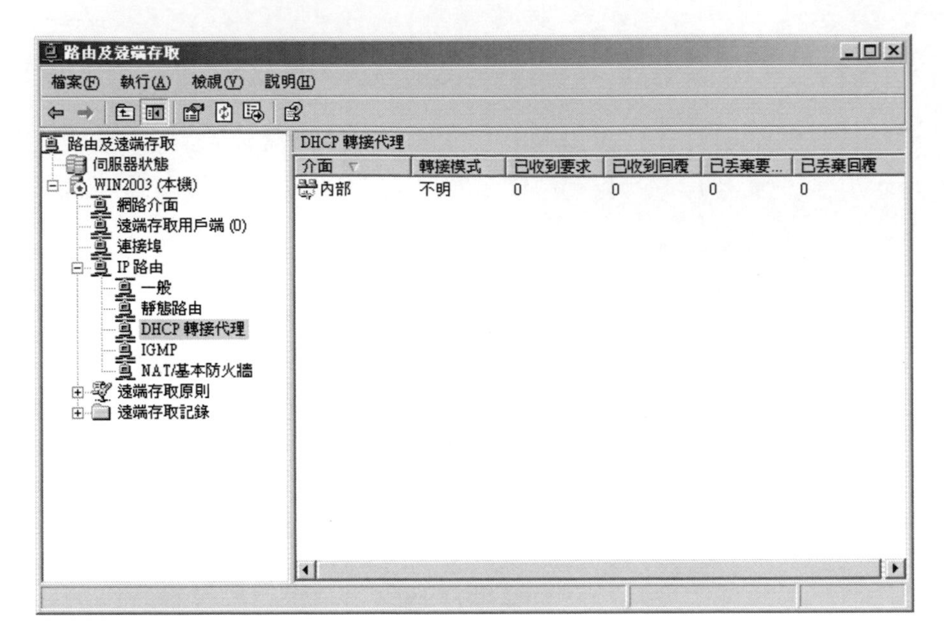

DHCP轉接代理

設定是否轉接DHCP封包、躍點數目的閾值以及開機閾值。

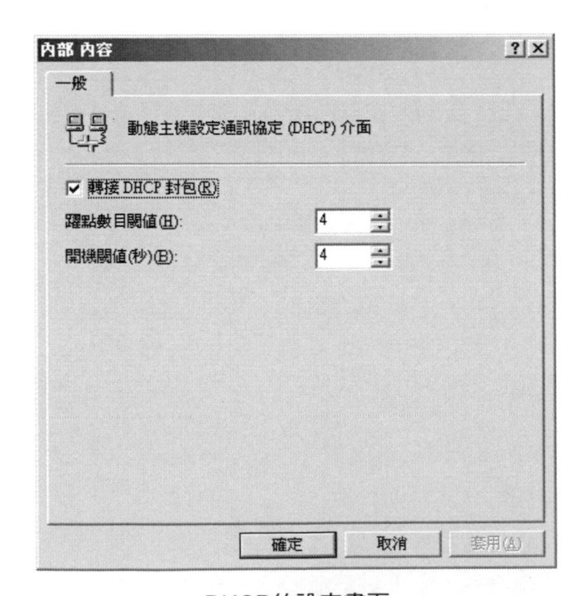

DHCP的設定畫面

「IGMP」項目提供了介面的設定以及目前所使用的通訊協定，另外也會出現查詢者的位址與目前的狀態。

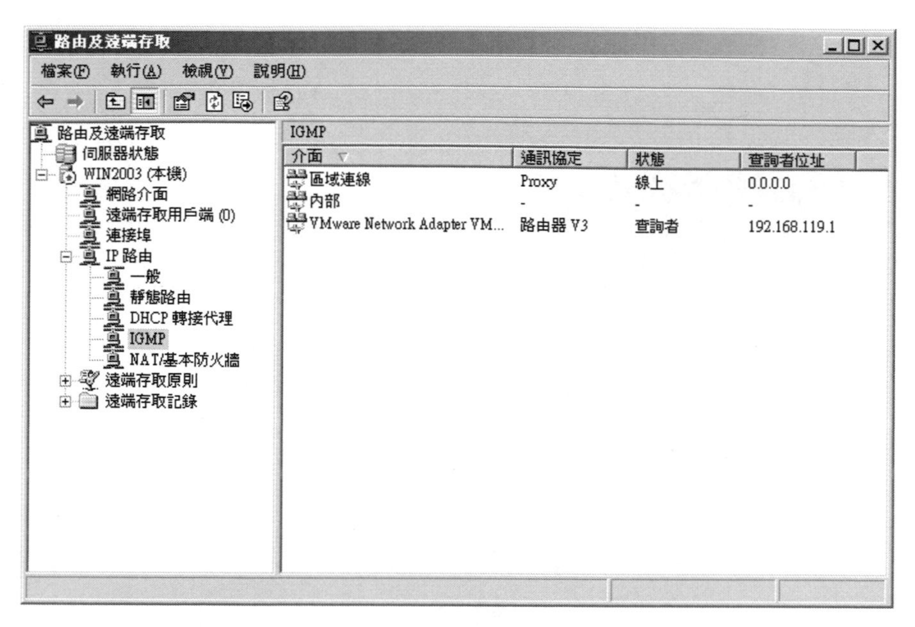

IGMP的內容

7-5 安全與防護機制

在「遠端存取原則」的設定中，提供了連線到Microsoft路由及遠端存取伺服器以及連線到其他存取伺服器的設定，透過原則條件的設定，可以針對連線進行拒絕或是授允的處理。

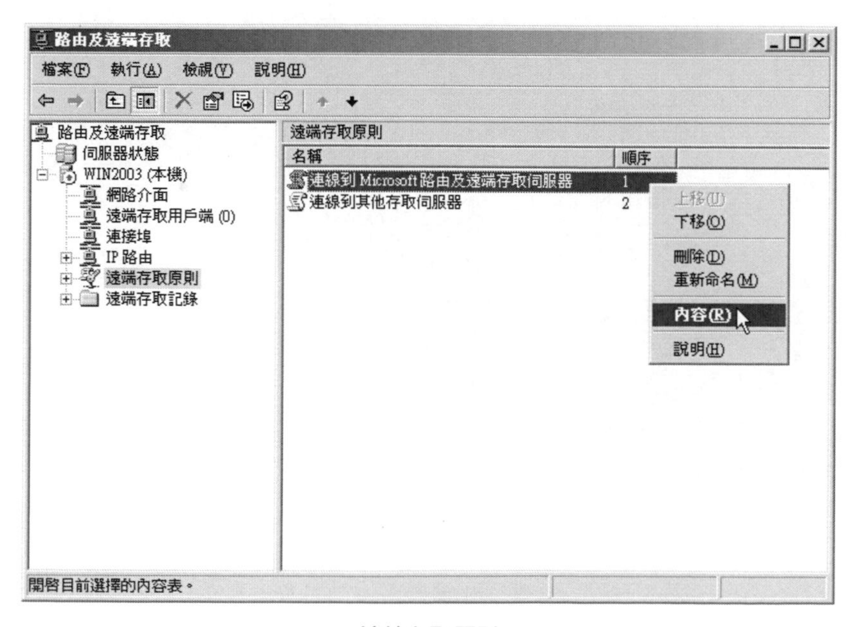

連線存取原則

在「連線到Microsoft路由及遠端存取伺服器」的設定中，可以進行原則條件的設定，利用新增、編輯、移除的方式，進行原則條件的設定與管理工作，另外如果連線要求符合指定的條件時，在這也必須指定處理的方式，可以選擇「拒絕遠端存取權限」以及「授予遠端存取權限」。

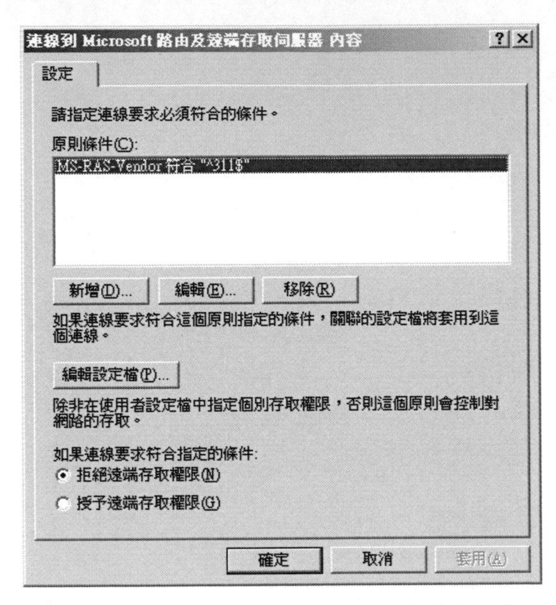

連線到Microsoft路由及遠端存取伺服器的設定內容

利用「新增」的功能就能夠由目前清單中選擇想要新增的屬性類型。

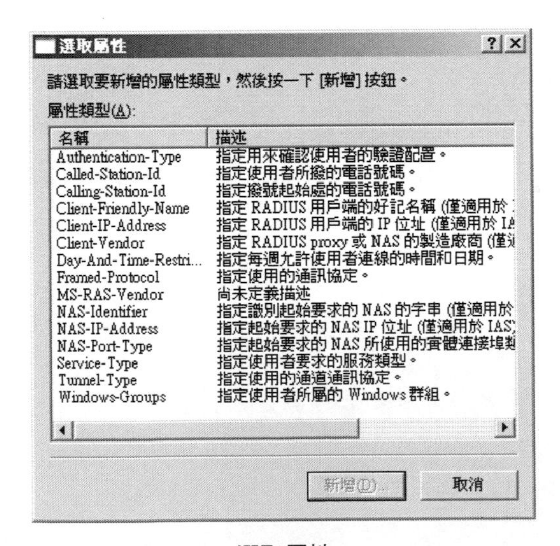

選取屬性

在這可以編輯原則的內容，輸入文字或是配合萬用字元。

原則條件的設定

在編輯撥入設定檔案的部份，分成了「撥入限制」、「IP」、「多重連結」、「驗證」、「加密」以及「進階」等多個項目，在「撥入限制」標籤頁中，提供了閒置時間的設定、用戶端可以連線時間的設定、只允許在這些日期及這些時間可以存取、只允許這個號碼存取也可以只允許透過這些媒體進行存取。

編輯撥入設定檔
撥入限制 | IP | 多重連結 | 驗證 | 加密 | 進階
伺服器閒置超過以下時間就中斷連線 (分鐘)(Idle-Timeout)(M):
用戶端可以連線的時間 (分鐘)(Session-Timeout)(N):
只允許在這些日期及這些時間存取(O)
編輯(E)...
只允許這個號碼存取 (Called-Station-ID)(C):
只允許透過這些媒體存取 (NAS-Port-Type)(W):
FDDI
Token Ring
無線 - IEEE 802.11
確定 取消 套用(A)

撥入限制的設定

在「IP」標籤頁中，針對「IP位址指派」部份進行選擇，可以選擇由誰來指派這個IP位址，不過如果沒有提供這樣的機制，也可以在這直接輸入使用的IP位址，另外在IP篩選器中，可以選擇要控制的篩選器。

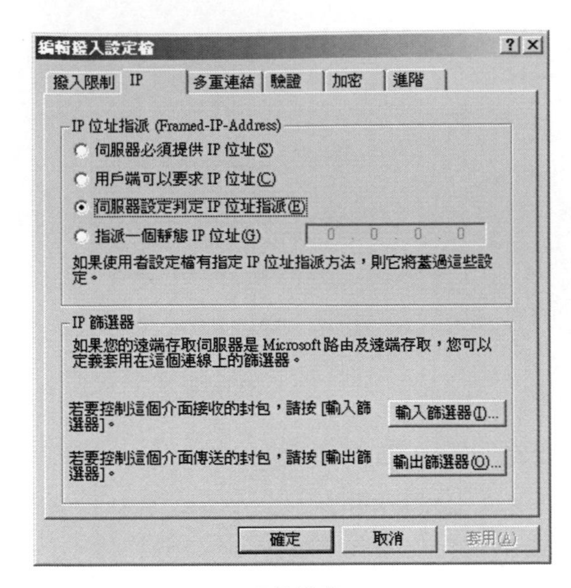

IP的設定

在「多重連結」標籤頁中提供了相關的設定，以及頻寬配置通訊協定設定，在這可以指定容量的百分比以及時間的間隔。

編輯撥入設定檔
撥入限制 | IP | 多重連結 | 驗證 | 加密 | 進階
多重連結設定
伺服器設定判定多重連結的使用方式(S)
不允許多重連結連線(D)
允許多重連結連線(M)
允許的連接埠最大數目(X): 1
頻寬配置通訊協定 (BAP) 設定
如果多重連結連線的數量在以下時間區段內，低於以下的容量百分比，則每次減少一條連線。
容量的百分比(P): 50
時間區段(T): 2 分
需要 BAP 以供動態多重連結要求(R)
確定 取消 套用(A)

多重連結的設定

在「驗證」標籤頁中，可以讓我們選擇想要使用的驗證方式，在這提供了MS-CHAP v2」、「MS-CHAP」、「CHAP」、「PAP、SPAP」，可以選擇允許使用的驗證方法，另外對於非驗證存取而言，則可以選擇是否允許用戶端沒有交涉驗證方式仍然可以連線的功能。

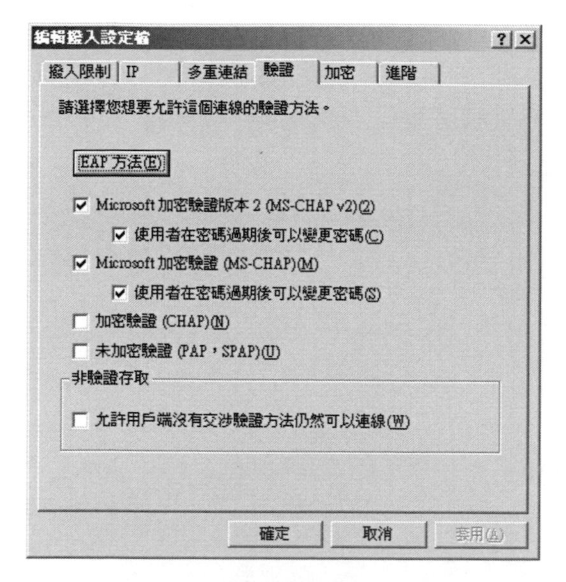

驗證的設定

在「加密」的標籤頁中，提供了以下多種不同的加密層級，這些層級包括了「基本加密」、「增強式加密」、「最強加密」以及「不加密」，這些加密的選項，主要在於所使用的位元大小不同。

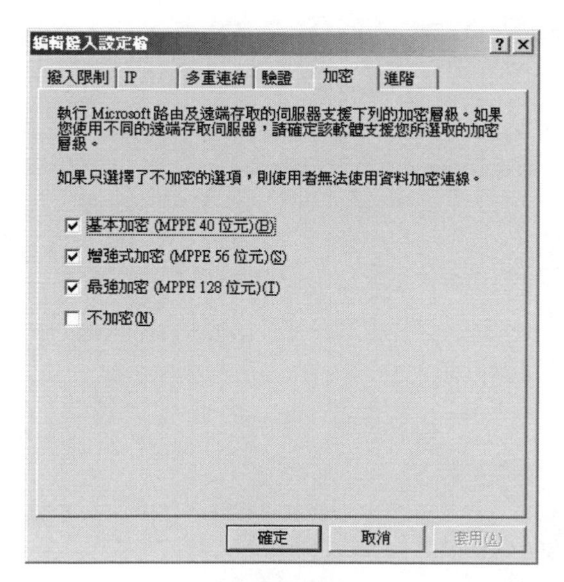

加密的設定

在「進階」標籤頁中，可以選擇要傳回到遠端存取伺服器的其它連線屬性。

編輯撥入設定檔

撥入限制 | IP | 多重連結 | 驗證 | 加密 | 進階

指定要傳回到遠端存取伺服器的其他連線屬性。

屬性(B):

名稱	廠商	值
Framed-Protocol	RADIUS Standard	PPP
Service-Type	RADIUS Standard	Framed

新增(D)... 編輯(E)... 移除(R)

確定 取消 套用(A)

進階設定

利用新增屬性的方式，可以將目前不同用途連線屬性加入到伺服器中。

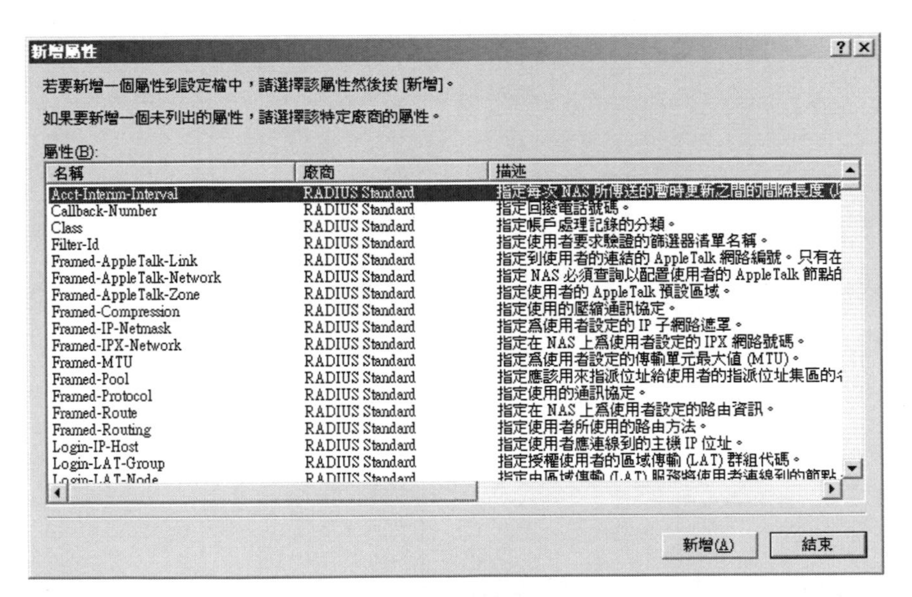

選擇新增的屬性

對於「連線到其他存取伺服器」的內容，在這可以設定原則條件，必須符合原則條件的限制，才能夠提供連線的服務。

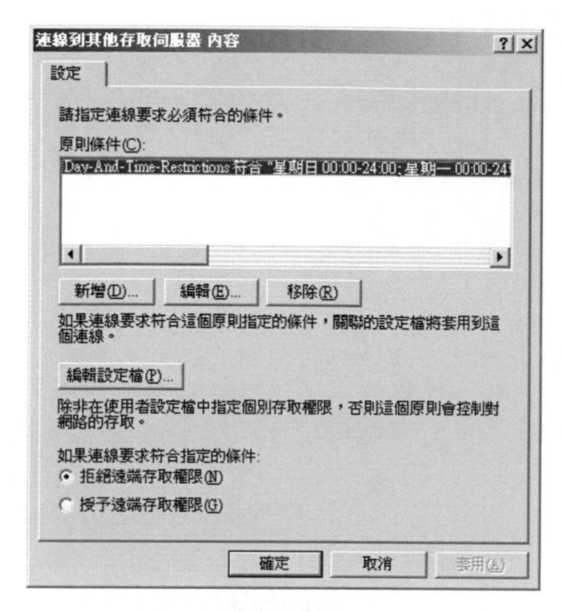

設定的內容

在當天時間的限制上，可以指定允許與拒絕的時間，直接在排程表中進行設定即可。

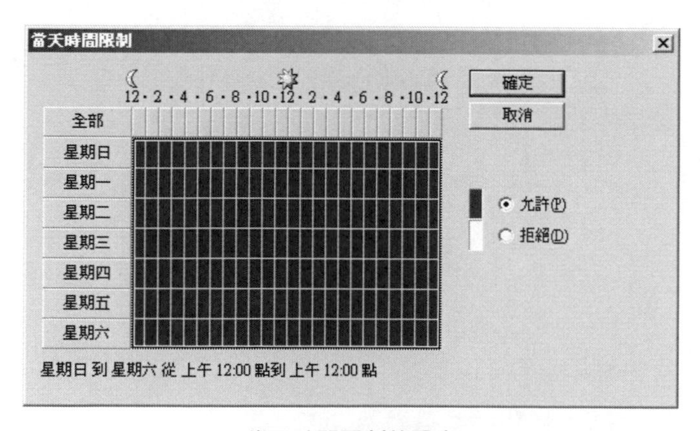

當天時間限制的設定

在「NAT/基本防火牆」的項目中，以目前的介面進行統計，並且提供連線的服務。

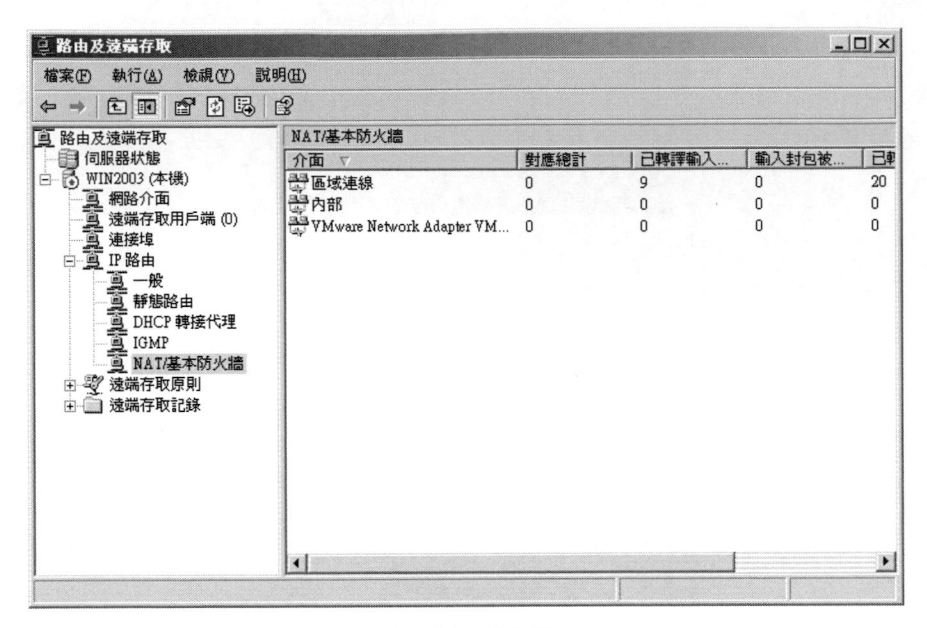

NAT/基本防火牆

在「NAT或基本防火牆」的設定中，提供了介面類型的設定，在這可以選擇「私人介面連線到私人網路」、「連線到網際網路的公用介面」以及「只用基本防火牆」對於靜態封包的篩選而言，可以依照封包的屬性進行流量的限制。

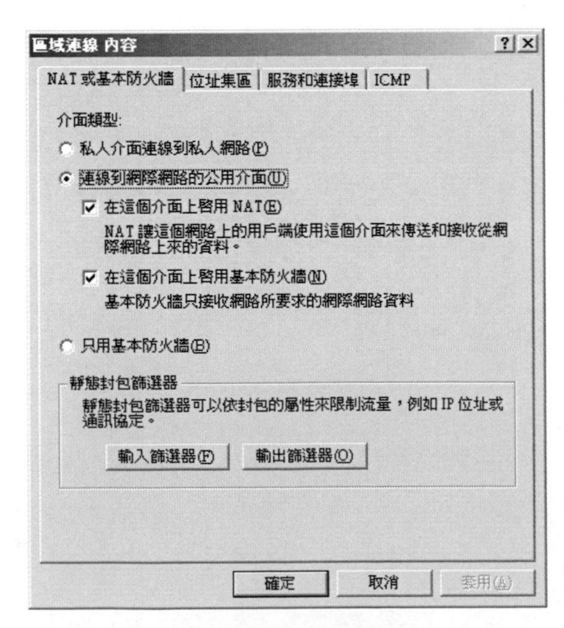

NAT或基本防火牆的設定

在「位址集區」中，可以新增ISP業者指派這個位址集區，而保留公用位置的功能，則可以保留上列清單中的公用位置，以提供特定的私人網路電腦使用。

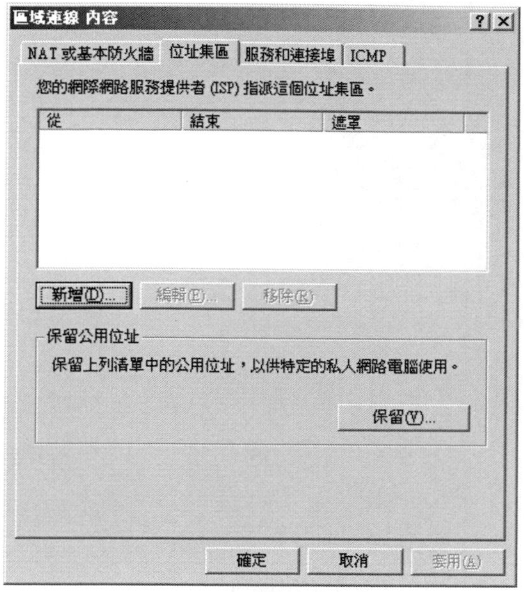

位址集區

「服務和連接埠」標籤頁，提供了想要提供連線的使用者使用的網路服務，在這裏所設定的項目，在基本防火牆中，將會建立例外狀況。

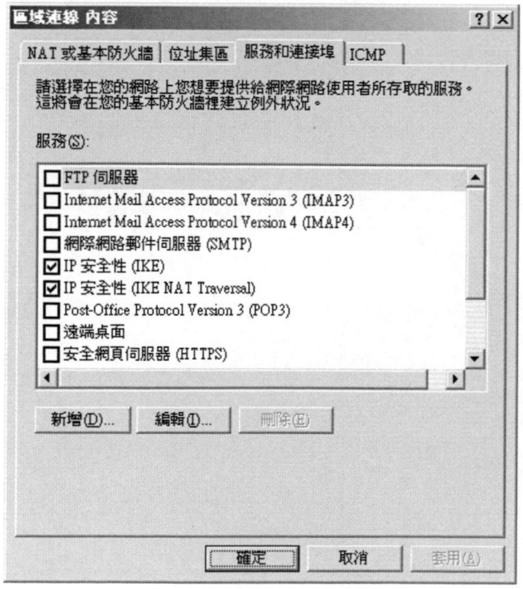

服務和連接埠的設定

「ICMP」標籤頁，主要是針對ICMP封包進行設定，可以允許清單中的項目提供回應的要求。

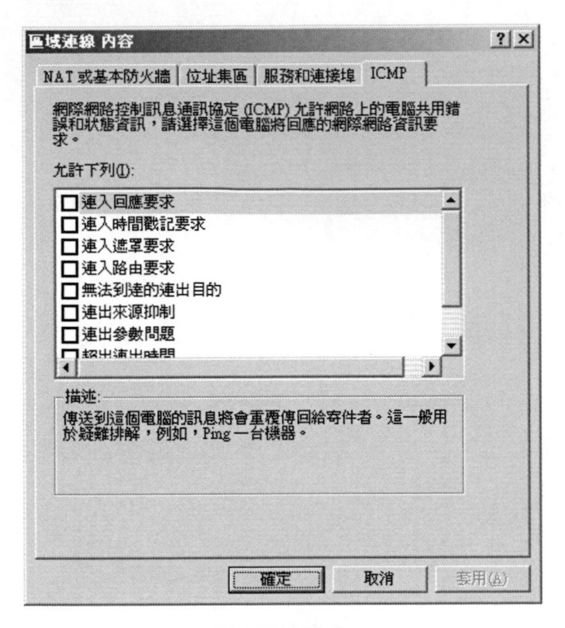

ICMP的設定

在「NAT或基本防火牆」的內容中，提供了介面類型的設定，也可以針對靜態封包進行篩選。

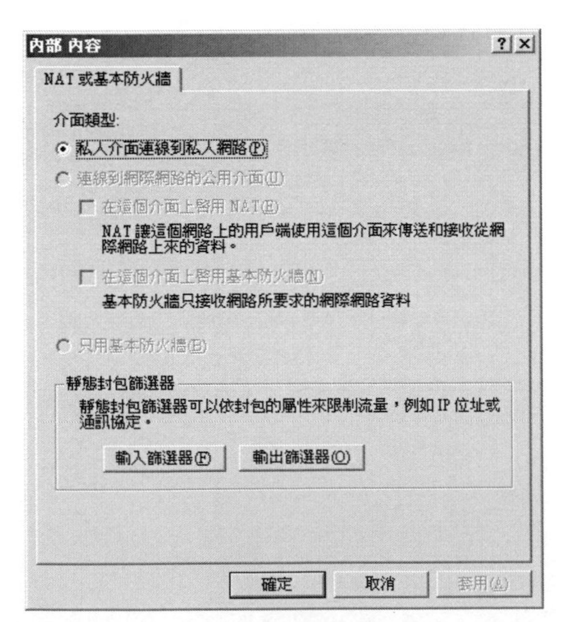

NAT或基本防火牆

伺服器的安全防護，對於系統管理人員而言是相當重要的一環，因此不論是伺服器本身或是所提供的服務，都需要注意安全的問題。

網路管理篇

Chapter 8

網路管理

8-1 遠端存取功能

網路的架構可以概略的劃分成「區域網路」以及「網際網路」兩大部份，像企業內部所架設的網路，就屬於區域網路，再透過路由器連接到外部的網路，離開聯外的路由器後，就屬於網際網路的部份，因此在內部網路大多會使用第二層的網路設備-Switch連接各個設備，在配合DHCP伺服器的架設，提供內部網路的設備所需要的IP位址，接著再透過NAT或是PAT的機制，連往外部的網路，就屬於網際網路的部份。

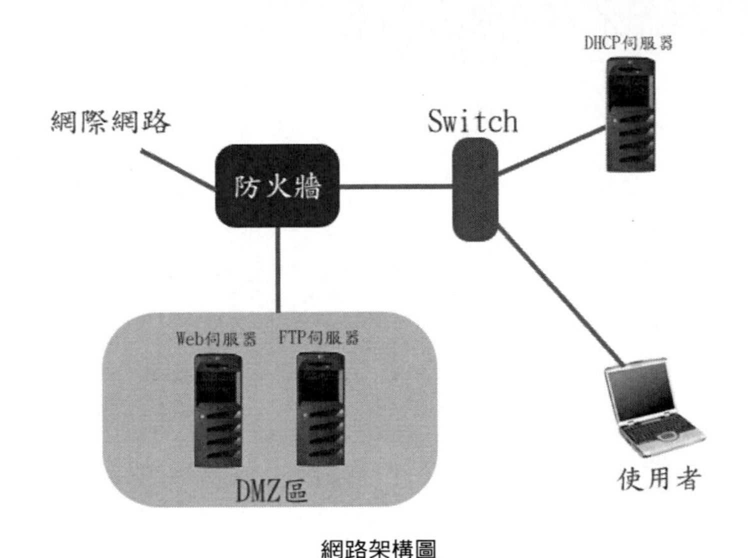

網路架構圖

在進行網路的規劃時，必須考量到網路建置完成時，所能夠提供連線的設定數量，這會影響到網段的規劃以及建置提供內部網路使用的伺服器，例如：DHCP伺服器、Active Directory伺服器、郵件伺服器、媒體伺服器等，然後再配合NAT的機制，將真實的IP位址對應到內部的伺服器，或是建立DMZ區，透過防火牆進行安全的防護，以提昇伺服器的安全性。

8-2 DHCP與NAT

DHCP與NAT是區域網路的環境中經常使用的服務，透過DHCP伺服器的建置可以解決區域網路中IP管理與分配的問題，而NAT機制則是用於解決區域網路透過有限的實體IP位址連線到網際網路的問題。

在同一個網域中只需要規劃一台DHCP伺服器以及提供NAT服務的伺服器或設備，就可以讓區域網路與網際網路連接，而區域網路中的IP管理，則可以透過DHCP

伺服器來管理，而NAT的部份，主要是因應內部區域網路大多會使用私人IP位址，在連到網際網路時，必須轉換成真實的IP位址，因此就需要使用NAT的機制進行IP位址的轉換，不過在設定提供NAT使用的真實IP位址範圍時，需要注意到數量的限制，如果需要的真實IP位址，比起需求還要少時，則必須再配合PAT的方式，使用同一個IP位址，再搭配不同的連接埠，提供給內部網路的使用者使用。

認識DHCP伺服器

動態主機設定通訊協定（DHCP）屬於IP的標準協定，透過DHCP伺服器可以將目前網路中的IP位址集中管理，可以降低管理位址設定的複雜性，而且透過集中管理的方式，可以同時管理其它相關的資料，DHCP伺服器會回應使用者的要求，並且分配IP位址給使用者，使用者才能夠透過分配到的IP位址連上網路。

DHCP通訊協定，包含了Multicast Address Dynamic Client Assignment Protocol（MADCAP），可以應用在需要執行多重傳播位址配置的環境，當註冊的用戶端透過MADCAP動態指派IP位址，它們就可以有效的參與資料流程序，例如：即時視訊或音訊網路傳送。

除了IP位址的發佈之外，DHCP伺服器可設定提供選擇性資料，以完全設定用戶端的TCP/IP組態環境，在租用IP位址的期間，可以透過DHCP伺服器設定及發佈的一些最常用的DHCP選項類型，包括了預設閘道、DNS伺服器位址以及WINS伺服器的位址。

DHCP伺服器的建置，可以避免因為需要在每台電腦以手動鍵入IP位址的方式造成的錯誤，以及網路上IP位址衝突的問題，對於這兩個問題都可以透過DHCP伺服器來解決，另外可大為減少用於設定及重新設定網路中電腦的時間，指派位址租用時，可以設定伺服器提供其他設定值，可直接透過DHCP伺服器進行相關環境的設定。

DHCP使用主從式模式，網路系統管理員建立至少一台DHCP伺服器，該伺服器維護TCP/IP設定資訊，並將資訊提供給用戶端。伺服器資料庫包括下列項目：

- 對網路上所有用戶端有效的設定參數
- 在集區中所維持的有效IP位址，其可指定給用戶端，以及手動指定的保留位址。
- 伺服器提供的租用期，租用會定義時間長度，即可使用所指定IP位址的時間長度。

使用已在網路上安裝及設定的DHCP伺服器，已啟用DHCP的用戶端在每次啟動並加入網路中時，會動態取得它們的IP位址以及相關的設定參數，DHCP伺服器將此設定以「位址對應租期」的形式，提供給要求用戶端。

DHCP伺服器的安裝

DHCP伺服器可以由「管理您的伺服器」中進行伺服器角色的新增，就會自動進行DHCP伺服器的安裝，並且完成相關檔案的複製，在安裝的過程中，必須依據目前的網路環境輸入資料，包括了目前的網域名稱，而這網域名稱必須是可識別的，這可以配合DNS伺服器進行管理。

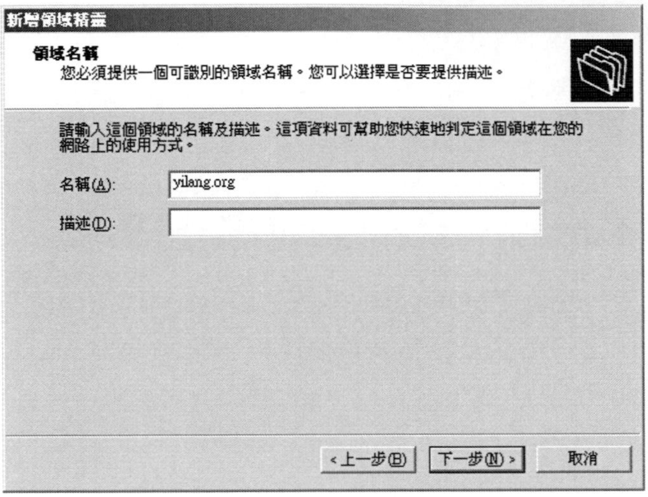

新增領域精靈

領域名稱
您必須提供一個可識別的領域名稱。您可以選擇是否要提供描述。

請輸入這個領域的名稱及描述。這項資料可幫助您快速地判定這個領域在您的網路上的使用方式。

名稱(A): yilang.org

描述(D):

< 上一步(B) | 下一步(N) > | 取消

輸入網域名稱

輸入IP位址的範圍，除了起始與結束的IP位址之外，這兩組IP位址必須是連續的，另外也必須配合子網路遮罩設定網段的大小，可以使用長度或是子網路遮罩的方式進行設定。

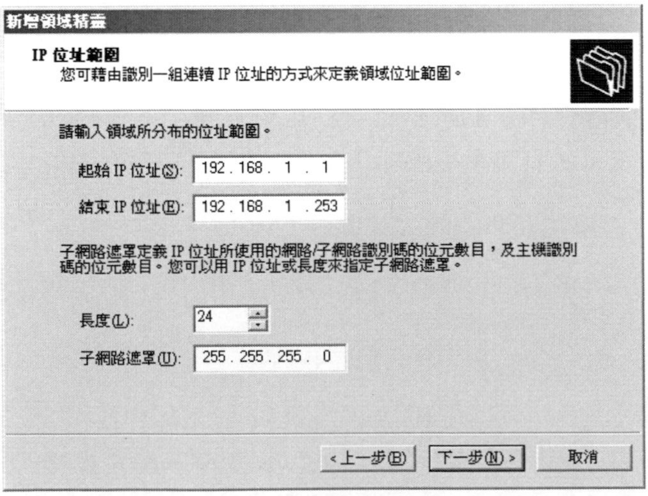

新增領域精靈

IP 位址範圍
您可藉由識別一組連續 IP 位址的方式來定義領域位址範圍。

請輸入領域所分布的位址範圍。

起始 IP 位址(S): 192 . 168 . 1 . 1

結束 IP 位址(E): 192 . 168 . 1 . 253

子網路遮罩定義 IP 位址所使用的網路/子網路識別碼的位元數目，及主機識別碼的位元數目。您可以用 IP 位址或長度來指定子網路遮罩。

長度(L): 24

子網路遮罩(U): 255 . 255 . 255 . 0

< 上一步(B) | 下一步(N) > | 取消

IP位址範圍的設定

新增排除的項目，可以限制伺服器不進行發佈的IP位址，也可以指定起始與結束的IP位址，如果是針對特定的IP位址，則只需要在起始IP位址中輸入即可，完成排除範圍的新增後，在清單中將會看到所有會被DHCP所排除的IP位址，這些IP位址大多是提供特殊的用途，或是網路上的伺服器、網路設備等，因此將這些IP位址保留下來，而不允許DHCP伺服器將它發佈出去。

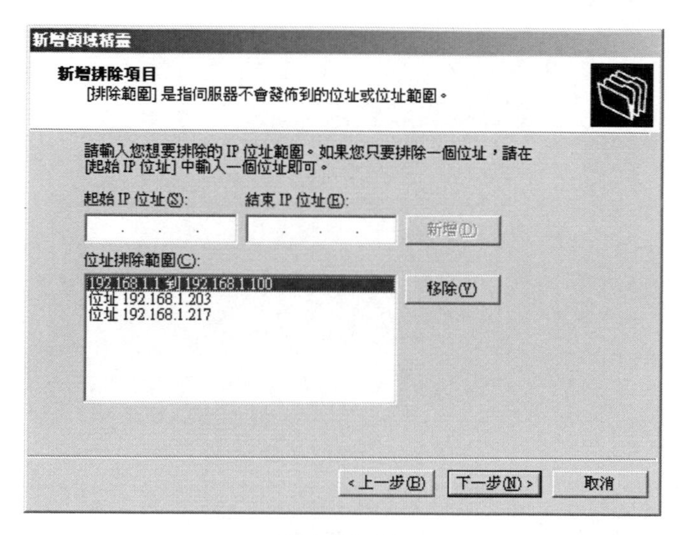

新增排除項目

設定租用的期間，DHCP伺服器所發佈出去的IP位址，在租用的時間到期後，將會重新發佈IP位址，如果目前的網路環境，大多是桌上型的電腦，則租用的期間則可以增長。

新增領域精靈
租用期間
租用期間用來指定用戶端可以使用這個領域中的 IP 位址的時間。
租用期間應該等於電腦連線到實體網路的平均時間。如果是由攜帶式電腦或撥號用戶端所組成的行動網路，應該使用較短的租用期間。
同樣地，如果是由桌上型電腦所組成的固定式網路，應該使用較長的租用期間。
設定由伺服器所散佈的領域的租用期間。
限制為:
天(D): 8　小時(O): 0　分(M): 0
< 上一步(B)　下一步(N) >　取消

設定租用的時間

當啟動DHCP伺服器後，使用者將會收到DHCP所發佈的資訊，這些資訊包括了DNS伺服器、WINS伺服器以及預設閘道的設定值，在這可以選擇是否進行這些項目的設定。

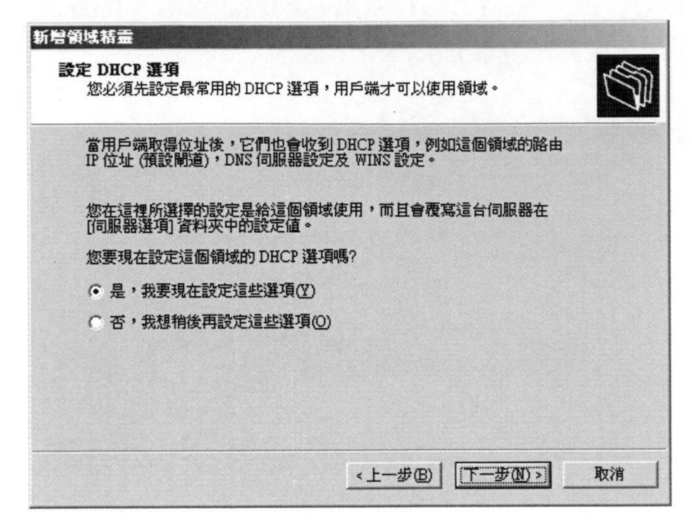

設定DHCP選項

設定路由器（預設閘道），輸入目前網段的預設閘道，這裏所輸入的資料，將會透過DHCP伺服器發佈到使用者的電腦中。

新增領域精靈
路由器 (預設閘道)
您可以為這個領域指定發佈的路由器或預設閘道。
如果您要新增用戶端路由使用的 IP 位址，請在下方輸入位址。
IP 位址(P):
192.168.1.254
新增(D) 移除(R) 向上(U) 向下(O)
< 上一步(B) 下一步(N) > 取消

路由器（預設閘道）的設定

輸入父系的網域名稱、DNS伺服器的名稱或IP位址，在發佈到使用者電腦時，會將使用者的電腦加入我們所設定的網域中，而前面會加上主機的名稱，例如：

mycomputer.yilang.org，其中「mycomputer」為主機的名稱，再加上「父系網域」，整個連起來就成為這台電腦的網域名稱，DNS伺服器的設定，會一併發佈到使用者的電腦上。

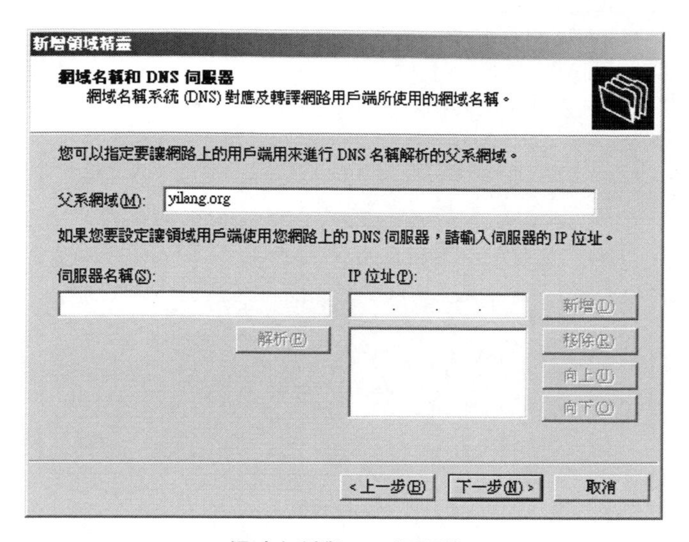

網域名稱與DNS伺服器

輸入WINS伺服器的名稱或IP位址，以提供使用者在使用廣播來登錄及解析NetBIOS名稱之前，可以先向WINS伺服器進行查詢，就能夠將電腦名稱轉換成IP位址，WINS伺服器的設定也會一併發佈到使用者的電腦上。

新增領域精靈
WINS 伺服器
執行 Windows 的電腦可以使用 WINS 伺服器，將 NetBIOS 電腦名稱轉換成 IP 位址。
在這裡輸入伺服器 IP 位址，讓 Windows 用戶端在使用廣播來登錄及解析 NetBIOS 名稱之前，可以查詢 WINS。
伺服器名稱(S):
IP 位址(P):
新增(D)
解析(E)
192.168.1.209
移除(R)
向上(U)
向下(O)
如果您要變更 Windows DHCP 用戶端行為，請在 [領域選項] 中修改選項 046，WINS/NBT 節點類型。
< 上一步(B)
下一步(N) >
取消

WINS伺服器

完成所有的設定後，最後必須再確認是否「立即啟動領域」，完成設定必須啟動後才能夠提供服務。

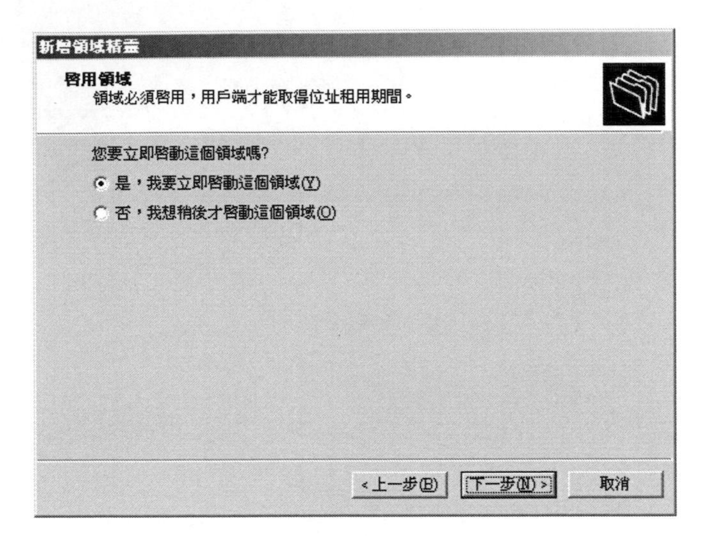

啟用領域

DHCP伺服器的設定

在DHCP伺服器的管理畫面，在這可以看到剛剛所設定的領域內容，以及目前的執行狀態。

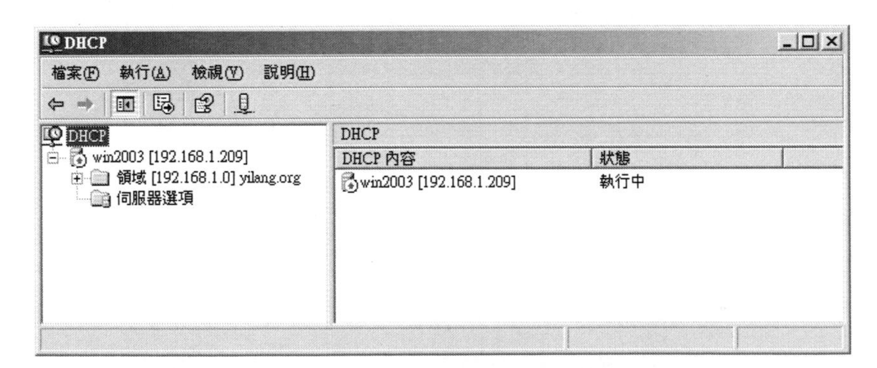

DHCP的管理畫面

開啟DHCP伺服器內容的設定，可以針對先前所設定的項目進行修改，在這可以看到「一般」、「DNS」以及「進階」三個項目，在「一般」標籤頁中，可以針對自動更新統計、啟用DHCP稽核記錄以及顯示BOOTP表格資料夾進行設定，可以依據實際的需求，選擇使用這些項目。

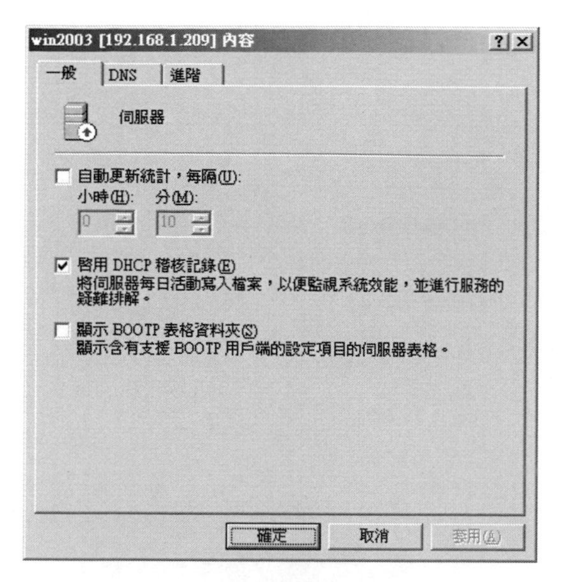

一般內容的設定

在「DNS」標籤頁中，主要是針對DNS伺服器更新授權方式進行設定，包括了啟用DNS動態更新的依據，在租用期滿而DHCP伺服器刪除租用記錄後，是否要連同主機(A)與PTR記錄一併刪除，也可選擇是否提供動態更新。

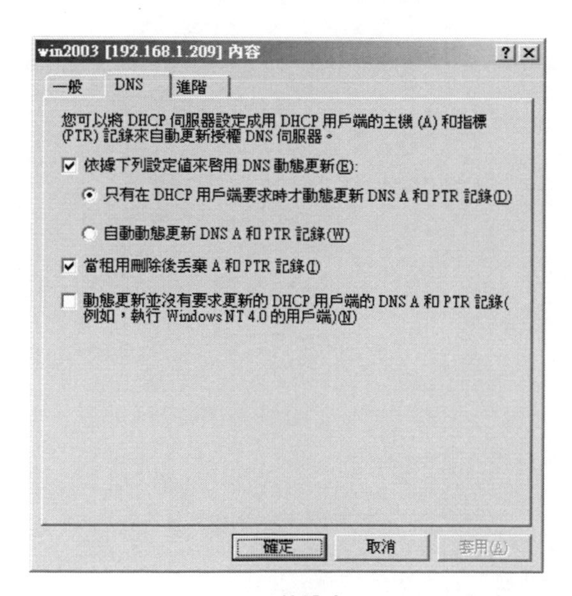

DNS的設定

在「進階」標籤頁中，主要針對在發佈IP位址到使用者電腦前執行偵測IP位址突衝的嘗試次數進行設定，預值為0次，在這也可以指定稽核記錄檔路徑、資料庫路徑以及備份路徑，另外對於現有的伺服器連結，也能夠進行變更，重新建立新的連結，另外對於DNS動態更新登錄的認證方式，利用所提供的認證功能，就可以進行相關的設定。

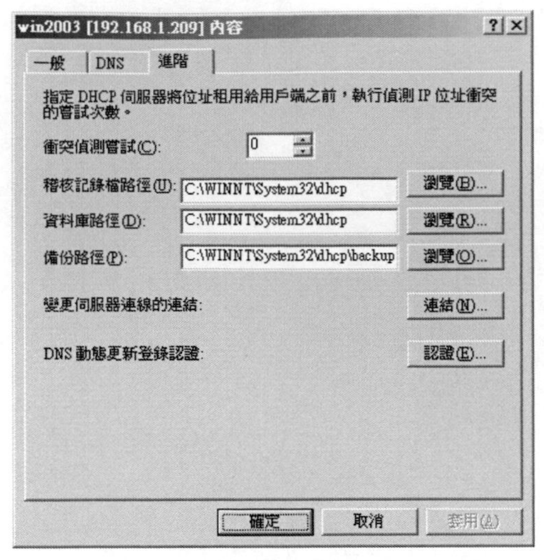

進階內容的設定

連結功能的設定中，主要是設定DHCP伺服器支援的服務用戶端連線，在清單中將會顯示目前的設定狀態。

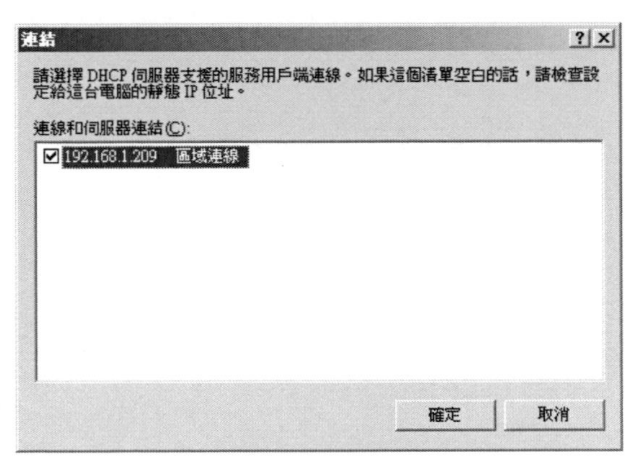

變更伺服器的連結

對於DNS動態更新的認證設定，必須輸入使用者的名稱、網域、密碼等資料，確認無誤後才能夠順利的完成認證的程序。

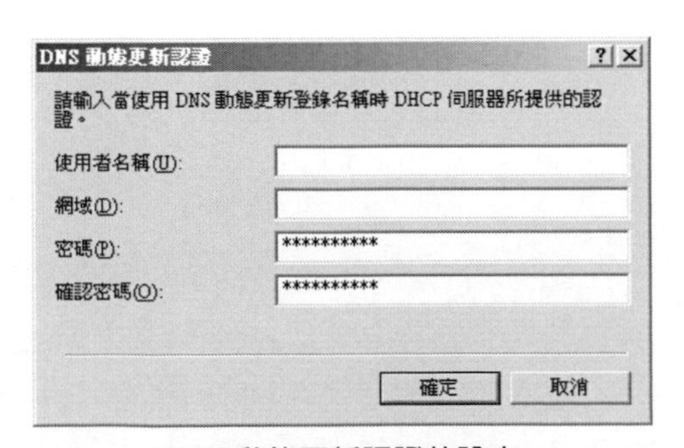

DNS動態更新認證的設定

領域的管理

在DHCP伺服器的管理上，對於目前IP位址的租用情況，必須要能夠確實掌握，也必須確定租用的使用者為何，除了直接檢視租用清單之外，也可以配合統計工具，瞭解目前的使用狀況。

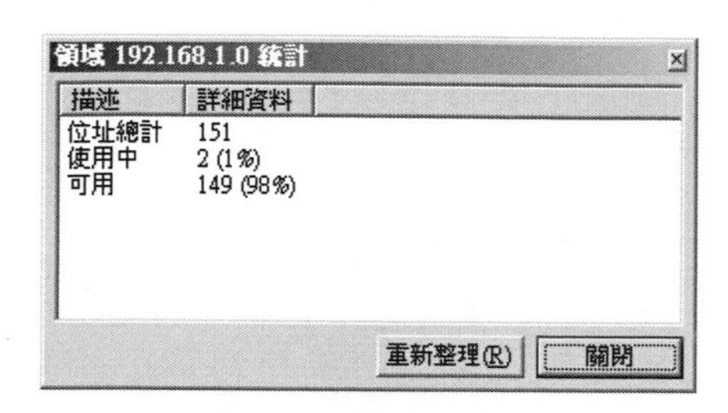

統計資料

◆位址集區

在位址集區中，顯示了目前可散佈的位址範圍以及排除散佈的IP位址，這些是之前所設定的資料，DHCP伺服器在提供IP位址租用時，將會根據位址集區的設定，提供可散佈的位址給提出要求的使用者。

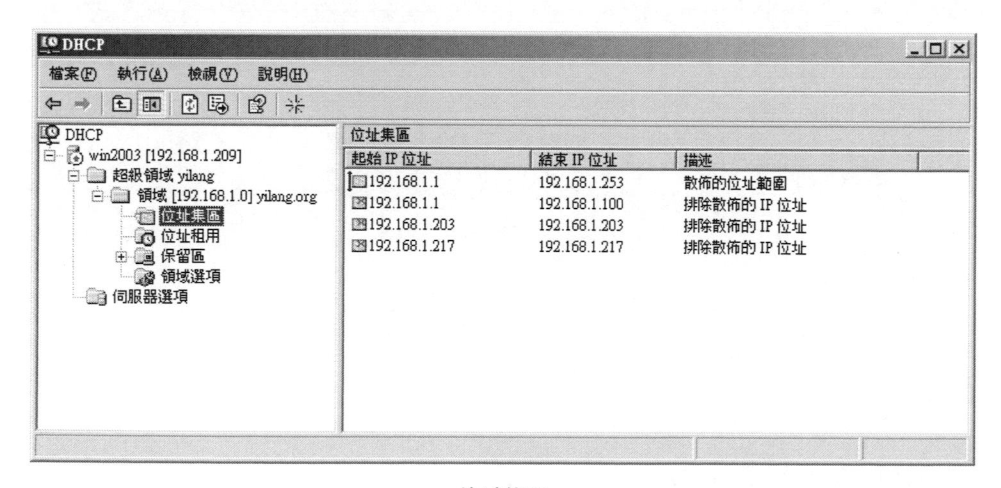

位址集區

◆位址租用

在位址的租用上，顯示了目前使用已提供租用的位址，在清單中可以知道租用的設備名稱、租用到期的日期、類型、唯一識別碼等資訊，在可提供IP位址租用網域中的設備，只要將IP設定成自動取得的狀態，就可以自動取得由DHCP伺服器所提供的IP位址。

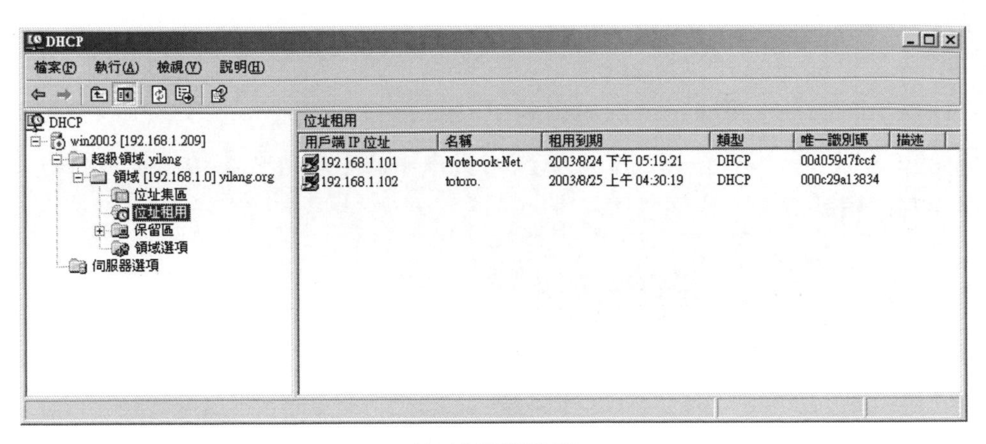

位址租用的狀態

◆保留區

在保留區的設定中，可以將特定的使用者或是設備設定成固定的IP位址，雖然使用者端一樣設定成自動取得IP位址，可是DHCP伺服器將會依據我們的設定，每次都分配固定的IP位址給指定的使用者端。

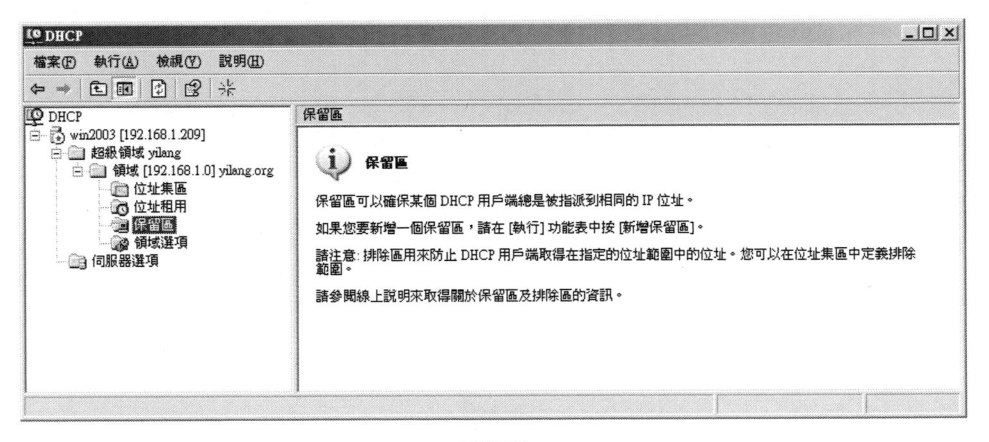

保留區

新增保留區時，必須輸入保留區的名稱、固定的IP位址、使用者端設定的MAC位址以及選擇支援的類型，當這個使用者端要DHCP要求提供IP位址時，DHCP伺服器就會依據所收到的MAC位址，分配所指定的IP位址。

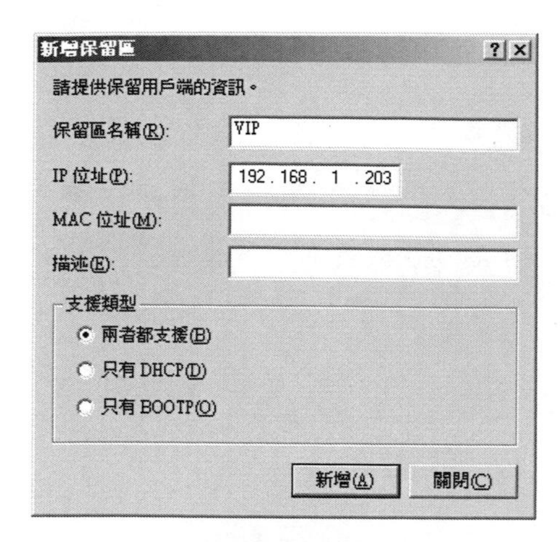

保留區的設定

◆領域選項

在領域選項中，提供了目前這個領域相關設定的資訊，包括了路由器、DNS網域名稱、WINS/NBNS伺服器以及WINS/NBT節點類型等，並且可以同時知道這些項目的設定值，提供系統管理人員瞭解目前這個領域的設定。

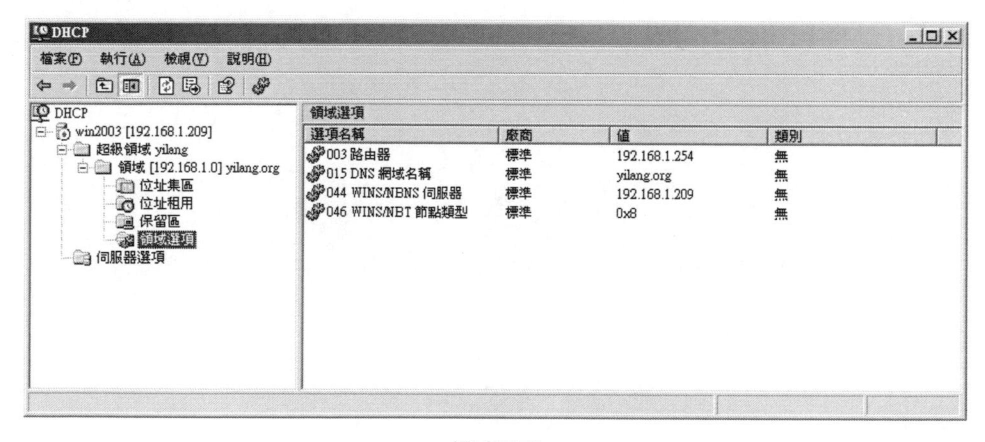

領域選項

在「一般」標籤頁中，可以針對所指定項目進行伺服器名稱、IP位址的設定，而不同的選項所提供的設定項目亦不同，因此必須依據實際的情況，設定所需要的資料項目。

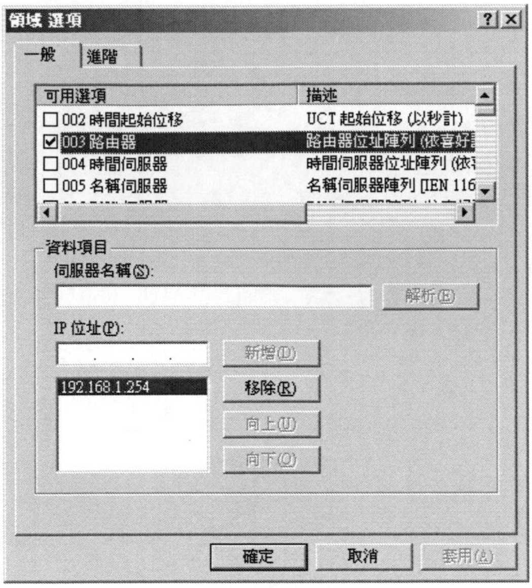

一般設定選項

而「進階」標籤頁，則增加了廠商類別以及使用者類別的設定，其它的設定與一般標籤頁相同，先選擇可用選項中的項目後，再依據所選擇的項目輸入相關的資料。

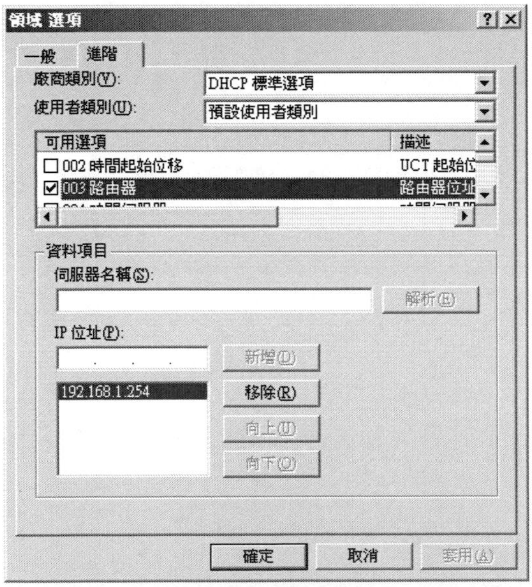

進階設定選項

8-3 網路負載平衡管理

對於提供網路服務的伺服器而言，隨著使用者的數量的成長，對於系統本身的負荷就越重，因此Windows Server 2003針對這樣的情況，提供了網路負載平衡（NLB）的功能，這是Windows所提供的兩種叢集技術之一，配合叢集伺服器的建置，可以利用網路負載平衡的方式，降低單一台伺服器的網路負載，可以應用的程式包括了HTTP和檔案傳輸通訊協定（FTP）等網頁服務，這兩種使用IIS所提供的服務，另外對於防火牆和Proxy（這需要搭配ISA 2000）、虛擬私人網路、Windows Media服務、Mobile Information Server和終端機服務，這些網路服務都可適用於叢集處理的環境。

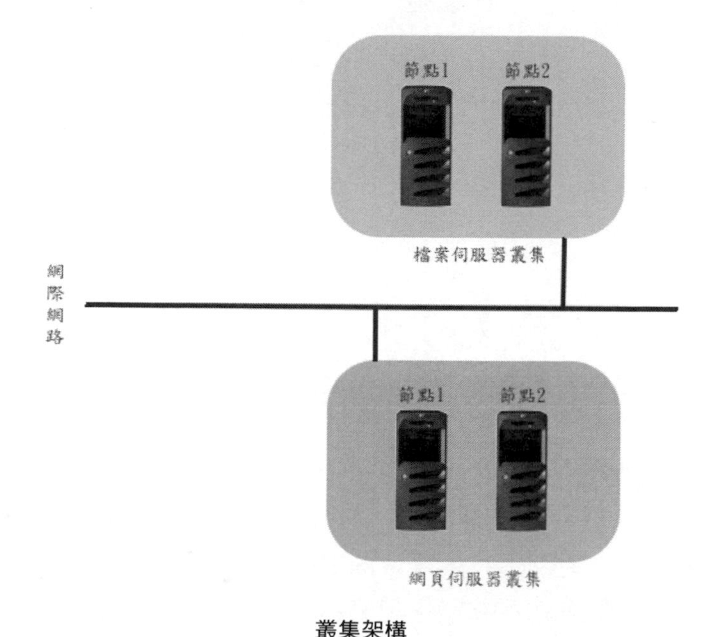

叢集架構

針對這些提供不同服務的伺服器，都可以建立不同的伺服器叢集，而且這些伺服器叢集中的每一台主機，都需要執行一份程式的複本資料，當啟用網路負載平衡的功能時，就會將使用者引導到不同的主機，以分散網路的流量，而每一部主機所能夠提供服務的使用者數量，可以依實際的情況進行調整，如果負載不斷昇高時，則可以再新增主機到叢集中，能夠提供較好的擴充性。

當主機離線或是無法提供服務時，負載平衡的機制會自動將使用者重新引導到特定的主機，或是分散到其它的主機中，不過如果是規劃中的維修，則必須在離線前先服務目前已連線的使用者，完成維修的工作後，原本離線的電腦可以重新加入伺服器叢集，繼續提供原本的服務。

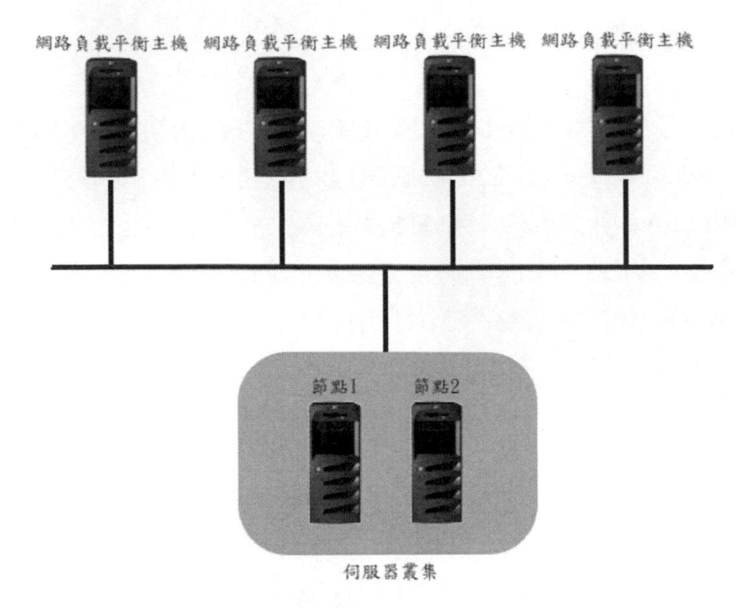

伺服器叢集與網路負載主機的架構

硬體的需求

對於伺服器叢集的伺服器，在硬體上並沒有特定的限制，不過在x86規格的電腦上，「網路負載平衡」在操作時，針對每片網路介面卡需使用750 KB到27 MB的記憶體，使用預設參數並視網路負載而定，不過可以配合參數的修改，最多可以提供84 MB記憶體空間，一般的情況下，使用記憶體的大小，大多介於750 KB到2 MB之間，如果是Itanium型的電腦，針對每片網路介面卡則需使用825 KB到32.3 MB的記憶體空間，可以修改參數最多允許使用102 MB記憶體，Itanium型電腦一般所使用記憶體的大小範圍大多介於825 KB到2.5 MB之間。

各種傳播模式的比較

針對各種不同的傳播模式，可以規劃出多種不同的架構，以下介紹幾種常見的架構，並且針對這些架構提供優缺點的分析，做為大家進行伺服器叢集在建置時的考量。

◆單點傳播模式的單一網路介面卡

適用於不需要在叢集主機之間進行一般網路通訊的叢集環境，以及從外部的叢集子網路到特定的叢集主機之間，有進行流量限制的叢集環境。

優點	缺點
●只需安裝一片網路介面卡 ●為單點傳播模式是預設值，所以這是最簡單的設定 ●可與所有路由器搭配使用	●無法進行叢集主機之間的一般網路通訊 ●「網路負載平衡」不會影響網路效能，雖然不需要有第二片網路介面卡，但在某些情況下，使用第二片介面卡可增強整體網路的效能

單點傳播模式的多重網路介面卡

適用於需要在叢集主機之間進行一般網路通訊的叢集，可以區隔用來管理叢集的流量和叢集與用戶端電腦之間發生的流量。

優點	缺點
可執行叢集主機之間的一般網路通訊 可與所有路由器搭配使用	●需要有第二片網路介面卡

多點傳播模式的單一網路介面卡

適合用於需要在叢集主機之間進行一般網路通訊的叢集，但不適合從外部叢集子網路到特定叢集主機之間，有固定流量限制的叢集。

優點	缺點
僅需要一片網路介面卡 允許在叢集主機之間進行一般網路通訊 在多點傳播模式中操作時，可以在叢集主機上啟用網際網路群組管理通訊協定（IGMP）支援，以控制切換氾濫。	●「網路負載平衡」本身不會影響網路效能，不需要有第二片網路介面卡，但在某些情況下，使用第二片介面卡可增強整體網路的效能。 ●有些路由器可能不支援使用多點傳播媒體存取控制（MAC）位址

多點傳播模式的多重網路介面卡

適合需要在叢集主機之間，進行一般網路通訊的叢集，以及從外部叢集子網路到特定叢集主機之間，有大量固定流量的叢集。

優點	缺點
由於至少具有兩片網路介面卡，網路的整體效能一般都會增強 可執行叢集主機之間的一般網路通訊	●需要有第二片網路介面卡 ●有些路由器可能不支援使用多點傳播媒體存取控制（MAC）位址

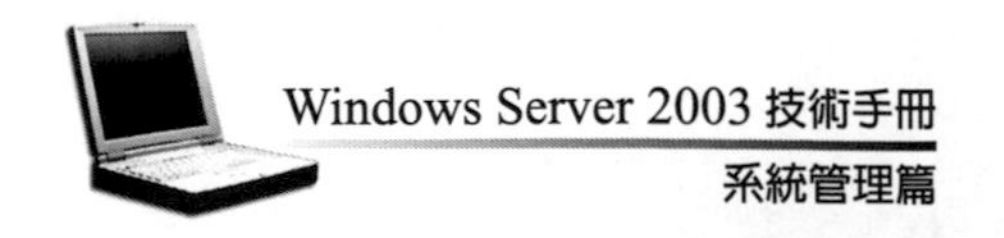

網路負載平衡管理員

網路負載平衡管理員，可以協助從單一電腦建立、設定和管理「網路負載平衡」叢集的所有主機。

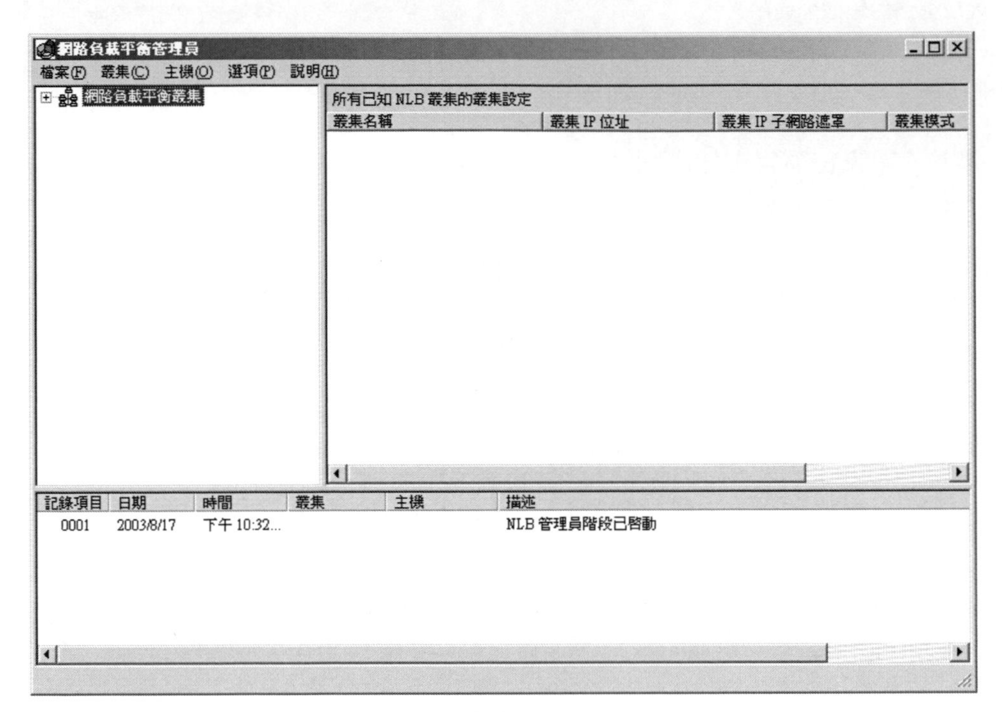

網路負載平衡管理員

利用新增叢集的方式，可以進行叢集IP的設定，必須提供IP位址、子網路遮罩、完整網際網路名稱等資料，另外對於叢集的操作模式，可以選擇使用「單點傳播」或是「多點傳播」，針對遠端控制功能，可以依據實際的需求，決定是否使用，如果啟用遠端控制的功能，則必須輸入遠端密碼。

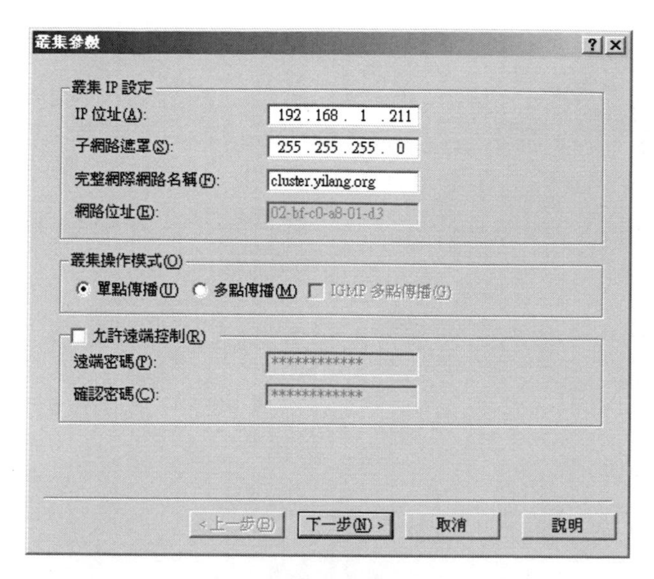

叢集參數的設定

接著必須輸入其它叢集IP位址，可以利用新增、編輯以及移除的功能進行IP位址的設定，這些電腦將會屬於同一個叢集，而主要的叢集IP位址，就是先前一個步驟所輸入的IP位址。

叢集 IP 位址

主要叢集 IP 位址

IP 位址: 192 . 168 . 1 . 211

子網路遮罩: 255 . 255 . 255 . 0

其他叢集 IP 位址(I)

IP 位址	子網路遮罩
192.168.1.212	255.255.255.0
192.168.1.213	255.255.255.0
192.168.1.214	255.255.255.0
192.168.1.215	255.255.255.0

新增(A)... 編輯(E)... 移除(R)

< 上一步(B) 下一步(N) > 取消 說明

叢集IP位址的設定

接著進行連接埠的規則設定，可以設定到達連接埠範圍的任何TCP與UDP連線，都導向到任意叢集IP位址，會依據同一個叢集中多個成員的負載狀態進行平衡負載的處理。

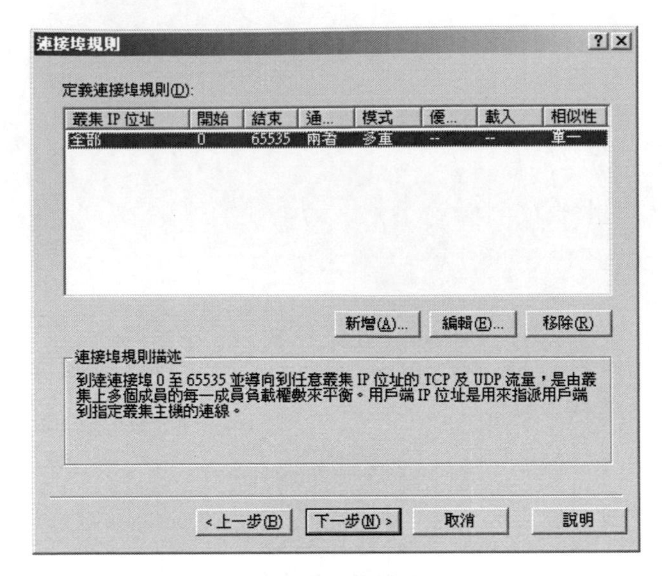

定義連接埠規則

接著必須確定是否能夠建立連線，輸入未來將會成為叢集一部份的主機，並且利用「連線」按鈕，測試是否能夠順利的建立連線，完成連線後就必須再指定新叢集介面，在這顯示了目前系統上所能夠偵測到的網路介面。

連線

連線到一台將成為新叢集一部分的主機，並選擇叢集介面。

主機(H): 192.168.1.211　連線(O)

連線狀態

已經連線

可用來設定新叢集的介面(I)

介面名稱	介面 IP	叢集 IP
VMware Network Adapter VMnet8	192.168.221.1	
VMware Network Adapter VMnet1	192.168.119.1	
區域連線	192.168.1.209	

< 上一步(B)　下一步(N) >　取消　說明

連線的測試

再來便是進行主機參數的設定，可以設定優先的順序，以及所使用的固定IP位址，對於初始主機狀態，則可以由下拉式的選單中，選擇適合的項目。

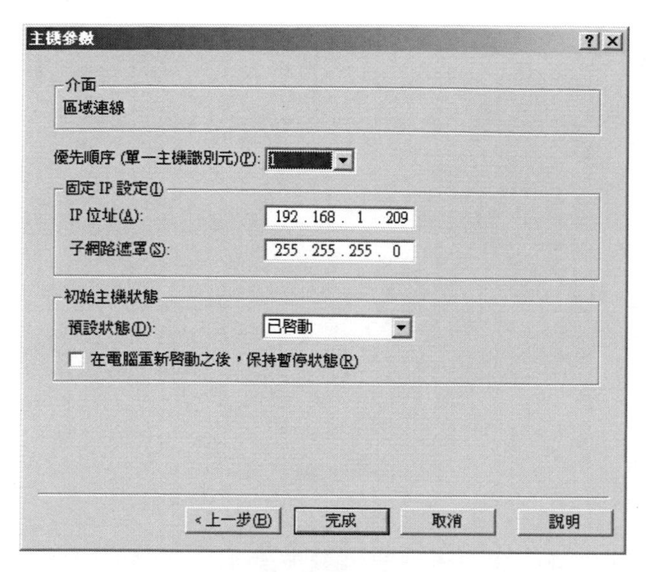

主機參數的設定

8-4 網路管理工具

瞭解網路目前的狀態，對於管理人員而言也是相當重要的，因為伺服器與網路是緊密結合的，因此針對目前系統中的網路介面，在Windows中提供了一些相當好用的網路管理工具，以及一些網路管理需求所制定的通訊協定，例如：SNMP，透過通訊協定、工具軟體、封包分析等方式，就能夠瞭解目前網路的最新狀態。

新增網路管理工具

透過新增/移除Windows元件的功能，就可以進行網路管理工具的新增程序，在這顯示了目前系統所提供網路管理工具，包括了「Simple Network Management Protocol（SNMP）」、「WMI SNMP提供者」、「WMI Windows Installer提供者」、「連線管理員系統管理組件」、「連線點服務」以及「網路監視工具」，在這可以選擇想要使用的網路管理工具，並且完成新增元件的程序，不過在選擇想要安裝的網路管理工具時，必須考量到目前的網路環境是否適合。

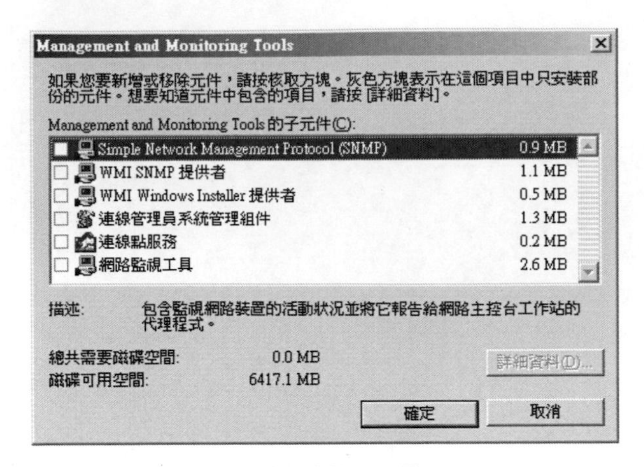

新增網路管理工具

選擇想要安裝或是移除的網路管理工具元件之外，在這將會進行檔案的複製、刪除以及進行系統環境的設定，這需要花費一些時間。

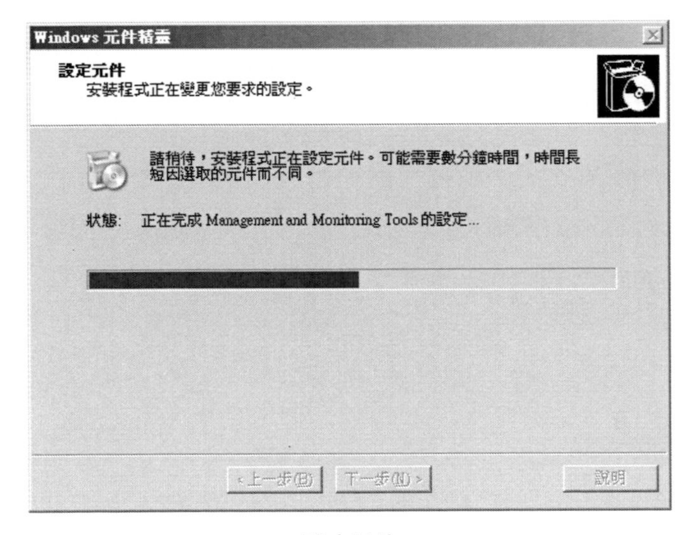

設定元件

SNMP的介紹與活用

「Simple Network Management Protocol（SNMP）」簡易網路管理協定，透過這個通訊協定，就可以收集所需要的資料，例如：網路介面的使用情況，CPU負載的情況，針對這些蒐集到的情況進行分析，就可以將這些資料轉換成有用的資訊。

一般而言所有的網路管理工具或是軟體，都會支援SNMP，而目前在網路上大多會利用SNMP進行網路介面流量的分析，並且配合MRTG繪製成統計圖表，以提供系統管理人員或是網路管理人員相關的資訊，並且可以針對異常的現象進行追蹤。

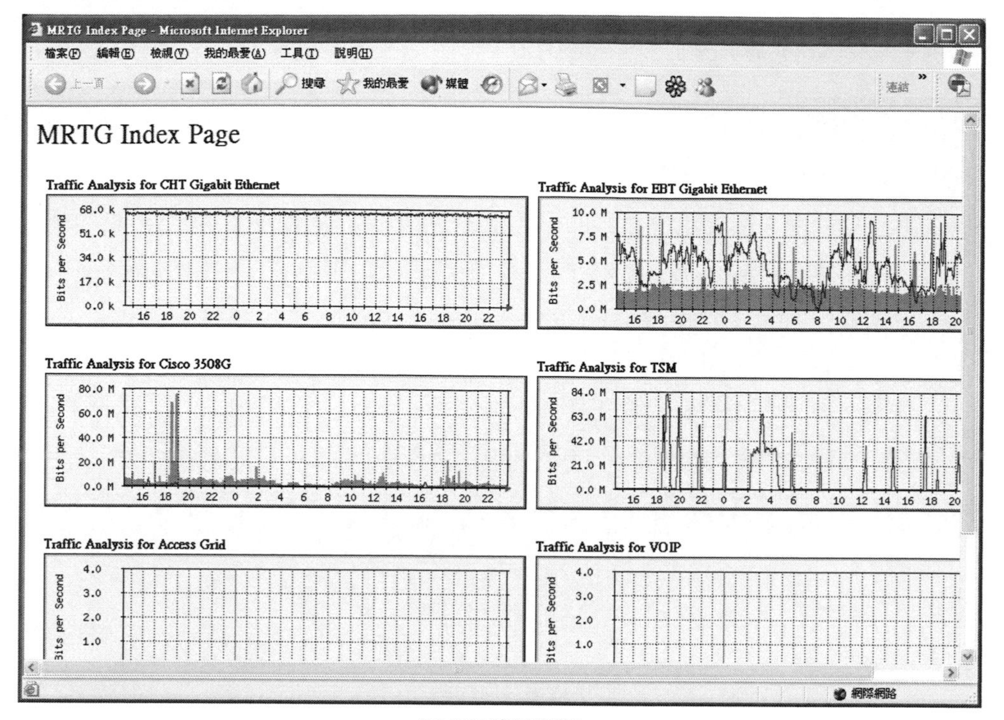

MRTG流量監測

不過未經任何保護的SNMP是相當不安全的，藉由設定SNMP代理程式系統拒絕來自未授權管理系統的要求訊息，可減少遭受網際網路攻擊的危險，不過最好的保全方式，則可以使用網際網路通訊協定安全性（IPSec），在SNMP管理系統和代理程式之間的適當IP篩選清單中建立篩選規格，針對SNMP所傳送的訊息資料加以保護。

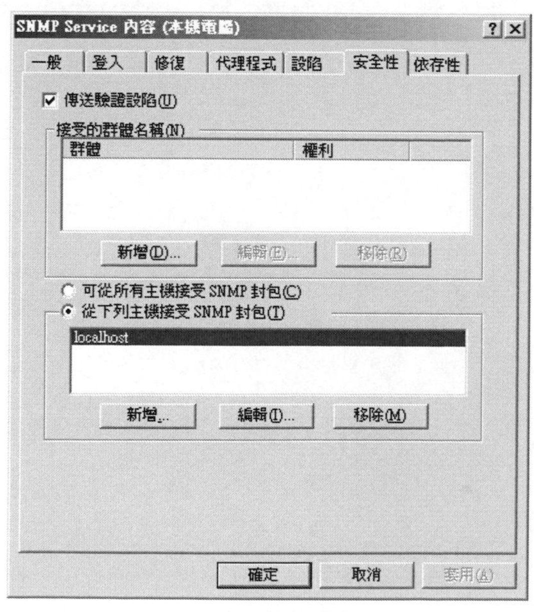

安全性的設定

8-5 網路監視工具

網路監視器是Windows所提供的網路監測工具，可以針對所選擇的網路介面，進行資訊的收集，能夠協助我們瞭解目前的網路是否正常，在網路監視工具中，可以提供使用者設定與管理工作最相關的資訊類型，在這可以設定觸發程式，使「網路監視器」在發生某一種情況或某一組情況時，開始或停止擷取資訊，當然也可以直接針對網路監視器所擷取到的資訊類型進行分析，直接將結果顯示在螢幕上。

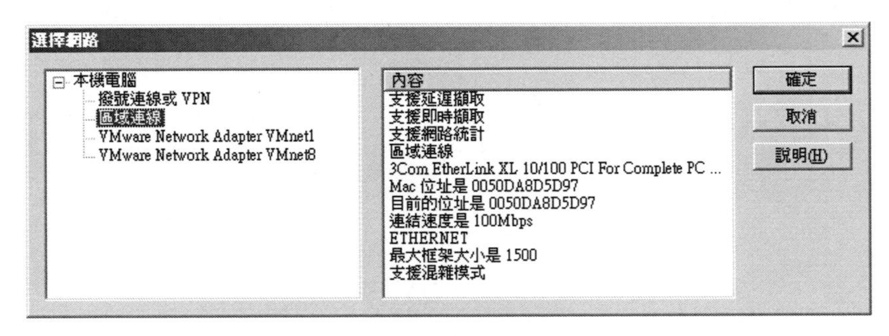

選擇網路介面

在擷取視窗中，可以分成了幾個主要的區域，能夠提供網路的資訊，如果目前正在觀察目前網路卡的使用情況，則可以看到目前網路介面的狀態。

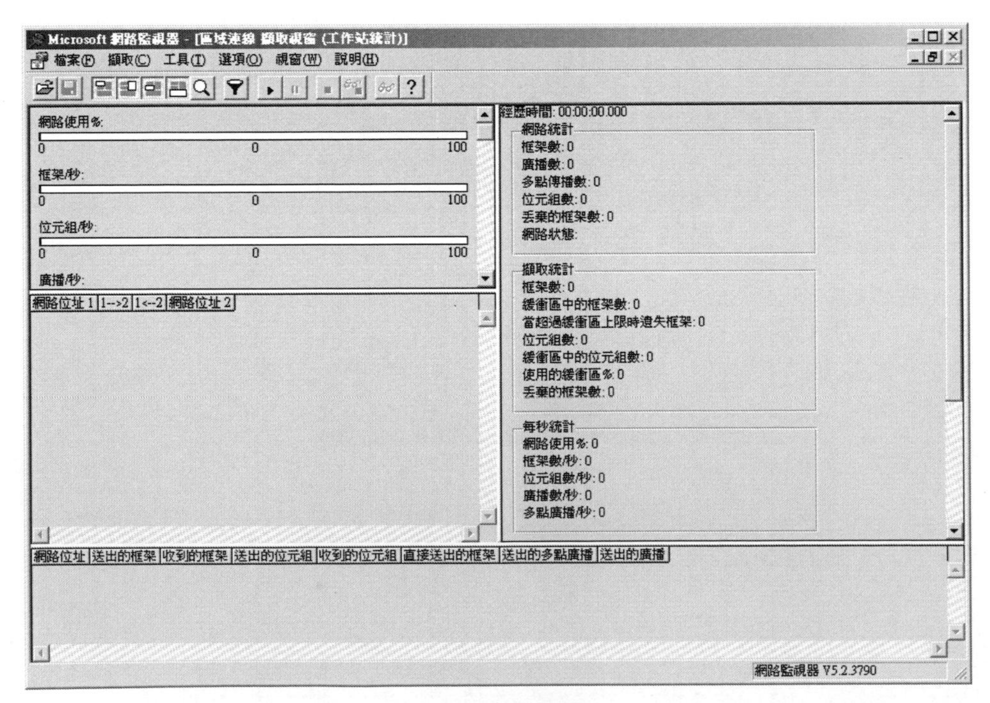

網路監視器的畫面

正在進行網路介面的監視時，在擷取視窗中，將會顯示即時的網路狀態，在這會顯示目前的網路使用率、框架/秒、位元組/秒、廣播/秒等項目，而右方的區域會進相關資料的統計，包括了網路統計、擷取統計、每秒統計、網路卡MAC統計以及網路卡MAC錯誤統計。

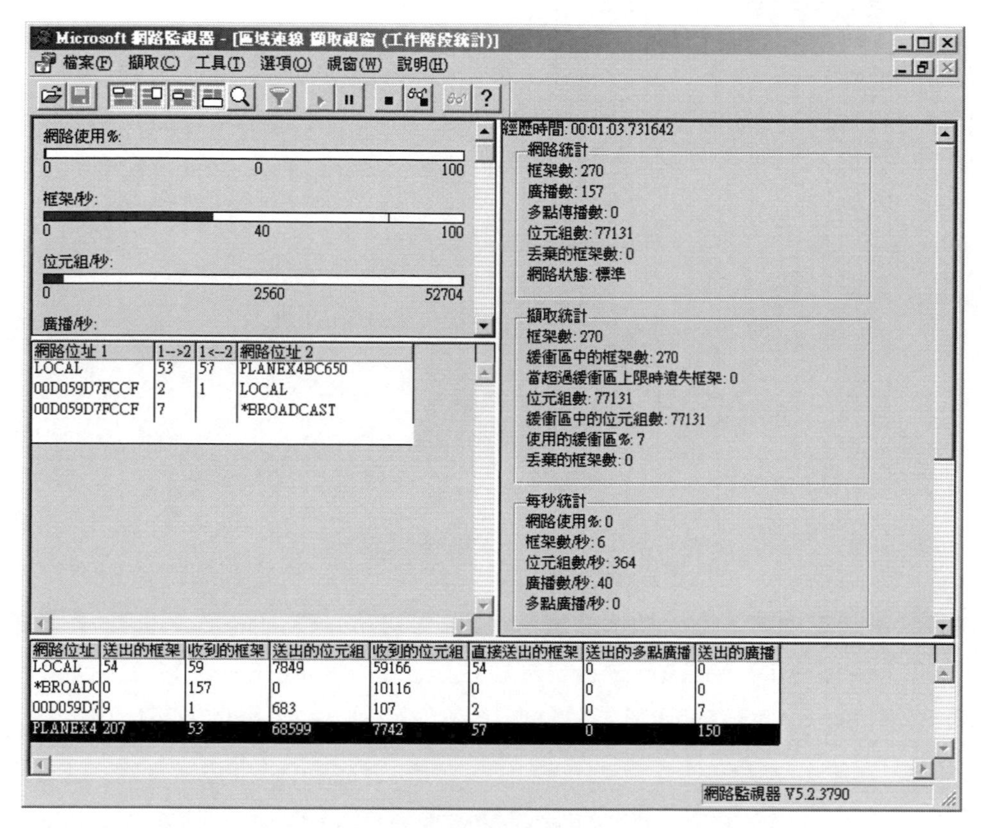

開始蒐集資料

顯示擷取的資料摘要，可以提供管理人員相關的資訊，在這可以看到記錄的時間、來源的MAC位址、目的MAC位址，通訊協定、描述資料、其他來源位址、其它目的位址或是鍵入其它位址，這些資料對於瞭解網路的運作而言是相當重要的。

Microsoft 網路監視器 - [擷取: 1 (摘要)]

檔案(F) 編輯(E) 顯示(D) 工具(T) 選項(O) 視窗(W) 說明(H)

框...	時間	來源 MAC ...	目的 MAC ...	通...	描述	其他來...	其他目的位址	鍵入其他位址
1	0.010014	PLANEX4B...	*BROADCA...	ARP...	ARP: Request, Target IP: 192.168.1.149			
2	0.020029	PLANEX4B...	*BROADCA...	ARP...	ARP: Request, Target IP: 192.168.1.150			
3	0.060086	PLANEX4B...	*BROADCA...	ARP...	ARP: Request, Target IP: 192.168.1.150			
4	0.070101	PLANEX4B...	*BROADCA...	ARP...	ARP: Request, Target IP: 192.168.1.150			
5	0.110158	PLANEX4B...	*BROADCA...	ARP...	ARP: Request, Target IP: 192.168.1.150			
6	0.120173	PLANEX4B...	*BROADCA...	ARP...	ARP: Request, Target IP: 192.168.1.151			
7	0.160230	PLANEX4B...	*BROADCA...	ARP...	ARP: Request, Target IP: 192.168.1.151			
8	0.170245	PLANEX4B...	*BROADCA...	ARP...	ARP: Request, Target IP: 192.168.1.151			
9	0.210302	PLANEX4B...	*BROADCA...	ARP...	ARP: Request, Target IP: 192.168.1.151			
10	0.220317	PLANEX4B...	*BROADCA...	ARP...	ARP: Request, Target IP: 192.168.1.152			
11	0.260374	PLANEX4B...	*BROADCA...	ARP...	ARP: Request, Target IP: 192.168.1.152			
12	0.270389	PLANEX4B...	*BROADCA...	ARP...	ARP: Request, Target IP: 192.168.1.152			
13	0.310446	PLANEX4B...	*BROADCA...	ARP...	ARP: Request, Target IP: 192.168.1.152			
14	1.992866	00D059D7F...	*BROADCA...	ARP...	ARP: Request, Target IP: 192.168.1.33			
15	7.600930	00D059D7F...	*BROADCA...	NBT	NS: Query req. for WORKGROUP <1B>	192.168.1...	192.168.1.255	IP
16	8.031549	00D059D7F...	*BROADCA...	ARP...	ARP: Request, Target IP: 192.168.1.33			
17	8.341995	00D059D7F...	*BROADCA...	NBT	NS: Query req. for WORKGROUP <1B>	192.168.1...	192.168.1.255	IP
18	9.093075	00D059D7F...	*BROADCA...	NBT	NS: Query req. for WORKGROUP <1B>	192.168.1...	192.168.1.255	IP
19	10.314832	PLANEX4B...	*BROADCA...	ARP...	ARP: Request, Target IP: 192.168.1.153			
20	10.364904	PLANEX4B...	*BROADCA...	ARP...	ARP: Request, Target IP: 192.168.1.153			
21	10.364904	PLANEX4B...	*BROADCA...	ARP...	ARP: Request, Target IP: 192.168.1.153			
22	10.414976	PLANEX4B...	*BROADCA...	ARP...	ARP: Request, Target IP: 192.168.1.153			
23	10.414976	PLANEX4B...	*BROADCA...	ARP...	ARP: Request, Target IP: 192.168.1.154			
24	10.465048	PLANEX4B...	*BROADCA...	ARP...	ARP: Request, Target IP: 192.168.1.154			
25	10.465048	PLANEX4B...	*BROADCA...	ARP...	ARP: Request, Target IP: 192.168.1.154			
26	10.515120	PLANEX4B...	*BROADCA...	ARP...	ARP: Request, Target IP: 192.168.1.154			
27	10.515120	PLANEX4B...	*BROADCA...	ARP...	ARP: Request, Target IP: 192.168.1.155			
28	10.565192	PLANEX4B...	*BROADCA...	ARP...	ARP: Request, Target IP: 192.168.1.155			
29	10.565192	PLANEX4B...	*BROADCA...	ARP...	ARP: Request, Target IP: 192.168.1.155			
30	10.615264	PLANEX4B...	*BROADCA...	ARP...	ARP: Request, Target IP: 192.168.1.155			
31	10.615264	PLANEX4B...	*BROADCA...	ARP...	ARP: Request, Target IP: 192.168.1.156			
32	10.665336	PLANEX4B...	*BROADCA...	ARP...	ARP: Request, Target IP: 192.168.1.156			
33	10.665336	PLANEX4B...	*BROADCA...	ARP...	ARP: Request, Target IP: 192.168.1.156			
34	10.715408	PLANEX4B...	*BROADCA...	ARP...	ARP: Request, Target IP: 192.168.1.156			
35	10.715408	PLANEX4B...	*BROADCA...	ARP...	ARP: Request, Target IP: 192.168.1.157			

網路監視器 V5.2.3790 F#: 1/321 Off: 0(x0) L: 0(x0)

顯示擷取摘要

在顯示篩選器中，可以透過新增運算式的方式，針對特定類型的資訊進行篩選，與擷取篩選不同的地方，在於顯示篩選是在已經擷取的資料上操作，而擷取篩選則是直接在擷取框架資料時，就決定是否要擷取或是忽略，因此在一般的使用而言，除了使用顯示篩選的方式需要篩選的資料量相當大，才會建議使用擷取篩選的方式。

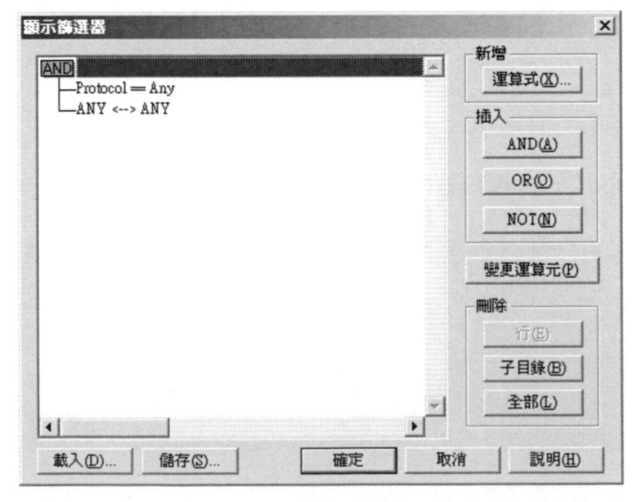

顯示篩選器

也可以直接開啟位址資料庫，直接檢視在網路介面上收集到的位址資料，主要是針對Ethernet類型的部份，在這可以看到網路介面卡的MAC位址。

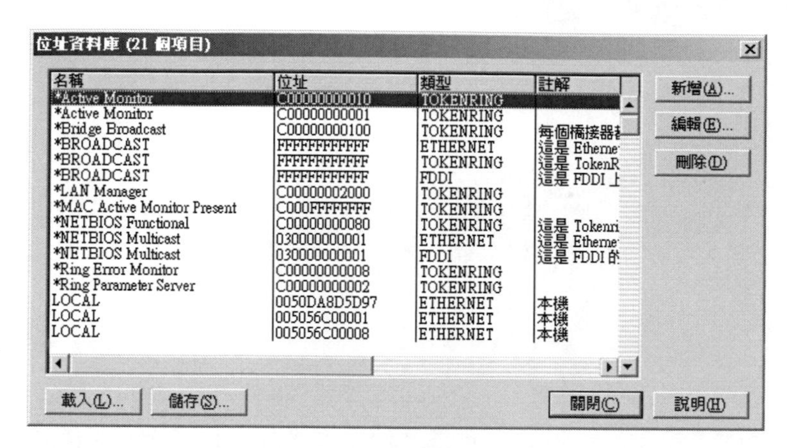

位址資料庫

「網路監視器」針對網路介面的使用情況進行分析，對於所有經過這片網路卡的傳輸，複製框架的處理程序就稱為擷取。可以擷取所有經過區域網路介面卡的網路傳輸，或設定擷取篩選並擷取框架的子集合，另外也可以指定一組觸發事件的條件，如果在網路監視器中建立了觸發程式，則「網路監視器」也能夠透過網路回應事件。

Memo

Chapter 9

網路認證與加密技術

9-1 RADIUS認證
9-2 無線網路安全加密與認證
9-3 網路服務環境的整合
9-4 IAS網際網路驗證服務

9-1 RADIUS認證

網路安全的問題，一直是在規劃、建置或是維護時的考量因素，以網路認證的機制而言，目前大多採用「遠端驗證撥入使用者服務（RADIUS）」進行身分的驗證，這是工業標準通訊協定，RADIUS會用來提供驗證、授權及帳戶處理服務。RADIUS用戶端（通常是撥入伺服器、VPN伺服器或無線存取點）會以RADIUS訊息的格式，將使用者認證及連線參數資訊傳送到RADIUS伺服器，而RADIUS伺服器會驗證及授權RADIUS用戶端要求，並傳回RADIUS訊息回應，除此之外，RADIUS用戶端還會將RADIUS帳戶處理訊息傳送到RADIUS伺服器進行身分驗證，另外RADIUS標準會支援RADIUS Proxy的使用，而RADIUS Proxy則是在已啟用RADIUS的電腦之間轉送RADIUS訊息的電腦。

RADIUS訊息會以User Datagram Protocol（UDP）訊息進行傳送，UDP所使用的連接埠為1812，這可用於RADIUS驗證訊息，且UDP連接埠1813則用於RADIUS帳戶處理訊息，而某些網路存取伺服器可能將UDP連接埠1645用於RADIUS驗證訊息，而將UDP連接埠1646用於RADIUS帳戶處理訊息，而微軟所推出的IAS則預設會支援接收指向兩組UDP連接埠的RADIUS訊息。

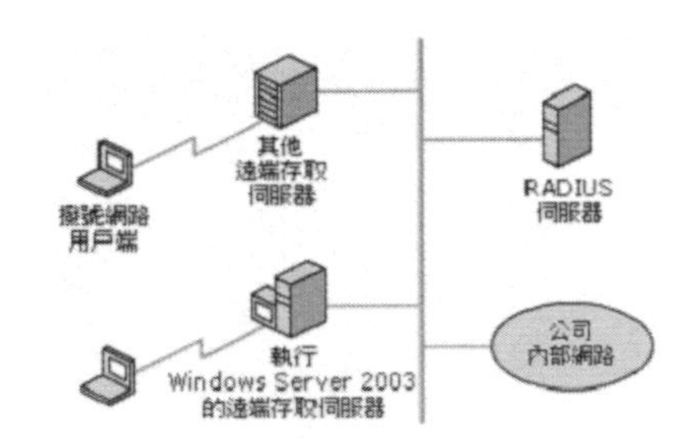

RADIUS伺服器與遠端存取伺服器的關係

當用戶端透過撥號網路連上時，將會配合RADIUS伺服器進行身分的驗證，完成身分的驗證後，將可以針對不同的使用者提供適合的權限，在完成登入的程序時，就提供預設的權限給通過驗證的人。

9-2 無線網路安全加密與認證

無線網路的發展，已經步入802.11g的標準，傳輸的速度已經能夠達到54Mbps的速度，而且能夠與目前最普遍的802.11b標準相容，因為802.11g與802.11b所使用的頻率相同。

無線網路安全概論

基於無線網路的傳輸特性，在無線訊號可及的範圍內所有人均可接收到網路上傳送的封包，因此無線網路需要較高的安全性，根據IEEE所制定的標準，無線網路必需提供三項基本的網路安全服務：「使用者認證」、「資料保密」及「資料完整性確」，因此在規劃無線網路的安全計劃時，必須將三項基本的網路安全服務列入考量。

◆使用者認證

在使用者身份認證方式上，大致可分為「加密認證」及「無加密認證」兩大類，無加密認證主要以SSID作為基本的認證方式，在這種認證模式中，只要使用者能提正確的SSID，AP就接受用戶端的登入請求，而加密認證則使用分享金鑰的方式進行身份認證，使用者必須先知道AP使用之WEP密鑰才能通過認證，另外一種在IEEE未規範的認證方式是MAC認證，使用者無線網卡之MAC需先登錄在AP中，才會被允許登入網路。

◆資料保密

在資料保密部份主要是於無線網路環境中，對資料之傳輸提供基本的安全防護，以防止駭客竊取通訊內容，在這部份目前主要以WEP來達成，但在許多的文獻中均指出WEP並不安全，因此IEEE正研究新的標準來取代WEP，如TKIP及AES等。但目前市面上的產品還是以WEP為主，其WEP長度越長，則被駭客破解的時間也就越久，大部份的產品均支援40bits及128bits長度之WEP Key，也有支援長度較長WEP Key之產品，但需考量產品之相容性。

◆資料完整性確認

在802.1b網路中使用之完整性確認與其他802家族相同，使用CRC checksum來進行封包內容的完整性確認。在啟動WEP時則可透過WEP的加密對傳送內容及CRC進行更嚴格的保護。

無線網路現況

以下舉兩個目前無線網路的應用進行介紹，讓大家瞭解一下目前無線網路的發展：

◆公眾無線網路

這個無線網路的環境，目前在較大型的連鎖店或是公共場所，都有ISP業者架設Wireless Access Point（AP），主要提供客戶可以透過AP存取網路資源，在規劃上有時會採用無加密認證的方式，並以AP內建之DHCP Server或是ISP業者所建置的DHCP伺服器，提供DHCP的服務，在安全的考量上，公眾無線網路在一個獨立的網段上，由防火牆進行阻絕，使其無法接取內部網路。

◆內部無線網路

提供內部人員使用，可接取部份內部網路資源，因此需較高之安全性，AP本身就提供了MAC、WEP及802.1X認證之功能，因此內部之無線網路會採MAC+WEP的方式提供較嚴格的認證方式，而內部網路的規劃上也會將內部無線網路放在一個獨立的網段上，由firewall來設定接取政策，同時也需要定期更換WEP金鑰。

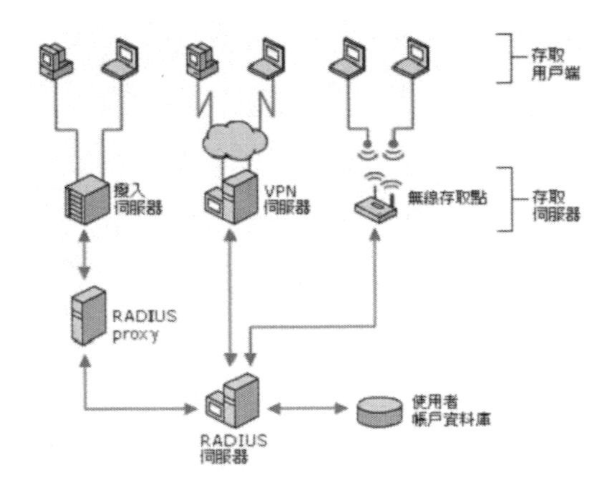

RADIUS伺服器

RADIUS的基本架構

◆存取用戶端

存取用戶端是對大型網路有某種程度之存取需求的裝置，例如：個人電腦或是伺服器，甚至是網路設備，都會是RADIUS伺服器所服務的對象。

◆存取伺服器（RADIUS用戶端）

存取伺服器是對大型網路提供某種存取程度的裝置，以RADIUS基礎結構而言，存取伺服器本身也是一個RADIUS用戶端，其會將連線要求及帳戶處理訊息傳送至RADIUS伺服器，以便進行身分的驗證。

◆RADIUS Proxy

RADIUS Proxy是在RADIUS用戶端（以及RADIUS Proxy）與RADIUS伺服器（或RADIUS Proxy）之間轉送或路由RADIUS連線要求與帳戶處理訊息的裝置。RADIUS Proxy會使用RADIUS訊息中的資訊傳送給指定的使用者，當驗證、授權及帳戶處理必須在不同組織內的多部RADIUS伺服器上發生時，RADIUS Proxy可用來作為RADIUS訊息的轉送點。

◆RADIUS伺服器

RADIUS伺服器是接收及處理由RADIUS用戶端或RADIUS Proxy所傳送之連線要求或帳戶處理訊息的裝置，在連線要求的情況下，RADIUS伺服器會處理連線要求中的RADIUS屬性清單，根據一組規則及使用者帳戶資料庫內的資訊，RADIUS伺服器不是驗證及授權連線並傳回「接收存取」訊息，就是傳回「拒絕存取」訊息，其中「接收存取」訊息可包含連線期間由存取伺服器所執行的連線限制。

◆使用者帳戶資料庫

使用者帳戶資料庫是使用者帳戶與其內容，所以可直接由RADIUS伺服器檢查並確認驗證認證的使用者清單，而且使用者帳戶內容包含了授權及連線參數資訊，如果進行驗證的使用者帳戶存在於不同類型的資料庫內，則可將IAS設定為RADIUS Proxy，將驗證要求轉送到RADIUS伺服器，Active Directory的不同資料庫包括不受信任的樹系、不受信任的網域或單向受信任的網域。

9-3 網路服務環境的整合

伺服器雖然不會直接使用無線網路與區域網路連接，不過以區域網路而言，仍然必須提供使用無線網路的使用者同樣的資源，例如：網頁伺服器、檔案伺服器、DNS伺服器、DHCP伺服器等，因此在網路服務環境的整合上，必須將現有的實體網路環境與無線的網路環境一併列入考量。

可在無線網路環境中使用的服務如下：

◆ Web伺服器

◆ FTP伺服器

◆ DNS伺服器

◆ DHCP伺服器

◆ WINS伺服器

◆ Mail伺服器

無線網路環境所使用的Wireless Access Point，必須使用一般的UTP網路線與實體網路環境相結合，因此在進行網路環境的規劃時，必須同時將AP放置的地點確定，並且佈置網路連接點，以提供安裝AP時，能夠直接連上實體的網路環境，另外在安排AP的放置地點時，最好能夠先進行訊號的測試，以確定預定安裝的位置，在無線網路訊號的接收上是否良好。

無線網路在規劃上必定要考量安全防護的問題，避免被其它未經過授權的人接取上我們所建置的無線網路，一般而言除了使用MAC位址進行鎖定外，也可以配合RADIUS或是IAS的建置，以提供較安全的資料存取環境。

9-4 IAS網際網路驗證服務

「網際網路驗證服務（IAS）」是遠端驗證撥入使用者服務（RADIUS）伺服器與Proxy，這是預設的執行方式，IAS將為多種類型網路存取（包括無線、驗證交換機、撥號及虛擬私人網路（VPN）遠端存取及路由器對路由器的連線），執行集中式的連線驗證、授權與帳戶處理，身為RADIUS Proxy，IAS會將驗證及帳戶處理訊息轉送到其他的RADIUS伺服器，因此依據需要進行調整。

IAS啟用一組不同性質之無線、交換機、遠端存取或VPN設備的使用，我們可以將IAS與路由及遠端存取服務搭配使用，當IAS伺服器是Active Directory網域的成員時，IAS會將目錄服務作為其使用者帳戶資料庫來使用，且其會是單一登入解決方案的一部分，而相同的認證則可以用於網路存取控制，並登入到Active Directory網域。

RADIUS伺服器可以存取使用者帳戶資訊，並檢查網路存取驗證認證，如果使用者的認證可靠，而且已授權連線嘗試，則RADIUS伺服器會依據指定的條件來授權使用者的存取權，並在帳戶處理記錄中記錄網路存取連線，RADIUS的使用可允許在集中的位置而無需在每一個存取伺服器上，收集並維護網路存取使用者的驗證、授權及帳戶處理資料。

維護網路存取的網際網路服務提供者（ISP）與組織，從單一管理點來管理網路存取之所有類型的查問日益增多，不論所使用的網路存取設備類型是什麼。RADIUS標準在同質性與異質性的環境中都能夠支援此項功能，RADIUS為主從式通訊協定，其會啟用網路存取設備（用來作為RADIUS用戶端）來將驗證及帳戶處理要求提交至RADIUS伺服器。

使用IAS，組織也可以在保留對使用者驗證、授權與帳戶處理控制的同時，將遠端存取基礎結構外包給服務提供者。

可以根據下列解決方案來建立不同的IAS設定：

◆ 無線存取

◆ 組織撥號及虛擬私人網路（VPN）遠端存取

◆ 外包的撥號或無線存取

◆ 網際網路存取

◆ 對生意夥伴之外部網路資源的已驗證存取

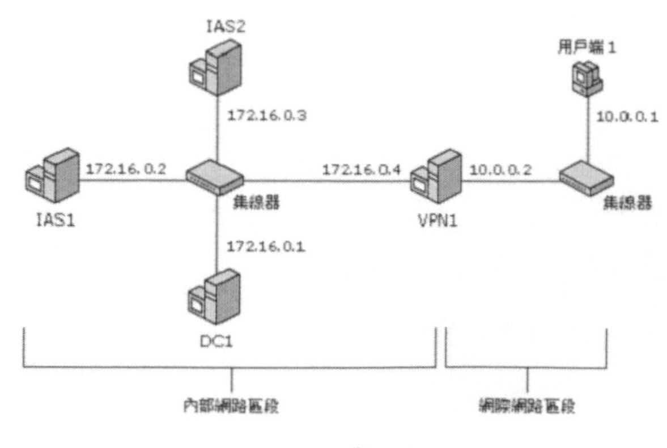

IAS與VPN

IAS支援的驗證通訊協定

目前支援的驗證方法如下：

◆ 密碼型的點對點通訊協定（PPP（驗證通訊協定

可支援密碼型的 PPP 驗證通訊協定，例如：密碼驗證通訊協定（PAP）、Challenge Handshake 驗證通訊協定（CHAP）、Microsoft Challenge Handshake 驗證通訊協定（MS-CHAP）以及 MS-CHAP 版本 2（MS-CHAP v2）。若需相關資訊，請參閱驗證方法。

◆ 延伸驗證通訊協定（EAP）

允許新增任意驗證方法（如智慧卡、憑證、一次性密碼及token card）的網際網路標準型基礎結構。使用 EAP 基礎結構的特定驗證方法屬於 EAP 類型。IAS 包括對「 EAP-訊息摘要 5（MD5)」及「EAP-傳輸層級安全性（EAP-TLS）」的支援。

IAS支援的授權方法

目前支援的授權方法如下：

◆ 撥打號碼識別服務（DNIS）

根據撥打之號碼的連線嘗試授權，DNIS提供撥打給撥號接收者的號碼，多數標準電話公司都會提供這項支援。

◆ 自動號碼識別/撥號線路識別（ANI/CLI）

根據撥號者之電話號碼的連線嘗試授權，而ANI/CLI服務會將撥號者的號碼提供給撥號接收者，多數標準電話公司都會提供這項服務。

◆ 來賓授權

在沒有使用者認證（使用者名稱及密碼）的情況下進行連線時，會將Guest帳戶作為使用者的身分識別。

綜合以上所談到的幾點要點，無線網路的環境雖然在使用上較為方便，不過相對的在安全上的考量尤甚於使用實體網路的環境，因此在建置與規劃無線網路的環境時，除了必須考慮如何與目前的網路環境結合外，也必須進一步的考慮安全性的問題，在安全的防護上，可以選擇所採用的方式。

系統管理進階篇

Chapter 10

系統管理技術

10-1　本機安全性管理

安全性的管理對於伺服器而言是相當重要的，因為伺服器本身是對外提供服務的主機，在伺服器上會依據實際的需求，建置不同的伺服器，例如：應用程式伺服器、檔案伺服器或是DNS伺服器，因此在安全的防護上特別重要，Windows Server 2003整合了安全性原則的管理，能夠提高伺服器本身的安全性。

實際直接提供伺服器的存取權限，這是一項高安全性風險的行為，因此如果入侵者能夠存取伺服器，可能就會進行未獲授權的資料存取或修改行為，並安裝用來規避安全性的硬體或軟體，因此如果要建立一個符合安全要求的環境，則必須限制實際存取所有伺服器和網路硬體。

在安全性的設定中，分成了「帳戶原則」、「本機原則」、「公開金鑰原則」、「軟體限制原則」以及「IP安全性原則」六個部份，在這一節中將針對這幾個部份進行介紹，針對不同的對象需求，建立適用的安全性設定。

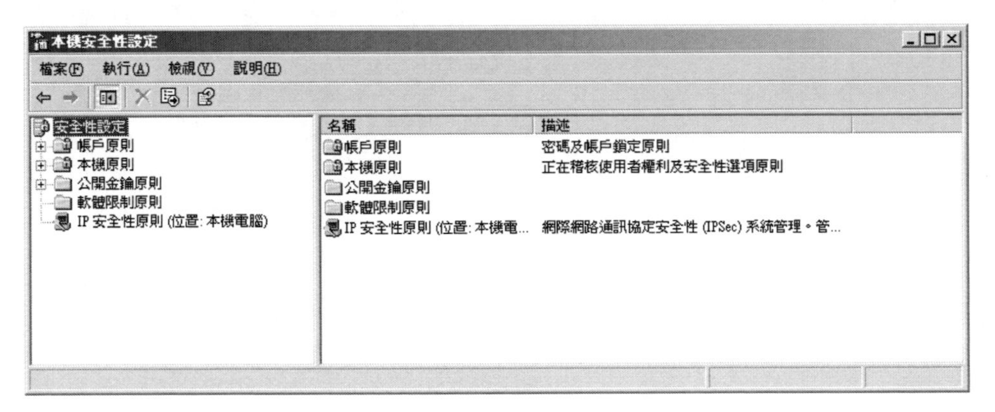

安全設定

帳戶原則

帳戶原則分成了「密碼原則」以及「帳戶鎖定原則」兩項，可以針對目前伺服器上的使用者帳戶進行安全性的設定，確定使用者在存取伺服器的資源時，能夠符合安全性的要求。

◆密碼原則

密碼原則包括了六項基本的密碼檢核原則，分別是「使用可還原的加密來存放密碼」、「密碼必須符合複雜性需求」、「密碼最長有效期」、「密碼最短有效期」、「強制執行密碼歷程記錄」以及「最小密碼長度」，在這些安全性的設定中，可以依據使用者帳戶管理規範進行調整，例如：可以規定使用者每隔一段時間就必須變更密碼，或是密碼最少必須有多少字元，符合複雜度的設定等，越嚴格的原則限制，可以提昇系統本身的安全性，也可以減少密碼被破解的機會，不過越多的原則限制，對於使用者而言將會造成不便，因此需要在設定帳戶原則時，在密碼原則部份必須審慎考量。

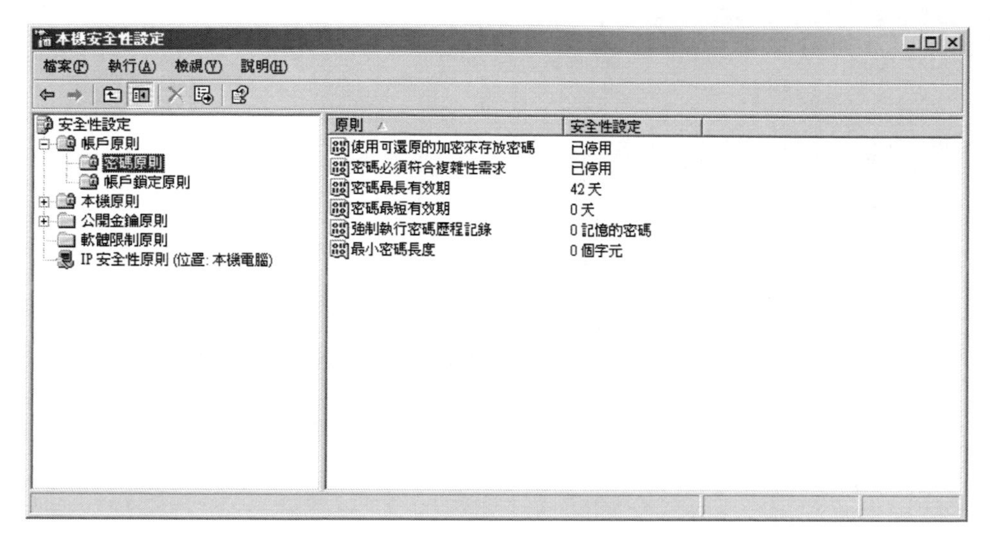

密碼原則

◆帳戶鎖定原則

帳戶鎖定原則，主要是針對使用者符合所設定的原則時，基於安全性的考量，將會暫時鎖定帳戶，等待系統管理人員處理，在這提供了三項原則可供運用，分別是「重設帳戶鎖定計數器的時間間隔」、「帳戶鎖定時間」以及「帳戶鎖定閾值」。

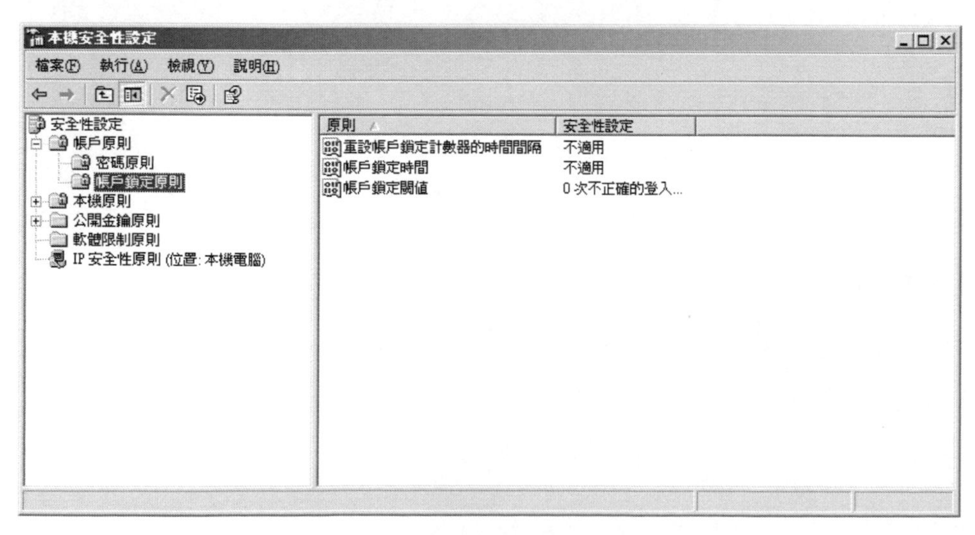

帳戶鎖定原則

本機原則

本機原則，主要是針對伺服器本身進行的安全性設定，提供了「稽核原則」、「使用者權限指派」以及「安全性選項」三類。

◆稽核原則

在「稽核原則」中，提供了多項不同的稽核項目可供系統管理人員進行安全性的設定，包括了「稽核目錄服務存取」、「稽核系統事件」、「稽核物件存取」、「稽核原則變更」、「稽核特殊權限使用」、「稽核帳戶登入事件」、「稽核帳戶管理」、「稽核登入事件」以及「稽核程序追蹤」等多項原則，針對這些原則是否啟用安全性的設定，則可依實際的需求進行設定，這會決定安全性事件是否會記錄到電腦上的安全性記錄檔，也決定是否要記錄成功嘗試作業、失敗嘗試作業，還是兩者皆做記錄。

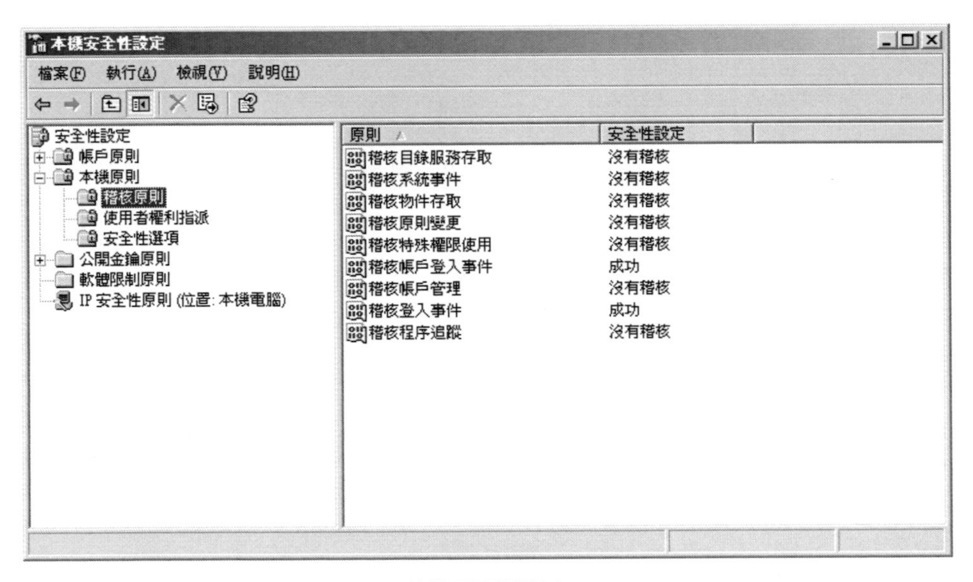

稽核原則的設定

◆使用者權限指派

「使用者權限指派」提供了多項原則的設定，可以針對不同的原則，設定允許存取或使用的使用者與群組，針對這些原則可以仔細衡量後再進行安全性的設定，可決定能夠擁有電腦之登入或作業特殊權限的使用者或群組。

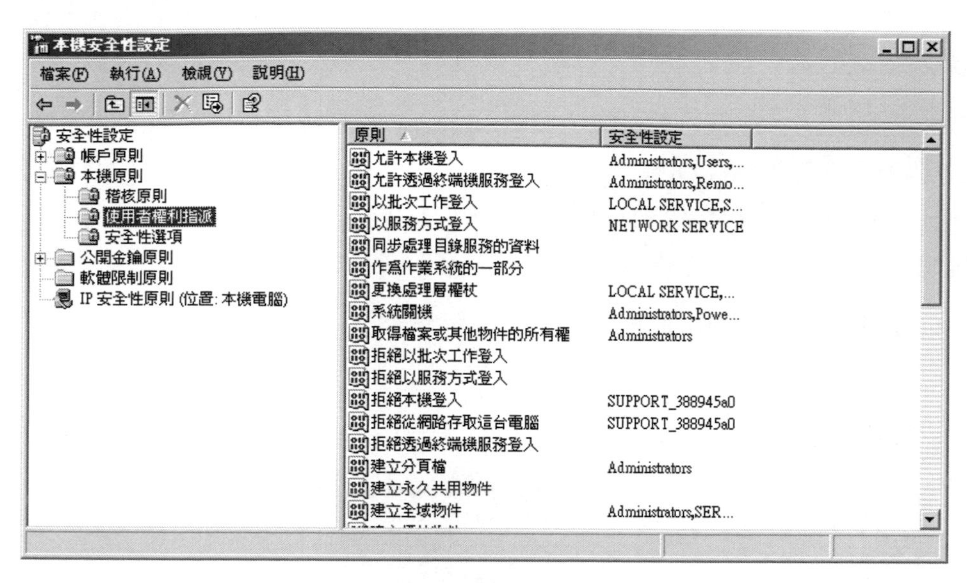

使用者權限指派

◆安全性選項

「安全性選項」，主要是針對目前伺服器的服務，在這針對不同的服務提供了不同的安全性原則，可以配合實際需求，選擇是否啟用這些設求，部份的原則還可以設定觸發這些原則的時間週期，可啟用或停用電腦的安全性設定，例如：資料的數位簽章、系統管理員及來賓帳戶的名稱、軟碟機及光碟機的存取權、驅動程式安裝以及登入提示等。

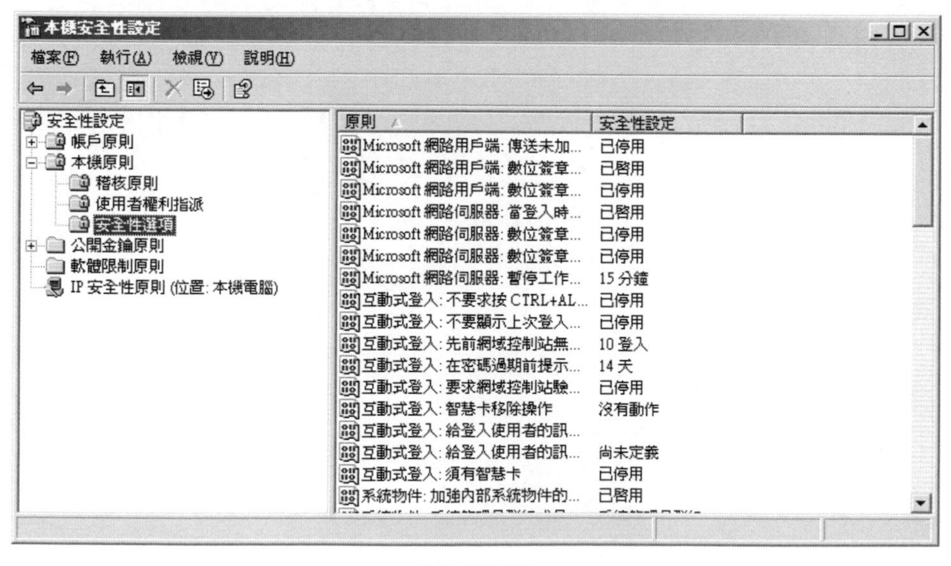

安全性選項

公開金鑰原則

公開金鑰，是由電腦自動提交憑證要求給企業憑證授權單位，並安裝所發出的憑證，這可用於確定您的組織中，電腦擁有執行公開金鑰密碼編譯操作所需的憑證，如果在Windows Server 2003網域中使用公開金鑰原則，系統管理員可以對電腦自動發出憑證、管理加密資料的復原代理、建立憑證信任清單，或自動建立憑證授權單位的信任。

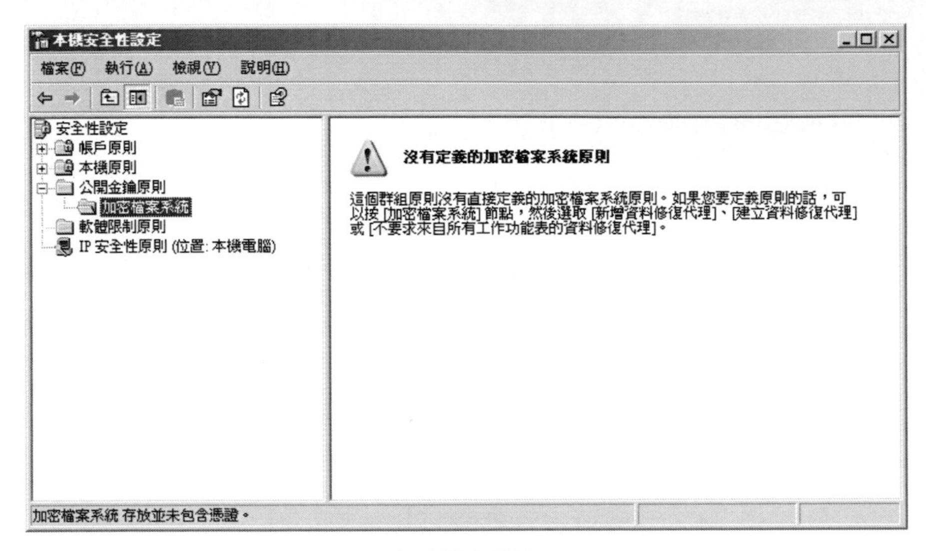

加密檔案系統

軟體限制原則

可以使用軟體限制原則來識別軟體，並控制軟體在本機電腦、組織單位、網域或站台上的執行能力。

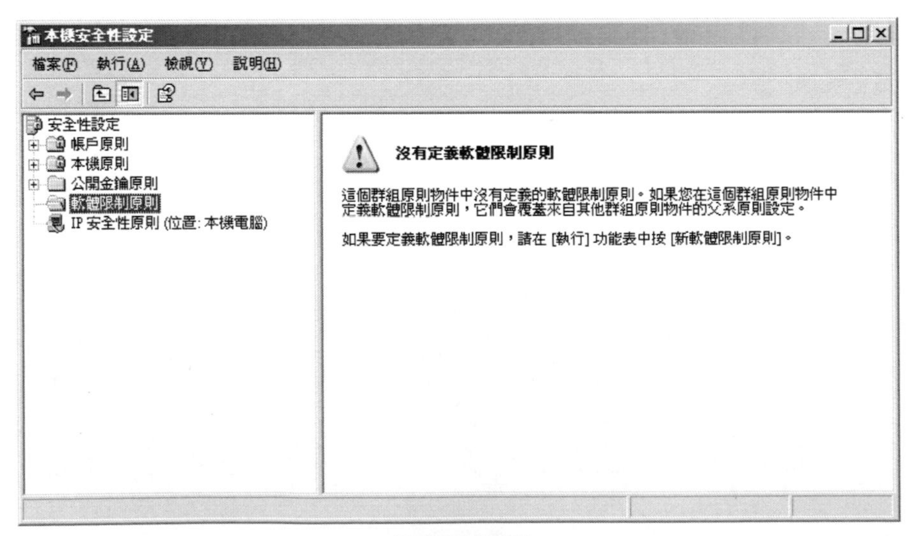

軟體限制原則

IP安全性原則（IPSec）

IP安全性原則，提供了「伺服器」、「用戶端」以及「安全的伺服器」三種，如果沒有安全性，公眾以及私人網路都容易被未獲授權者監視及存取，內部入侵可能是因為內部網路安全性不足或是完全沒有所致，而私人網路的外部風險來自網際網路及外部網路連線，只有以密碼為基礎的使用者存取控制，還不足以保護透過網路傳輸的資料，IPSec是達到安全連線的長期方向，能夠提供防禦私人網路及網際網路遭受攻擊的主要線路。

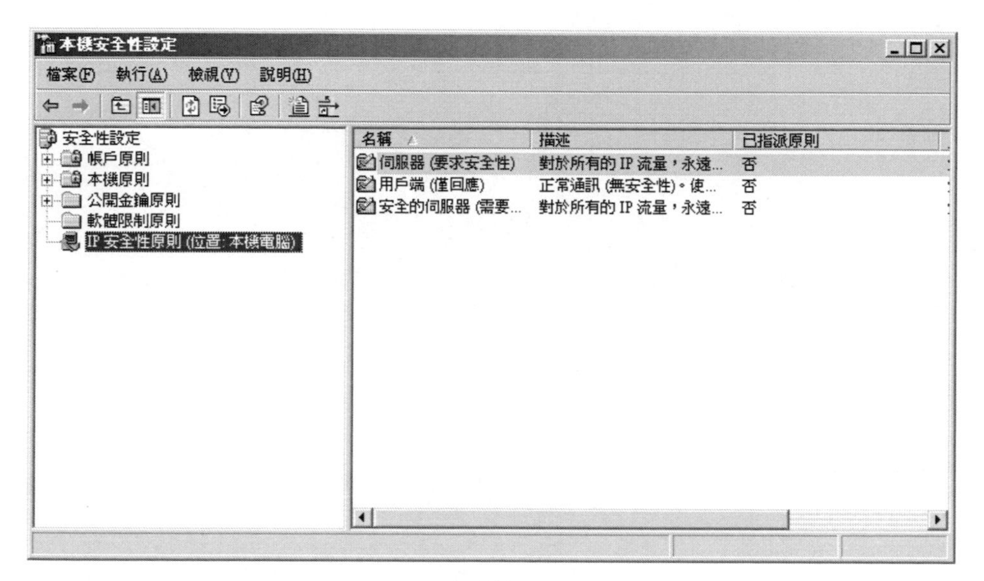

IP安全性原則

◆伺服器內容

在規則內容中提供了IP安全性原則的設定，可以針對「所有的IP流量」、「所有的ICMP流量」以及「動態」三個安全性原則進行篩選，在這可以指定篩選器的處理方式，也可以配合指定的驗證方法進行。

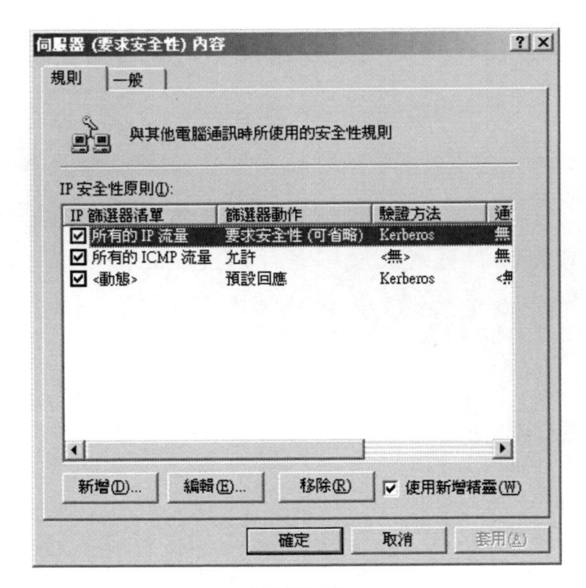

規則內容

在「一般」標籤頁中，提供了名稱以及檢查原則變更時間間隔的設定，也可以設定執行其它的金鑰交換。

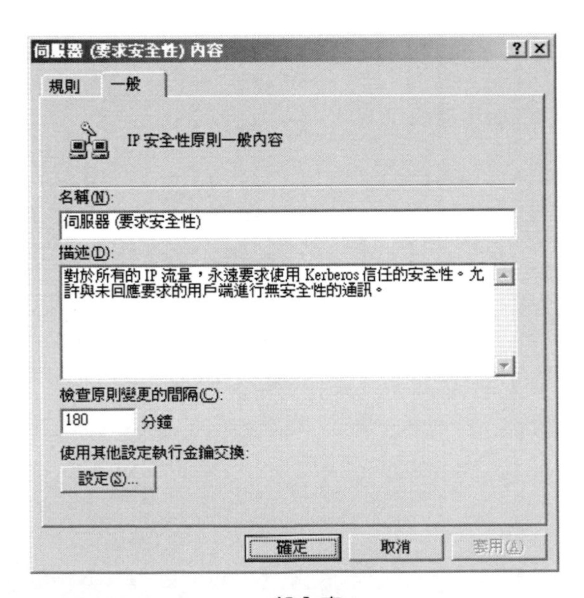

一般內容

◆用戶端內容

在用戶端的內容的規則設定，提供了「動態」的篩選器，透過Kerberos的驗證方法進行安全性規則的限制。

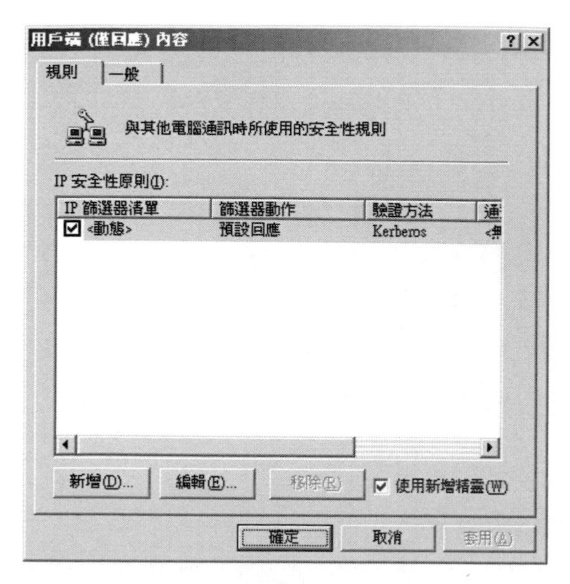

規則內容

◆安全的伺服器

在「安全的伺服器」內容中，也提供了「所有的IP流量」、「所有的ICMP流量」以及「動態」三個安全性原則，可以配合指定的動作以及驗證的方法進行篩選。

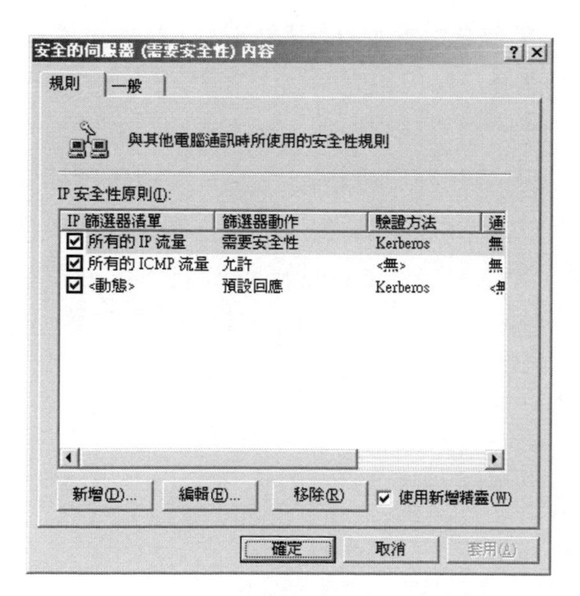

規則內容

使用以密碼編譯為基礎的保護服務、安全性通訊協定及動態金鑰管理可以符合這兩項目標。這項基礎可提供足夠的強度及彈性，可用來保護私人網路電腦、網域、站台、遠端站台、外部網路及撥接用戶之間的通訊。它甚至可用來中斷特定流量類型的接收或轉送。

IPSec以端點對端點的安全性模式為基礎，建立從來源IP位址到目標IP位址的信任及安全性，而IP位址本身不一定要被當做身分識別的依據，反而應該需要再經由驗證程序進行身份的驗證，只有傳送及接收的電腦才必須瞭解受保護的流量，每台電腦都從它們各別的端來掌控安全性，它們會假設執行通訊的媒介是不安全的，除非防火牆類型封包篩選或網路位址轉譯（NAT）已在兩台電腦之間完成，否則任何電腦只從來源到目的路由資料，是不需具備支援IPSec。

10-2　系統服務的掌控

Windows Server 2003預設安裝了相當多的系統服務，有些系統服務在安裝作業系統時就已經一併安裝進來，而有些系統服務則是因為安裝其它的元件或是程式，才會安裝到系統服務中，因此對於系統服務內容的掌控，在系統管理的角度來看，這是一件相當重要的事，因此對於不想提供使用者使用的系統服務，則必須停止或是直接移除，以避免衍生出安全上的問題。

在這一節將針對系統服務的幾個主要類別進行介紹，也針對服務的內容提供了設定的方式，大多數的服務都採用相同的設定方式，只有少部份特殊的服務會有些許不同，不過大致上所設定的項目是相似的，在系統服務的管理畫面中，在這可以看到目前安裝的系統服務名稱，以及相關的描述，另外可以由狀態欄位中，確認目前該項服務的執行狀態，也可以確認啟動的類型是否符合需求，以及能夠使啟用的使用者身分，以啟動類型而言，主要是在Windows啟動後進行的處理程序，如果設定成自動的方式，則在完成作業系統的啟動後，就會再自動載入該項服務。

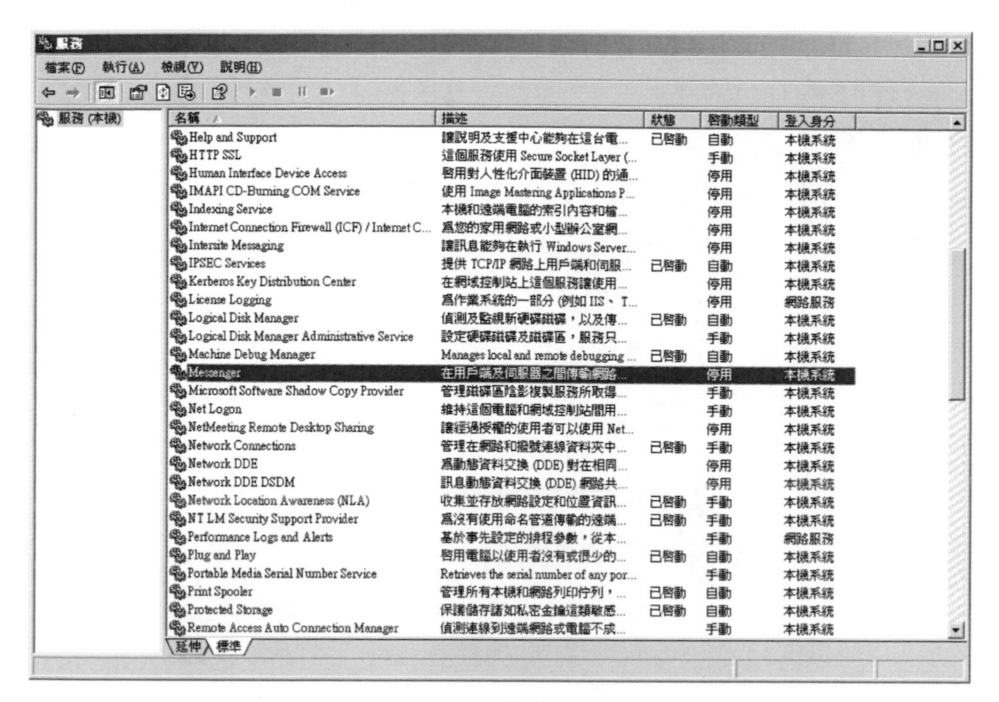

系統服務

以Messenger服務為例：

在內容的設定中，提供了「一般」、「登入」、「修復」以及「依存性」的功能，可以針對服務的執行方式進行設定，在「一般」標籤頁中，提供了啟動類型的設定，可以預設Windows啟動時，針對目前所設定的這項服務啟動的方式，而服務狀態則是顯示目前的該項服務的執行情況，可以利用手動的方式，變更服務的狀態，不過並不會影響到系統啟動時的處理方式。

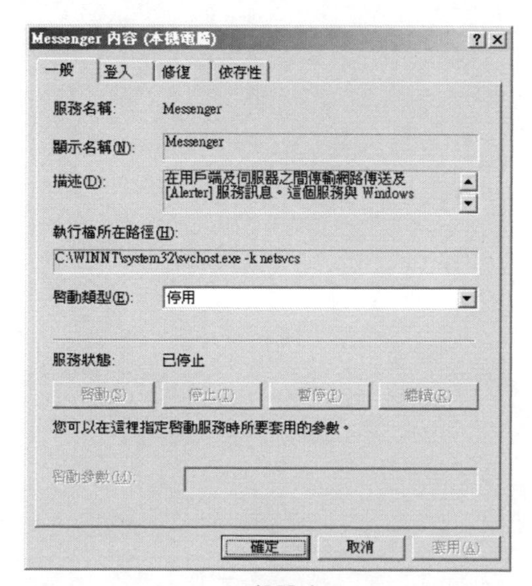

一般設定

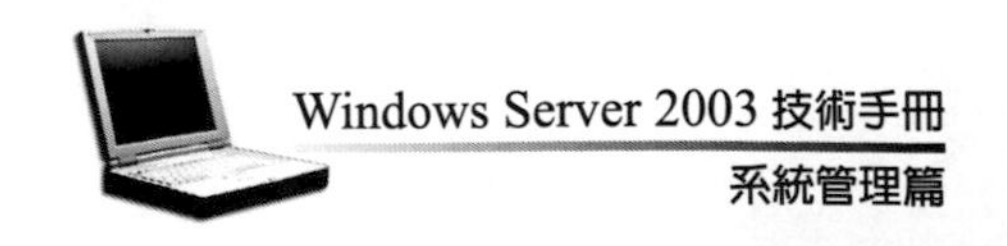

在「登入」標籤頁中，提供了登入身分的設定，可以使用本機系統帳戶，或是指定特定的帳戶，如果使用本機系統帳戶，則使用者身分驗證的程式，將會由系統進行處理，另外也可以設定是否允許服務與桌面互動，針對目前這項服務，可以進行硬體設定檔的啟用與停用的設定，變更的結果將會影響作業系統啟動時所載入的服務項目。

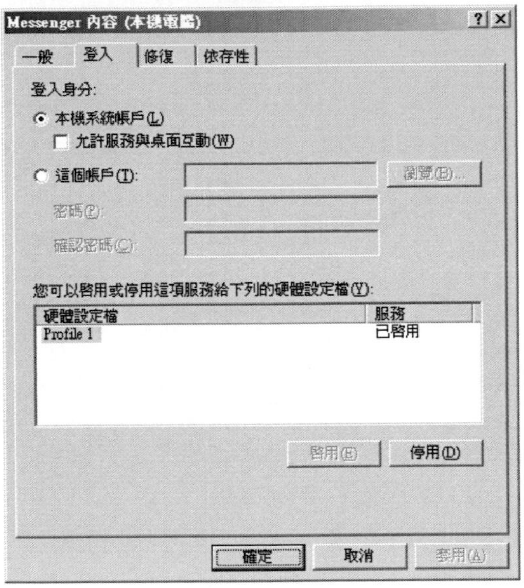

登入的設定

在「修復」標籤頁中，則提供了執行這項服務，萬一失敗的情況下，電腦將採取的回應措施，可以設定第一次失敗時、第二次失敗時，以及後續失敗時，可以直接利用下拉式的選單，指定處理的方式，另外可以將失敗的計數器重置於指定的天數之後。

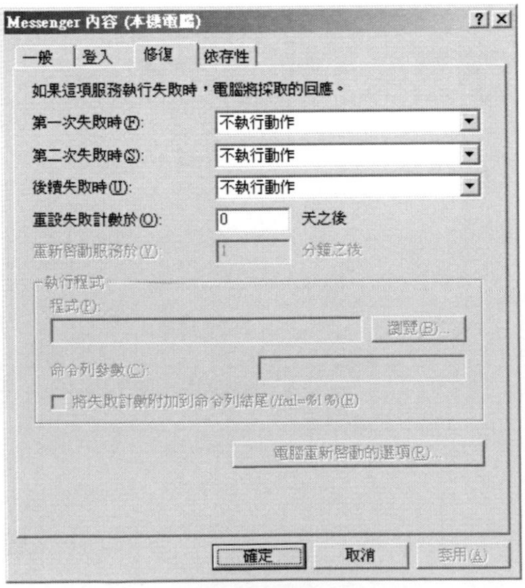

修復的設定

不同的服務可能會依存其它的服務或是系統驅動程與載入的順序群組上，因此如果系統元件在執行的過程中發生問題，將會一併影響所依存的服務，可能會造成該項服務亦無法正常運作。

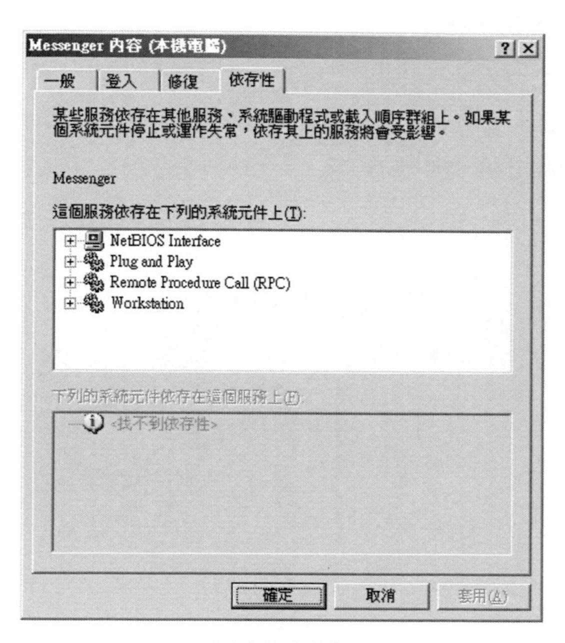

服務的依存性

系統服務可以提供伺服器許多的服務項目，對於系統管理人員而言，確認這些服務的內容，以及開機會自動啟動的服務項目，這是相當重要的，在管理這些系統服務時，必須先確定目前會自動啟動的服務項目，不需要使用的服務，則必須設定在停止的服務的狀態。

10-3 元件服務

元件服務屬於系統管理工具的一部份，可以讓我們進行COM元件以及COM+應用程式的設定與管理工作。在這一節中將針對元件服務進行介紹，包括了環境的設定等項目，這項系統管理工具是為系統管理員及應用程式開發者所設計的，開發人員可以設定常式元件和應用程式的行為，透過參加交易和物件集區提供相關的服務。

在元件服務中，分成了「COM+應用程式」、「DCOM設定」、「分散式交易協調器」以及「執行處理序」等四個項目，系統管理員可以使用這個工具輕易停用或啟用COM+程式庫或伺服應用程式，以輕鬆地暫停或繼續執行COM+伺服應用程式。

COM+應用程式是開發並設定在一起以使用COM+ 服務的COM元件群組，例如：佇列作業、角色安全性等，COM+應用程式的不同之處有些是在於元件程式碼，COM+應用程式可以區分為兩種類型，各有不同的管理需求。這兩種類別為「COM+伺服應用程式」和「COM+程式庫應用程式」，伺服應用程式會在自己的處理序空間中執行；例如，伺服應用程式可能是由封包的薪資處理序的DLL群組所組成，而程式庫應用程式則由所開發的元件在一部主機的處理程式中執行；例如，在一個程式庫應用程式中，我們可能將提供其他應用程式元件服務的DLL組織起來，並且共用那些元件的安全性特性。

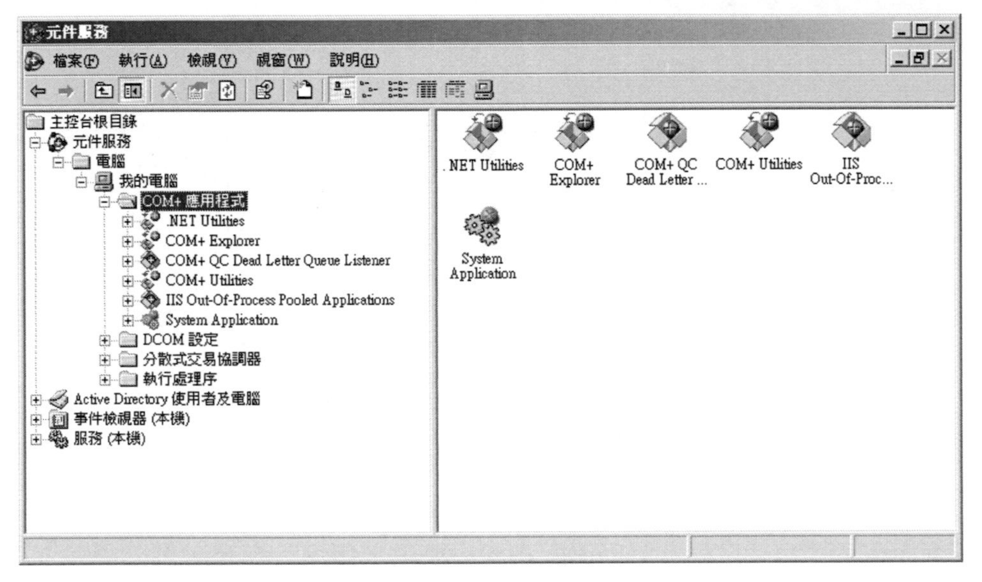

元件服務的管理畫面

使用分散式交易的應用程式中，同時發生的工作是由多個受到管理以保護應用程式不至於失敗的用戶端、元件及資料庫來完成，在一個分散式交易之內，所有的工作不是由參與的元件完成，就是沒有任何一個元件完成，不會因失敗留下任何不牢靠的結局，所以簡化了追蹤與錯誤復原的工作。

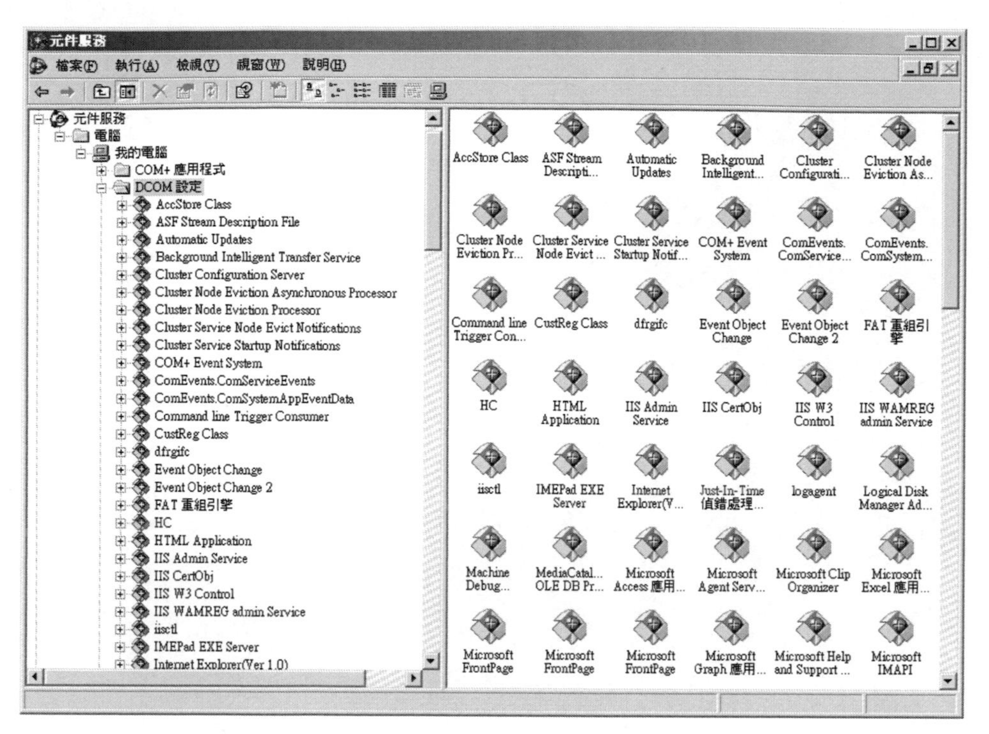

分散式COM的元件

依照預設，當初始與協調交易時，每個系統會使用其本機分散式交易協調器（DTC）交易管理員。然而我們可以設定電腦使用其他系統的DTC交易管理員做為預設的交易協調器。指定系統上的DTC交易管理員，是在本機系統的用戶端開始一個分散式交易卻沒有明確指定DTC時，用來做為交易協調器的。預設交易協調器會協調所有由 COM+ 初始化的交易。對於編列於任何分散式交易中本機系統上的所有資源管理員，預設交易協調器也會提供交易協調服務。

選取做為預設協調器的系統應該是可靠的。預設協調器系統的網路連線應該也是可靠的。否則，指定預設協調器可能會導致本機系統上分散式系統的使用性降低。執行叢集服務的 Windows Server 2003 叢集是做為預設協調器的不錯選擇。當您將執行叢集服務的 Windows Server 2003 叢集設定為預設協調器，您可以指定名稱為任何一個在叢集中執行的虛擬伺服器名稱。

若要設定預設交易協調器，您必須同時具有本機系統以及要指定為預設交易協調器的系統上的系統管理員權限。這樣可讓本機分散式系統可以從預設交易協調器系統的系統登錄上擷取適當的資訊。

在分散式交易協調器的項目中，提供了「交易清單」以及「交易統計」兩項功能。

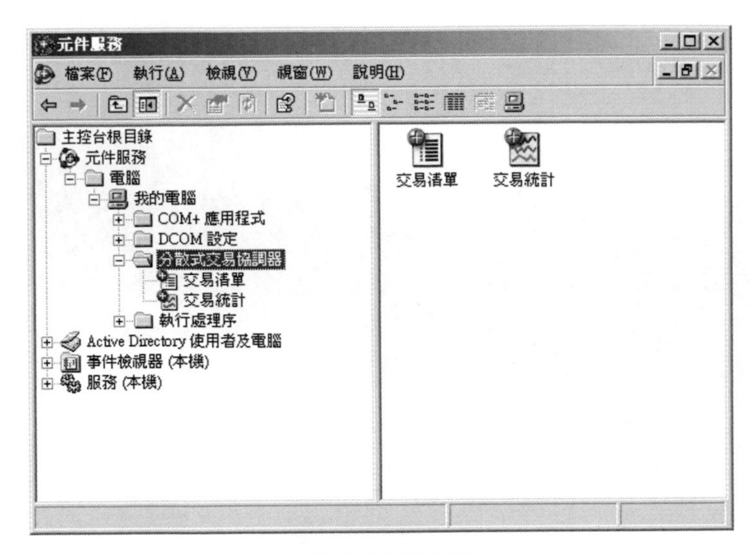

分散式交易協調器

10-4 .Net Framework的設定與管理

.Net Framework提供了一個開發的平台，而Windows Server 2003對於.NET的支援性，遠高於先前的Windows版本，因此對於程式開發人員而言，提供了一個相當不錯的開發環境可供發揮。

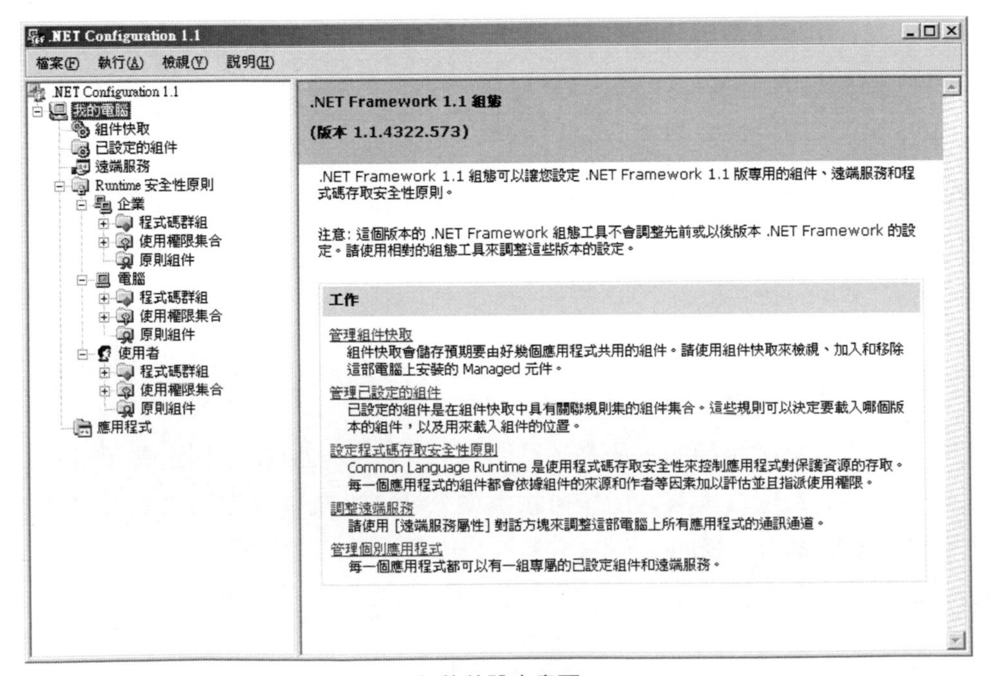

組態的設定畫面

.NET Framework是一種新一代的計算平台，主要是為了簡化在高度分散式的網際網路環境中的應用程式開發而設計，.NET Framework有幾個主要元件：公用語言執行時間、.NET Framework 類別庫及執行時間主機，其中「公用語言執行時間」是.NET Framework的基礎，會管理代碼執行並提供核心服務，例如：記憶體管理、執行緒管理及遠程執行，而「.NET Framework類別庫」是可重複使用類別的完整、物件導向集合，可用來開發廣泛的應用程式，包括ASP.NET應用程式及XML網頁服務。

.NET精靈

.NET精靈可以提供「調整.NET安全性」、「信任組件」以及「修復應用程式」的設定，以下將針對這三個項目進行介紹。

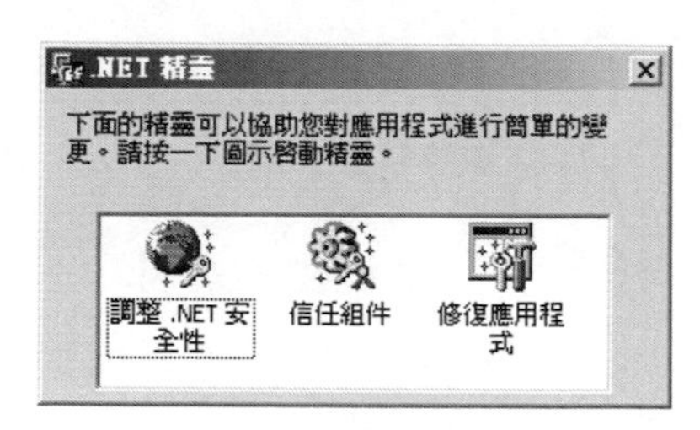

.NET精靈

◆調整.NET安全性

在調整.NET安全性的設定中，必須先指定變更的類型，可以針對目前這部電腦進行變更，或是只針對目前的使用者進行變更，如果是系統管理人員，想要調整整體的安全性設定時，則可以使用對這部電腦進行變更的類型，如果只想要影響目前登入的使用者所設定的安全性，則選擇只對目前的使用者進行變更。

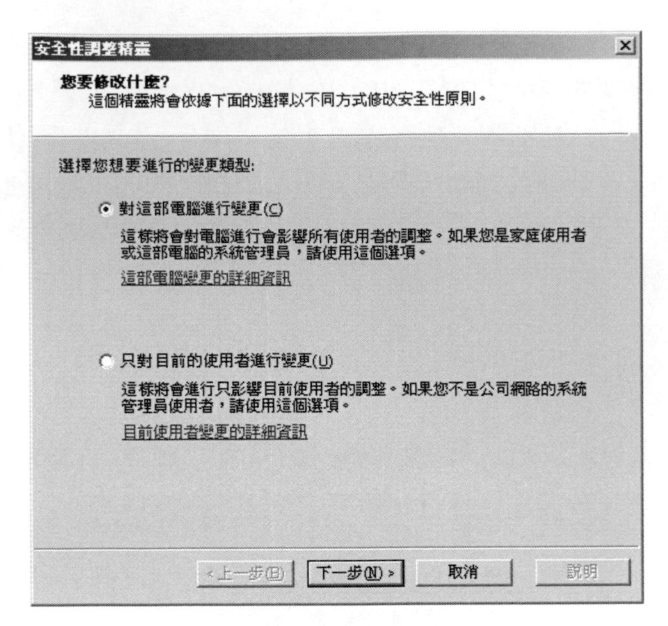

變更類型的選擇

設定每一區域的安全性層級，可以依據實際的需求進行調整，每一個區域都可以調整不同的信任程度，關於不同信任程度的說明，可以參考畫面上的介紹，如果想要還原成預設的層級，只需要按下「預設層級」按鈕即可。

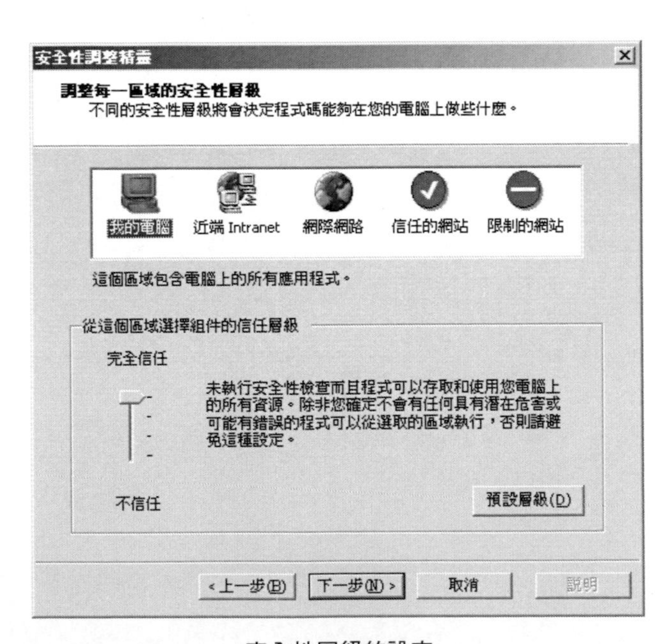

安全性層級的設定

完成安全性的調整後，將會顯示變更的摘要，對於每一個區域所使用的安全性層級，可以再一次進行確認的程序。

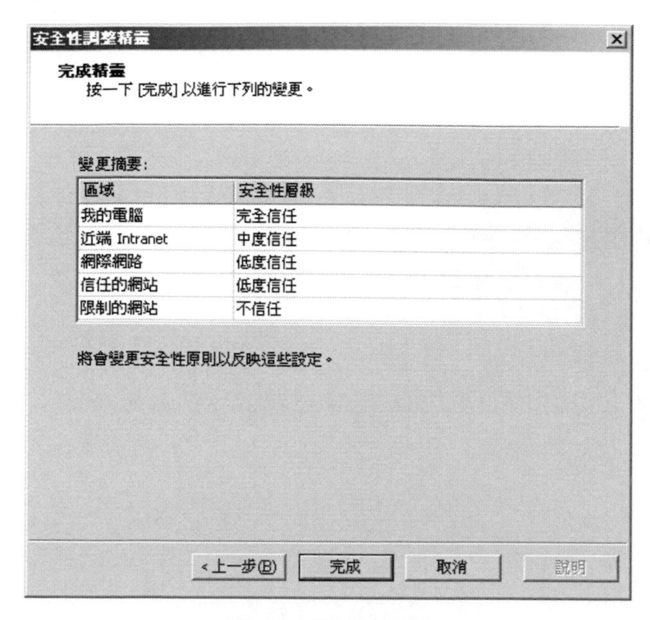

檢視變更的層級資料

◆信任組件

由.NET精靈進行「信任組件」的設定，必須指定想要信任的組件，如果不確定組件所在的位置與組件的名稱，則可利用「瀏覽」的功能直接選取，不過所選取的目標，必須是組件才能賦予信件。

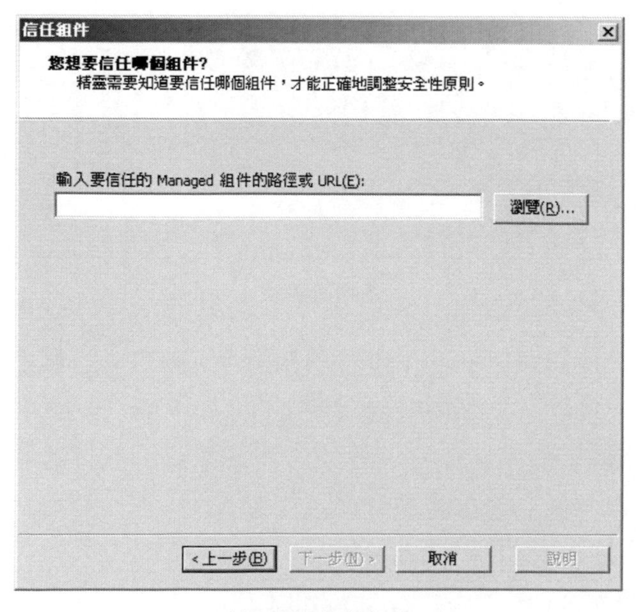

輸入要信任的組件

◆修復應用程式

透過.NET精靈，也可以進行應用程式的修復，執行後會自動進行應用程式的分析，然後再選擇要進行還原的應用程式即可。

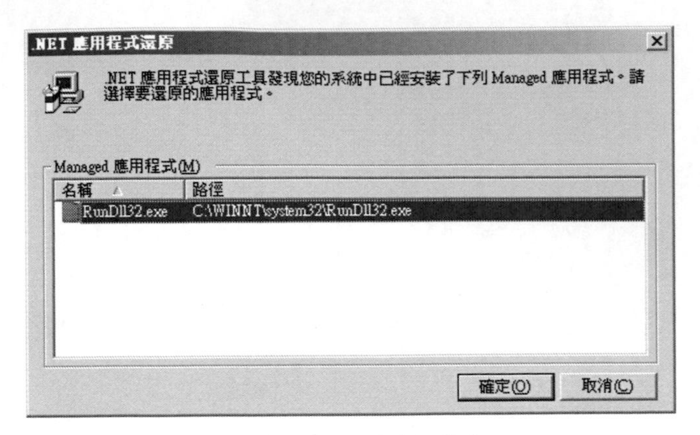

選擇要還原的應用程式

進行應用程式的還原時，必須有可用的組態清單中，依據所顯示的時間、日期，選擇應用程式的還原點。

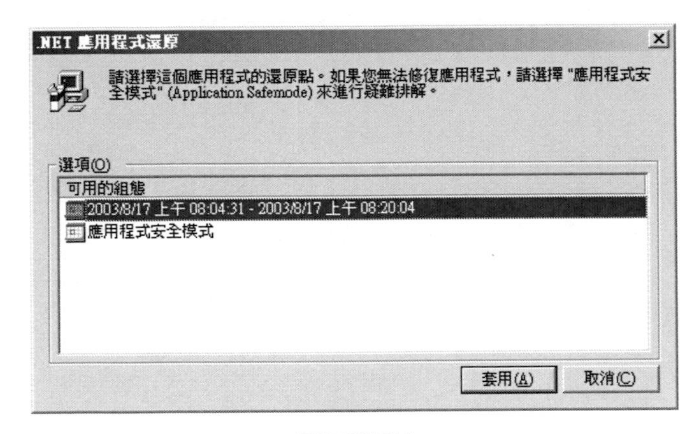

選擇還原點

.NET Framework能夠與Visual Studio.Net相結合，整合成一個完成的開發平台，對於企業的應用而言，可以減少因為系統相容性的問題，而造成應用程式在開發的過程中發生不相容的情況。

10-5 陰影複製與管理

陰影複製能夠允許使用者檢視共用資料夾中，先前曾經存在的內容，配合陰影複製的功能，能夠進行一步進行共用資源的時間點複製，例如：檔案伺服器上的檔案，利用「共用資料夾的陰影複製」，我們可以檢視共用的檔案和資料夾，存取舊版的檔案或陰影複製十分有用，因為您可以：

◆ 復原意外刪除的檔案

如果意外刪除檔案，您可以開啟以前的版本，並將其複製到安全的位置。

◆ 復原被意外覆寫的檔案

如果您意外覆寫了檔案，可以將它復原成舊版的檔案。

◆ 在工作時比較不同版本的檔案

可以使用以前的版本，檢查兩個版本的檔案之間做了何種變更。

開啟磁碟的內容，就可以找到「陰影複製」的設定，在這提供了磁碟區的選擇，配合啟用、停用與設定的功能，可以針對不同的磁碟區進行管理的工作。

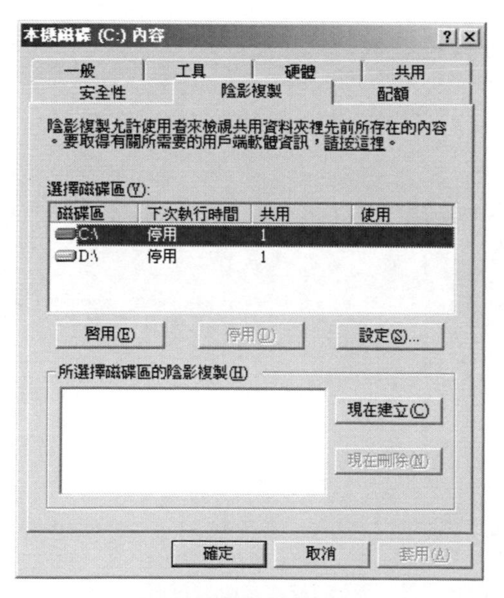

陰影複製環境的設定

選擇磁碟區後，可以利用「設定」按鈕針對磁碟區進行環境的設定，包括了存放區域、最大容量以及排程的設定，一般而言會將最大容量限制成與磁碟的容量相同。

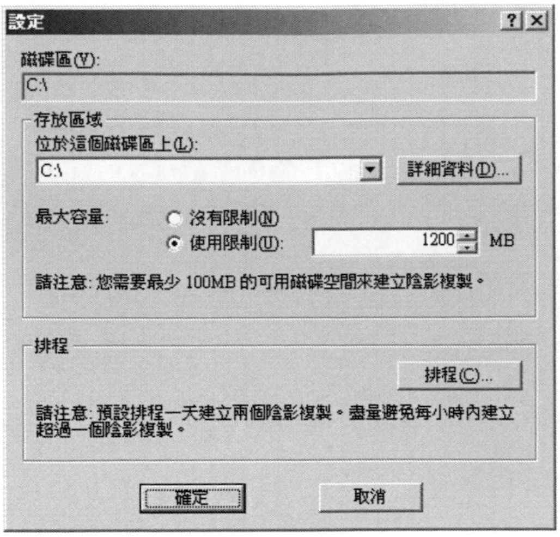

磁碟區的設定

排程的設定，可以讓我們自訂工作的排程，以及開始的時間，對於每週的工作排程，則可以指定間隔執行的週數，以及執行的日子，例如：星期一、星期二、星期三等，因為進行陰影複製時，必須耗費一些系統的資源，因此建議安排在「離峰」的時間，所謂離峰的時間，指的是使用者不使用電腦的時間。

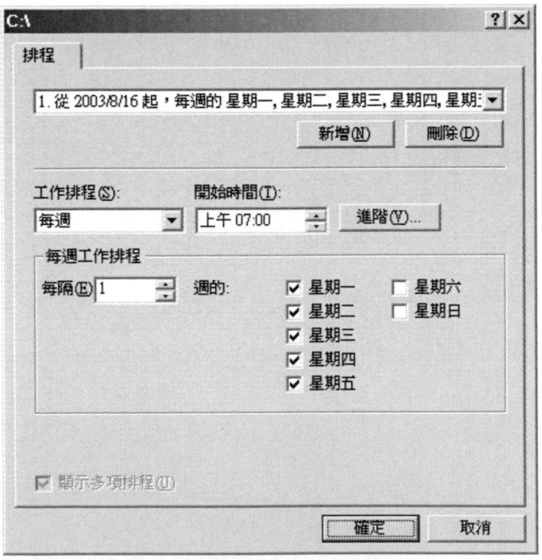

排程的設定

對於I/O負載較高的伺服器或是使用率較高的伺服器，則不建議透過排程的方式進行陰影複製，而建議使用手動的方式啟動，將存放裝置放在不會被陰影複製的儲存媒體上，例如：不做陰影複製的另一顆磁碟上。

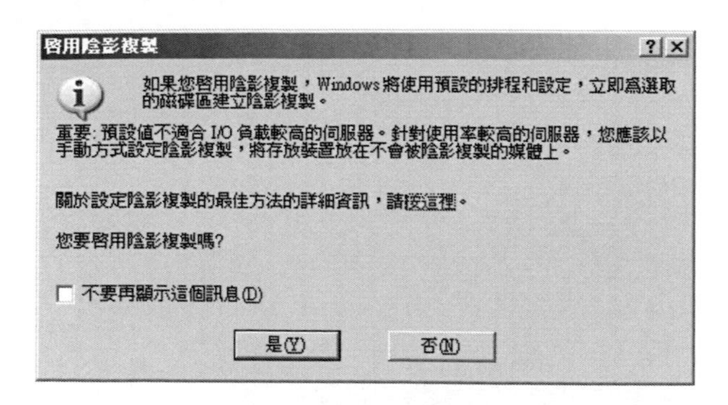

啟用陰影複製的訊息

在陰影複製標籤頁中，也可以立即以手動的方式進行陰影複製的程序，按下「現在建立」的按鈕後，就可以針對目前所選擇的磁碟機進行陰影複製的程序，完成後將會顯示執行的日期與時間，以提供系統管理人員進行執行時間的確認。

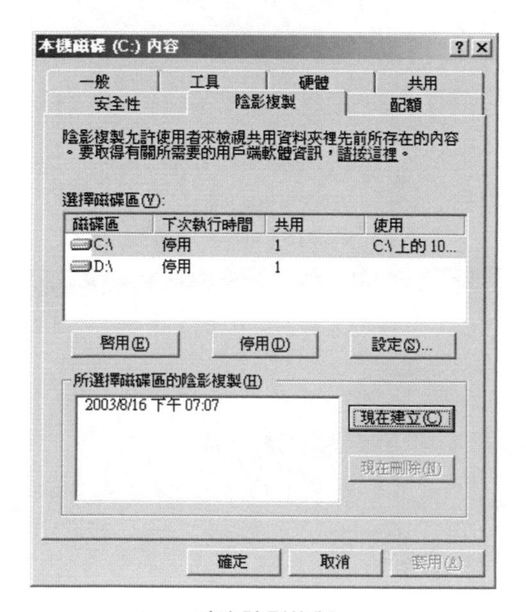

建立陰影複製

10-6　TCP/IP管理

目前網際網路所使用的通訊協定，就是以TCP/IP為基礎，因此對於TCP/IP的管理而言，這是相當重要的，在這一節中將針對TCP/IP的管理以及IPv6的支援進行介紹，不過在設定組態時，需要提供網路相關的資料，因此必須先確定目前所處理的網路環境，以及設備所使用的位址等資訊。

TCP/IP基本的管理

在TCP/IP的設定中，依據IPv4的規格，必須為目前的的電腦指定IP位址，或是透過DHCP伺服器取得所需要的位址，才能夠連上網路環境，

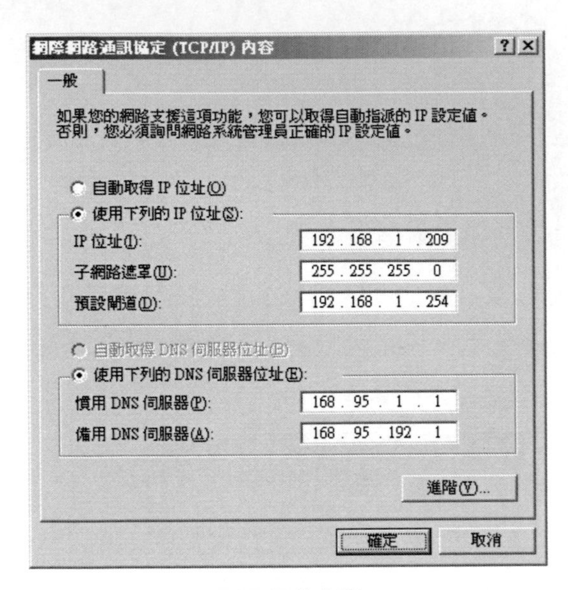

TCP/IP的內容

在進階設定中雖然可以在同一塊網路界面卡上設定多組IP位址，不過以伺服器而言，建議使用的固定的IP位址，或是配合DHCP伺服器指派固定的IP位址，也不需要使用多組IP位址。

進階 TCP/IP 設定值
IP 設定 DNS WINS 選項
IP 位址(R)
IP 位址 子網路遮罩
已啟用 DHCP
新增(A)... 編輯(E)... 移除(V)
預設閘道(F):
閘道 公制
新增(D)... 編輯(T)... 移除(M)
自動公制(U)
介面公制(N):
確定 取消

IP設定

在「DNS」標籤頁中可以設定DNS伺服器的位址，如果目前的伺服器也提供DNS伺服器的服務，則可以將其中一台DNS伺服器指向本機，再調整使用的順序，將本機的DNS伺服器安排在最優先的位置。

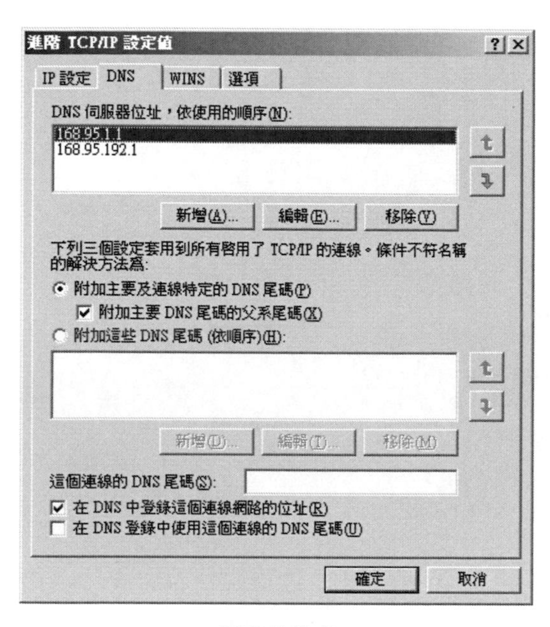

DNS的設定

在「WINS」標籤頁中，則可以管理WINS伺服器，以透過NetBIOS進行主機名稱的解析。

WINS的設定

在「選項」標籤頁中，可以利用TCP/IP進行來源IP的篩選，設定要求建立連線的來源，能夠連上目前的伺服器。

選項的設定

可以針對TCP連接埠、UDP連接埠或IP通訊協定進行設定，也可以直接針對所有的介面卡啟用TCP/IP篩選的功能。

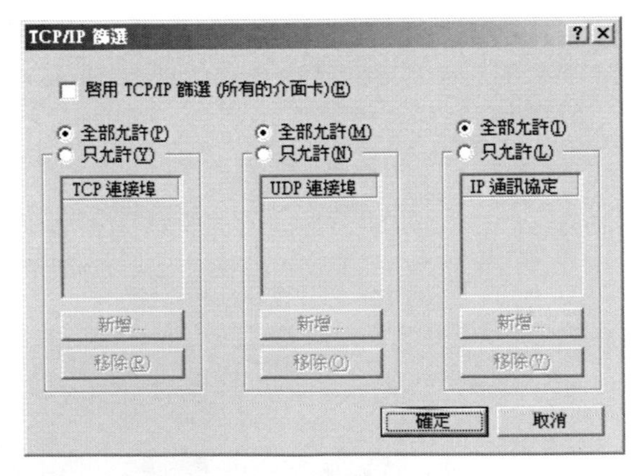

TCP/IP篩選

IPv6的支援

為了因應IP位址即將用完的問題，而發展出來的IPv6，在Windows Server 2003中已經增加了對於IPv6的支援，安裝的方式相當容易，只需要在網路組態的設定畫面中，選擇安裝「Microsoft TCP/IP version 6」通訊協定，就可以將IPv6加入目前的網路環境中，在安裝的過程中會自動與目前現有的IPv4網路整合。

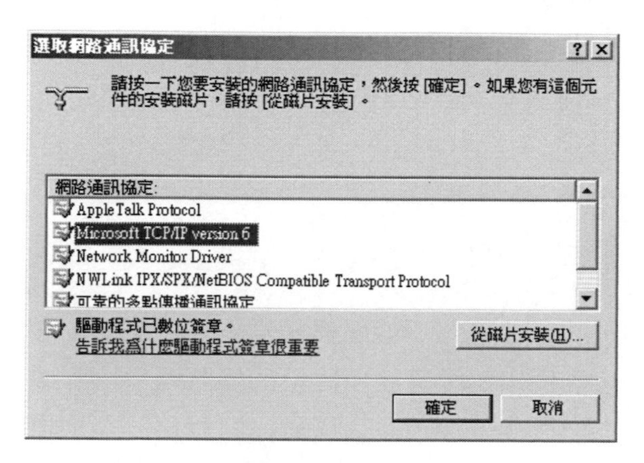

安裝IPv6通訊協定

使用ipconfig工具程式查詢到的每一個網路界面組態設定如下：

```
Windows IP Configuration
Ethernet adapter 區域連線:

  Connection-specific DNS Suffix  . :
   IP Address. . . . . . . . . . . : 192.168.1.209
  Subnet Mask . . . . . . . . . . . : 255.255.255.0
  IP Address. . . . . . . . . . . : fe80::250:daff:fe8d:5d97%6
  Default Gateway . . . . . . . . . : 192.168.1.254

Tunnel adapter Automatic Tunneling Pseudo-Interface:

  Connection-specific DNS Suffix  . :
   IP Address. . . . . . . . . . . : fe80::5efe:192.168.221.1%2
  Default Gateway . . . . . . . . . :
```

```
Tunnel adapter Automatic Tunneling Pseudo-Interface:
   Connection-specific DNS Suffix  . :
    IP Address. . . . . . . . . . . . : fe80::5efe:192.168.119.1%2
   Default Gateway . . . . . . . . . :

Tunnel adapter Automatic Tunneling Pseudo-Interface:
   Connection-specific DNS Suffix  . :
    IP Address. . . . . . . . . . . . : fe80::5efe:192.168.1.209%2
   Default Gateway . . . . . . . . . :
```

TCP/IP的管理對於目前的網路環境而言相當重要，正確的設定才能夠確保伺服器的網路連線不會發生中斷的情況，對於所提供的網路服務，在連線的品質上也可以兼顧，不會因為網路組態設定的問題，而造成網路服務無法順利提供給使用者的情況，對於未來新一代的IPv6通訊協定，目前雖然尚未普及於網際網路上，僅能夠在一些研究單位或是學術單位進行測試，不過Windows Server 2003已經能夠支援了。

Chapter 11

磁碟與檔案管理

11-1 磁碟分割與管理

磁碟機的管理在系統的管理上是相當重要的，因為所有提供的資源，或是作業系統，都是儲存在磁碟上，因此對於磁碟的管理而言，必須著重在資料的保全以及適時的進行備份，在這一節中，將針對磁碟區的管理進行介紹。

在「磁碟管理」的功能中，可以瞭解目前磁碟的使用情況，包括了磁碟區的劃分、配置的方式、類型、所使用的檔案系統、目前的狀態、容量、可用空間、可用百分比以及是否提供容錯的能力，這些資訊有助於系統管理人員瞭解目前磁碟區的使用情況。

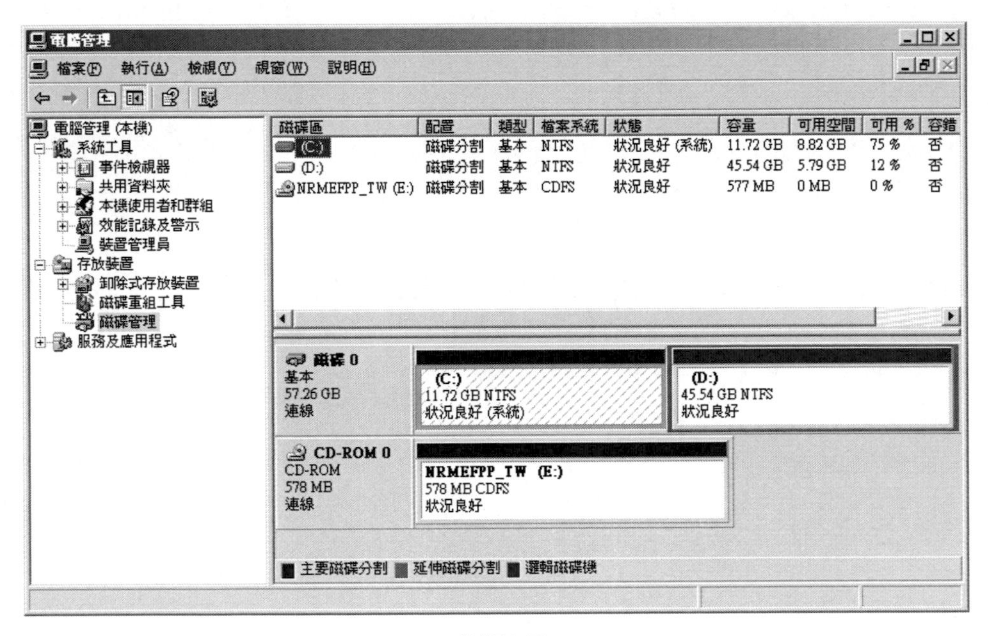

磁碟管理

開啟磁碟區的內容，可以進一步的針對磁碟進行設定，在「一般」標籤頁中，可以輸入磁碟區的標籤，輸入的資料將會顯示出來，不會以「本機磁碟」代表，在這可以由圓餅圖看出目前磁碟的使用情況，在這也可以進行清理磁碟的處理，另外對於磁碟容量較小的系統，則可以配合壓縮磁碟機的方式，來節省佔用磁碟的空間，不過在使用這項功能時需要特別留意，一旦使用了壓縮磁碟機的功能，日後想要取消壓縮時，解壓縮的空間將必須預估壓縮磁碟使用空間一倍上的可用容量，才能夠避免一旦解壓時造成檔案資料遺失的問題。

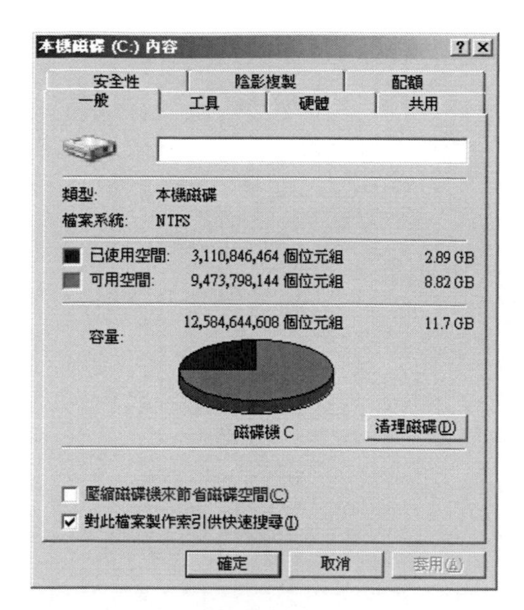

一般內容

在「工具」標籤頁中，提供了「檢查錯誤」、「重組」以及「製作備份」的功能，這些磁碟工具可以提供系統管理人員檢查磁碟區是否有錯誤、重組磁碟區上的檔案或是進行磁碟資料的備份，這些工具的使用請參考前面的內容，在此就不再贅述了。

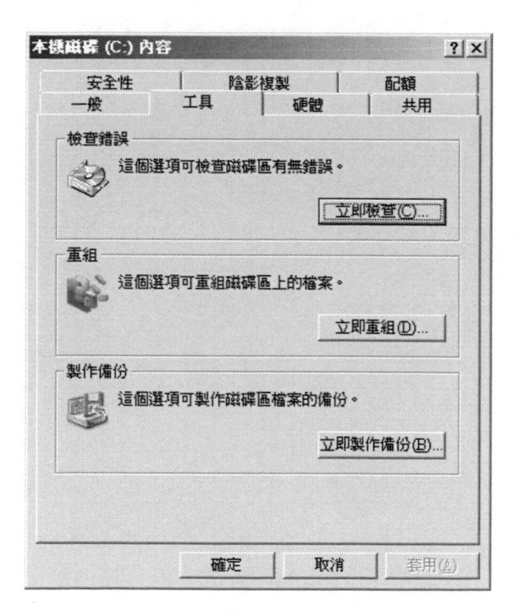

磁碟工具

在「配額」標籤頁中，提供了磁碟配額的管理功能，可以在這「啟用配額管理」，再依據實際的情況，設定配額管理的限制與規則。

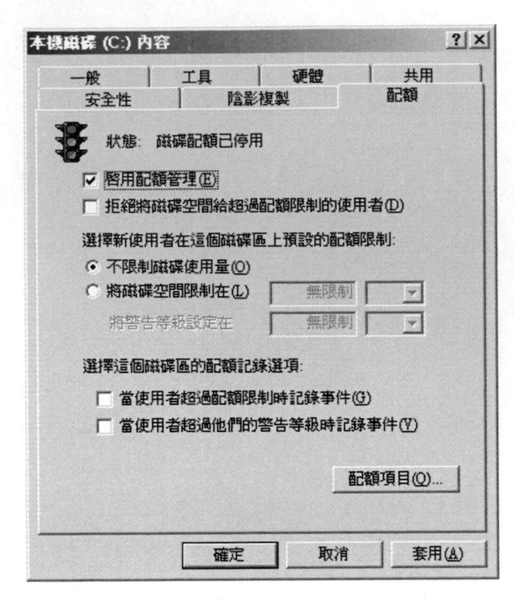

配額的設定

在「硬體」標籤頁中，則顯示了目前系統中所安裝的硬碟、軟碟以及光碟等儲存裝置，同時也會顯示硬體廠牌與型號。

硬體的內容

以磁碟機為例，可以直接檢視磁碟機的內容，在這可以取得該磁碟機更詳細的資料，包括了「一般」資訊、「原則」、「磁碟區」以及「驅動程式」等項目，由裝置狀態欄位中，可以得知目前磁碟機的使用情況。

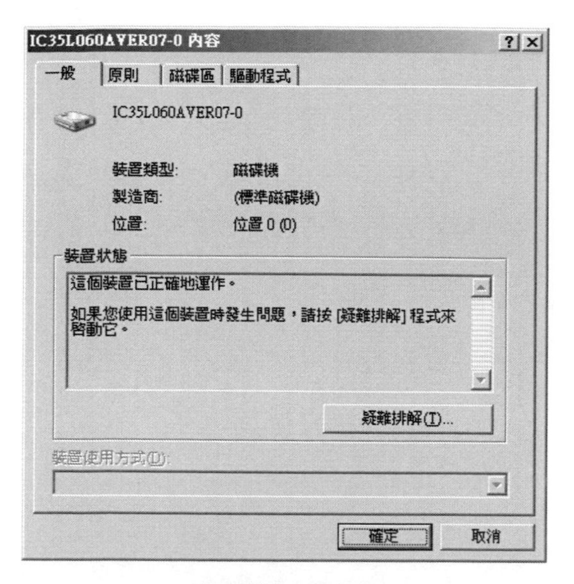

磁碟機的一般內容

在「原則」項目中，可以進行寫入快取和安全移除的設定，一般而言會採用效能最佳化以及啟用寫入快取的功能，可以提昇磁碟的效能。

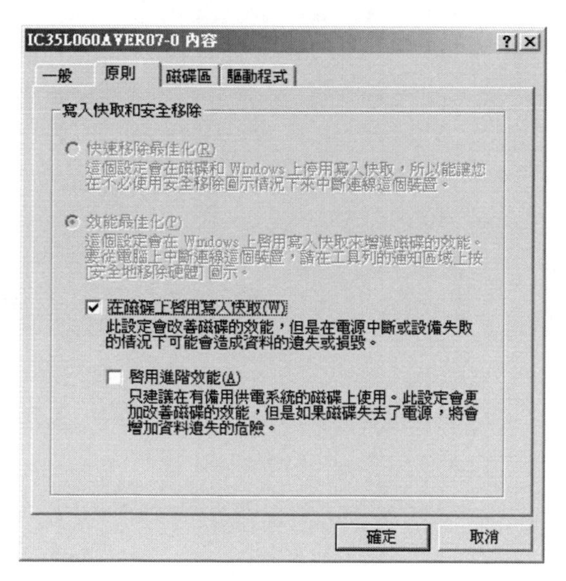

原則的設定

在「磁碟區」項目中，則顯示了目前這顆磁碟區所劃分的磁碟區，包括了磁碟區的代號以及分割的容量。

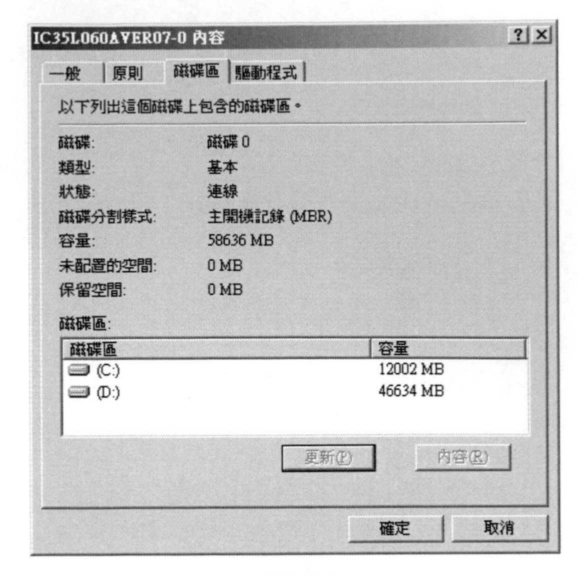

磁碟區的內容

最後在「驅動程式」標籤頁中，提供了驅動程式相關的資訊，一般而言磁碟機並不需要特殊的驅動程式，大多會由BIOS進行管理，只要在安裝作業系統能夠偵測到磁碟機的存在，並且完成磁碟區的分割，就可以確定能夠正常的使用磁碟機，不過如果真的發生了驅動程式錯誤的問題，也可以在這進行驅動程式的更新或修復的程序。

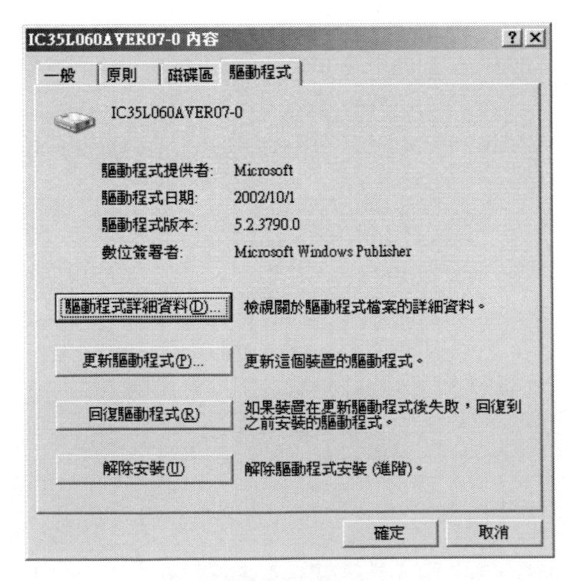

驅動程式的設定

11-2 磁碟效能

想要提昇磁碟的效能，可以分成兩個部份來考量，一個是硬體的部份，另一是系統管理的部份，以下針對磁碟效能的提昇上，提供了三種主要方向。

◆高轉速、大緩衝區

較高轉速的磁碟機，可以縮短搜尋資料的時間，加快檔案的存取速度，因此在整體的效能上，可以提昇磁碟的效能，另外如果磁碟機可以內建較大的緩衝記憶體，則可以增加Cache的擊中率，因此對於磁碟的效能上也會有所提昇。

◆定期磁碟清理

透過清理磁碟的處理，可以將一些目前磁碟上的暫存檔案、資源回收筒、壓縮的舊檔案進行清理的程序，以空出寶貴的磁碟空間，在「清理磁碟」的設定畫面，可以讓我們選擇要進行清理的對象。

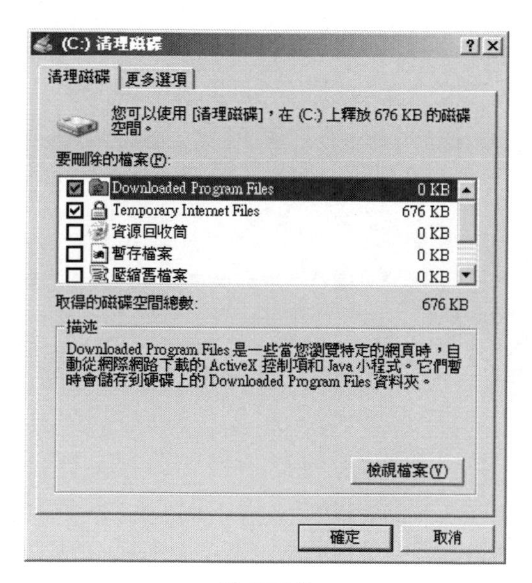

清理磁碟

「更多選項」標籤頁中，提供了Windows元件、已安裝的程式以及系統還原檔案的清理工具，能夠直接開啟相關的管理畫面進行元件或是應用程式的移除，對於舊的系統還原檔案，也可以直接進行刪除的處理，以避免佔用磁碟的空間。

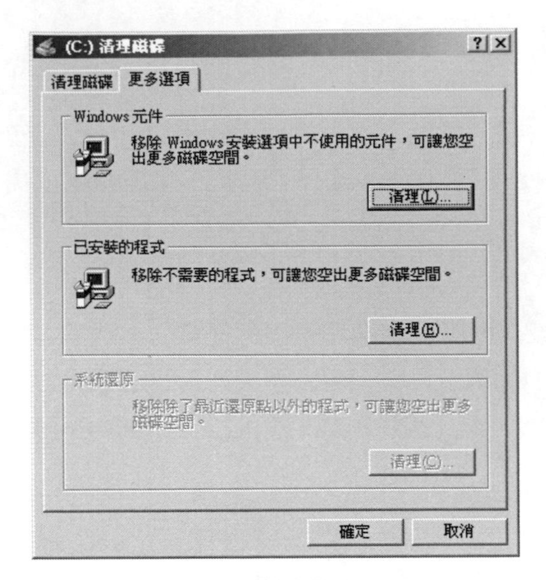

更多選項

確定已清理的對象後，就可以開始進行清理的處理程序了，在這可以由畫面上看到目前處理的進度。

正在進行清理磁碟的處理

◆定期磁碟重組

完成磁碟的清理後，接下來最重要的一件事就是進行磁碟的重組，以磁碟上破裂的檔案分段進行整理的工作，避免磁碟在讀取檔案時，需要往返移動磁頭所花費的時間，對於系統讀取檔案的效能上，將會有所改善。開啟磁碟重組工具，然後選擇想要進行重組的磁碟即可。

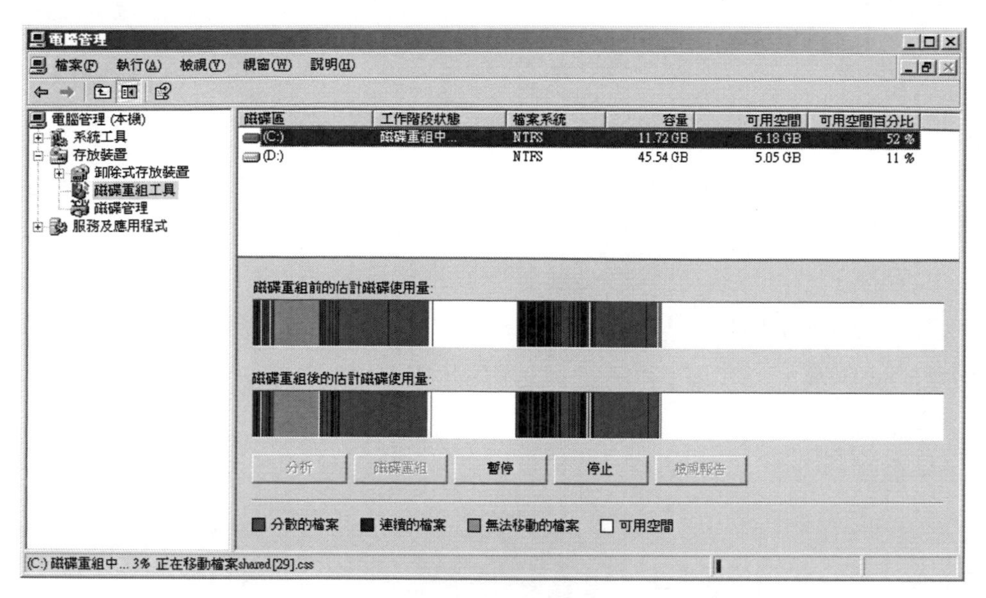

正在進行磁碟重組

磁碟重組會因為磁碟區大小以及檔案破裂的程度而花費不等的時間，不過完成磁碟的重組後，我們將會發現磁碟中分散的檔案已經大幅減少了。

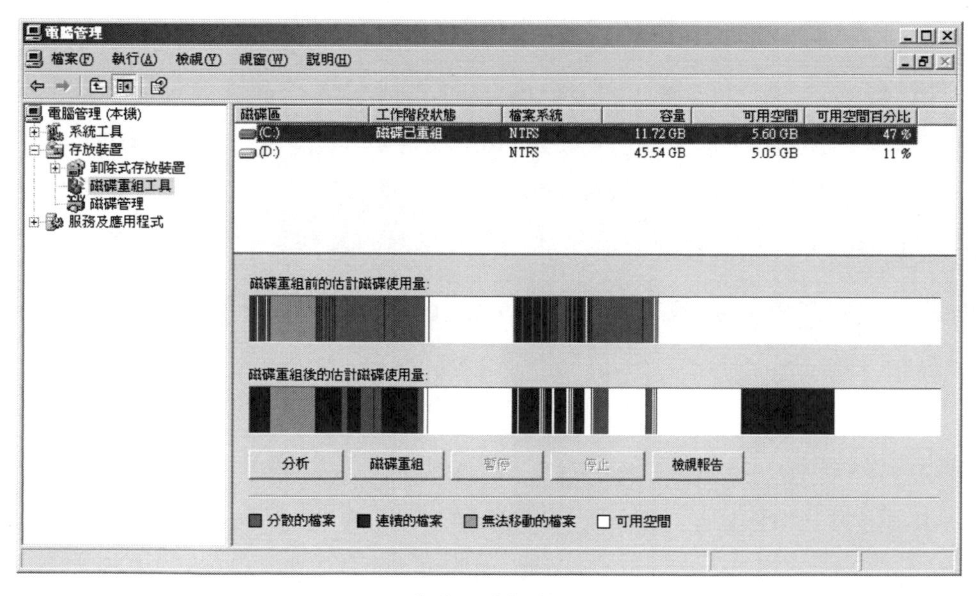

完成磁碟的重組

以系統管理的角度來看，定期的進行磁碟的清理以及磁碟重組的工作，可以提昇系統存取檔案時效能。

11-3 認識RAID與建置技術

RAID的建置可以分成軟體以及硬體兩部份，前者可以利用Windows Server 2003進行設定，而後者則必須購買RAID界面卡，不論使用那一種方式，都必須考量到所支援的RAID等級，一般而言使用硬體界面卡的方式進行RAID環境的建置，可以使用較多的RAID等級，也可以擁有較佳的效能，而透過作業系統進行RAID的設定，在能夠使用的等級上就有所差異，以Windows Server 2003而言，僅能夠支援「等量磁碟」以及「RAID-5磁碟區」，在這一節中將針對這兩種RAID技術進行介紹。

RAID-0等量磁碟

等量磁碟區是將兩個以上磁碟上的可用空間區域合併成一個邏輯磁碟區來建立，會將多重磁碟上的資料等量處理，使用等量磁碟區就不能夠延伸或鏡像處理，也不提供容錯的功能，因此如果包含等量磁碟區的其中一個磁碟失效，整個磁碟區便會失效，所以在建立等量磁碟區時，最好是使用大小、機型和製造商都相同的磁碟機較為保險。

等量磁碟區會將資料分成幾個區塊，而且會以固定的順序在陣列中的所有磁碟之間切割資料，作法與跨距磁碟區相似，不過等量處理會在所有磁碟中寫入檔案，使資料依相同的比率加入到所有磁碟中。

儘管等量磁碟區缺乏容錯功能，但仍提供所有Windows磁碟管理中的最佳效能，並透過在磁碟上發佈I/O要求來提供增強的I/O效能，因此如果有以下所列的幾項需求時，則可以考慮使用等量磁碟，以提供效能上的改進：

◆ 讀取或寫入大型資料庫

◆ 載入程式影像、動態連結程式庫（DLL）或Run-Time程式庫

◆ 以相當高的傳輸速率收集來自外部來源的資料

RAID-5磁碟區

RAID-5磁碟區可以提供容錯能力，它的資料與同位檢查交錯地散佈在三個以上的實體磁碟上，因此如果部份實體磁碟故障，則可以從其餘的資料及同位檢查來重新建立位於故障部份的資料，因此對於其大部份活動為讀取資料的電腦環境而言，RAID-5磁碟區是獲得資料備援很好的解決方案。

我們可以使用軟體或硬體RAID界面卡的方式進行RAID-5磁碟區的建立，如果使用RAID界面卡，則界面卡上將會提供磁碟控制器，我們只需要進入界面卡進行環境的設定即可。

Windows Server 2003業系統可提供軟體RAID的功能，其中在RAID-5磁碟區中的磁碟內，重複備份資訊的建立及再生，則是由「磁碟管理」來處理，在效能上會比較硬體界面卡差一些，不過不論使用那一種方式，資料都會存放在磁碟陣列的全部組成員中。

一般而言，因為RAID界面卡在進行磁碟的控制時，不會影響到CPU的效能，因此可以擁有較佳的效能，RAID-5磁碟區的讀取效能比鏡像磁碟區的更好，當其中有一個磁碟損壞時，因為需要利用同位檢查的資訊來回復資料，所以讀取的效能將會變差，不過對於需要備援以及讀取導向的應用程式而言，此策略比鏡像磁碟區更為適合，寫入的效能會因為需要進行同位檢查的計算而降低，在正常的操作情況下，寫入的作業所需的記憶體是讀取作業的三倍，而磁碟區失敗時，讀取需要比失敗前至少三倍以上的記憶體，這些情況都是因為進行同位檢查計算而引起的。

對於伺服器而言，建置適當的RAID磁碟將有助於系統的維運，不過至於使用那一種等級的RAID，必須根據實際提供服務的內容而定，但是在進行RAID建置時，仍然建議直接使用RAID界面卡進行建置，以確保能夠擁有較佳的效能。

11-4 資料共享與安全稽核

有共用資料的設定上，提供了使用者數量限制以及使用權限的設定，可以針對能夠存取共享資料的使用者進行控管，確實的掌握使用者的存取權限，就能夠提昇資料共享時的安全性。

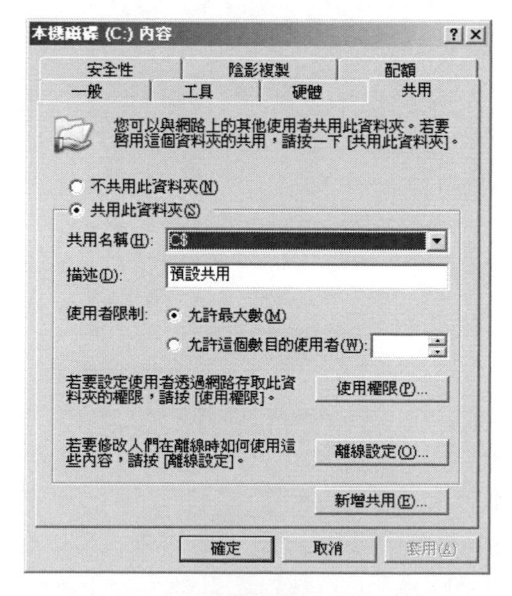

共用的設定

另外針對共享資料在離線時的處理方式，可以直接在離線設定中進行設定的工作，可以選擇離線的使用者是否可以或是如何使用共用內容的問題，在這提供了多種不同的處理方式，可以依據實際的狀況進行設定即可。

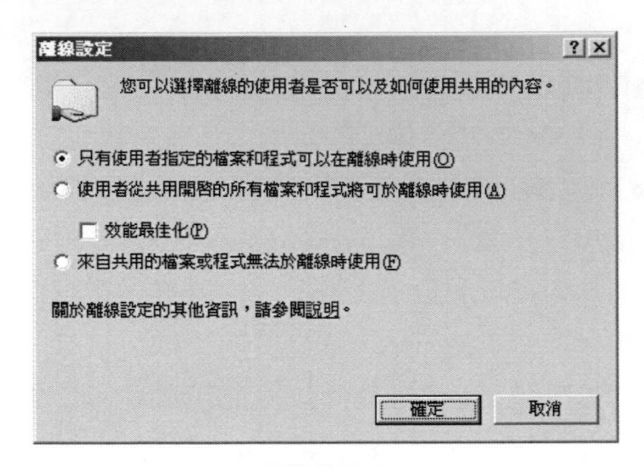

離線的設定

在「安全性」的設定中，可以設定能夠存取的使用者以及所允許的權限，一般而言在設定權限上，除了應該擁有系統管理人員身份的使用者之外，都建議避免提供「完全控制」的權限。

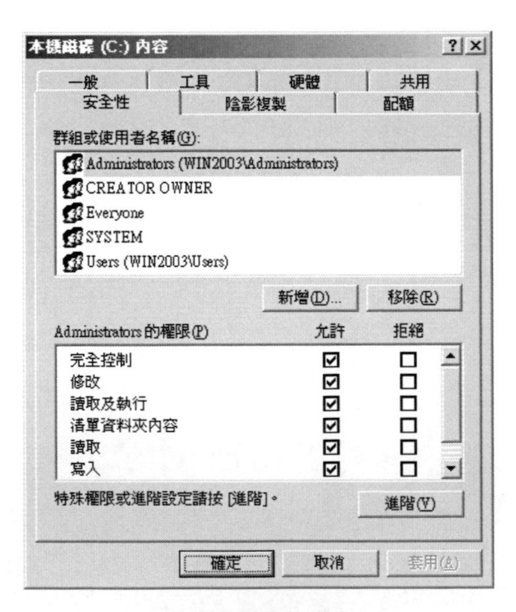

使用者權限的設定

在進階安全性設定中，提供了更詳細的設定，包括了「權限」、「稽核」、「擁有者」以及「有效權限」的設定，關於這些設定的方式可以參考前面章節的介紹，在此就不再贅述了。

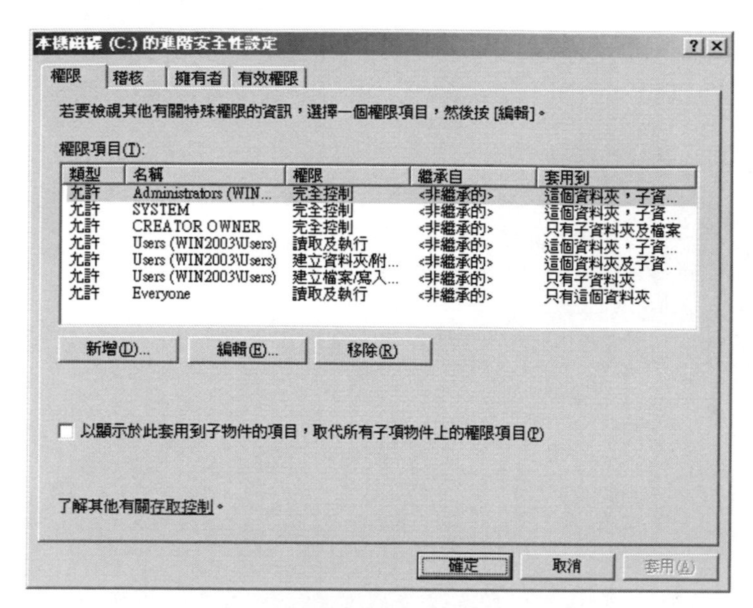

進階安全性的設定

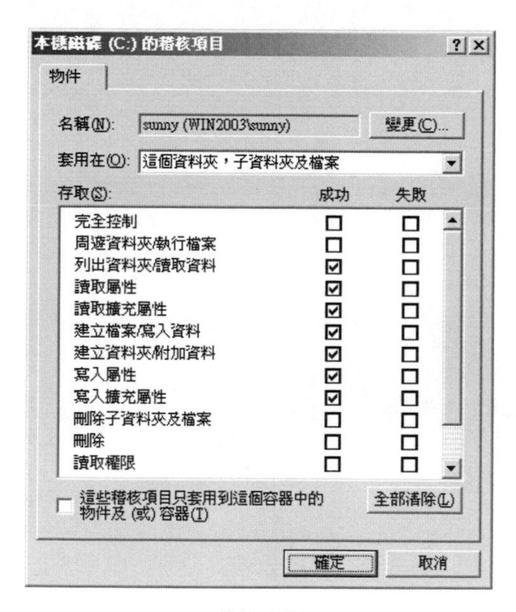

稽核項目

11-5　資料備份與回復

對於重要的資料而言，定期的備份是相當重要的一件事，可以在當危機出現時，能夠快速的進行回復的處理程序，將損失降至最低的程序，在這一節中將介紹資料備份以及回復的處理方式。

在備份公用程式中，可以進行「備份」以及「還原」的處理程序，如果主機本身有安裝其它的儲存媒體，例如：磁帶機等，也可以直接資料備份到磁帶上。

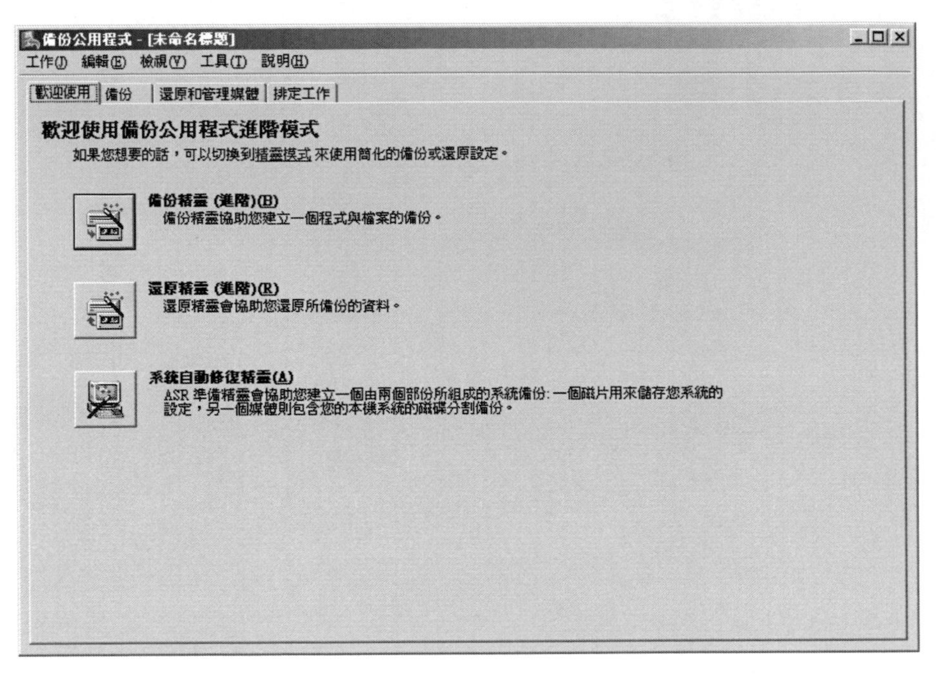

備份公用程式

切換到「備份」標籤頁，在這可以直接選擇想要進行「備份」的磁碟機、資料夾或是檔案，接著設定備份的目的地，可以是儲存媒體或是直接製作成備份檔。

選取想要進行備份的資料

完成設定後就可以開始進行備份的程式，在這確認一下備份的描述資料，以及如果發現備份的目的地有相同的備份資料或是檔案時，該如何處置。

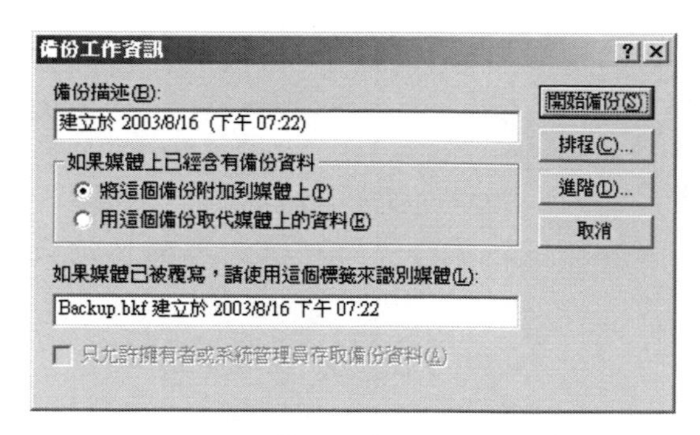

備份工作資訊

開始進行備份後，可以從畫面上看到目前備份的進度、經過的時間、剩餘的估計時間，另外也可以知道目前檔案的處理情況以及位元組的大小。

備份進度
取消
磁碟機: D:
標籤: Backup.bkf 建立於 2003/8/16 下午 07:22
狀態: 正在從您的電腦上備份檔案...
進度:
時間: 經過時間: 1 分 1 秒。 剩餘估計: 59 秒。
處理中: D:\books\ch4\ch4-2-03.tif
檔案: 已處理: 425 估計: 789
位元組: 303,372,691 601,655,046

備份進度

完成備份的程序後，在「還原和管理媒體」標籤頁中，將會顯示完成備份的檔案資訊，未來如果需要進行還原的處理程序時，就可以參考這些檔案資訊，以確定是否就是預備進行還原的檔案。

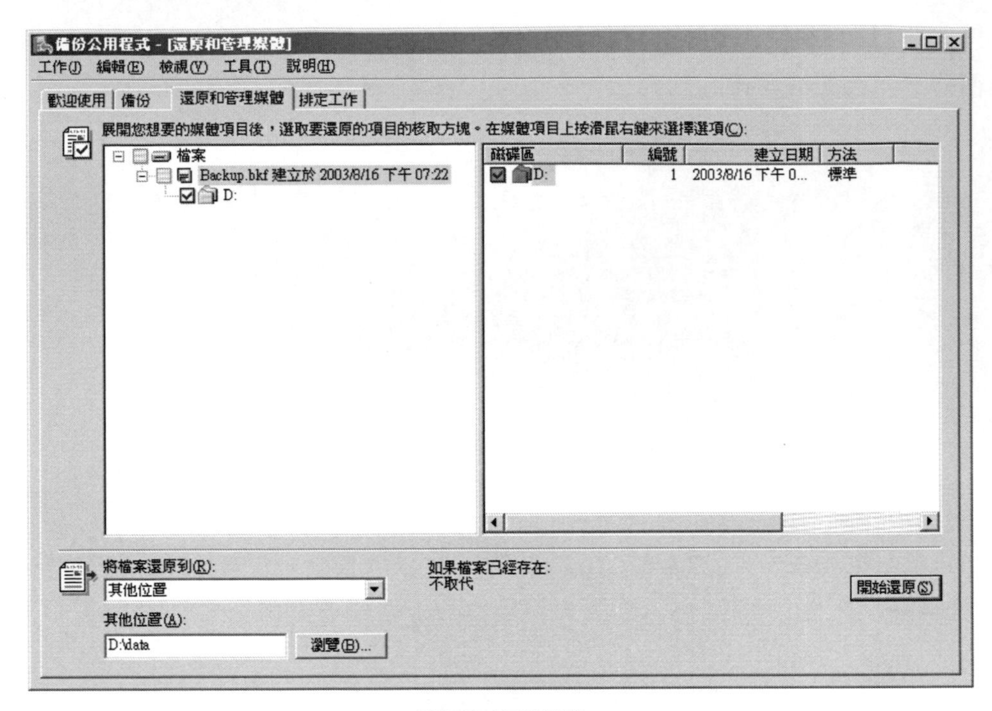

還原和管理媒體

在進行備份資料的還原時，除了確定要覆蓋掉目前磁碟中的資料，否則建議還原到另外的位置。

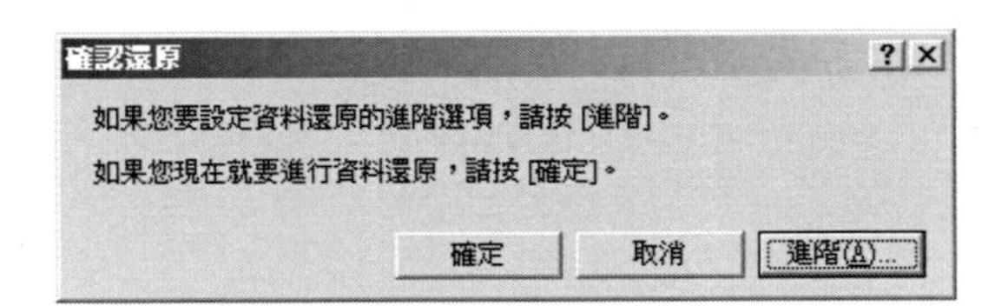

確認還原

進階還原的選項中，可以選擇是否使用還原安全性等項目，這可以依據還原備份資料時的考量而定。

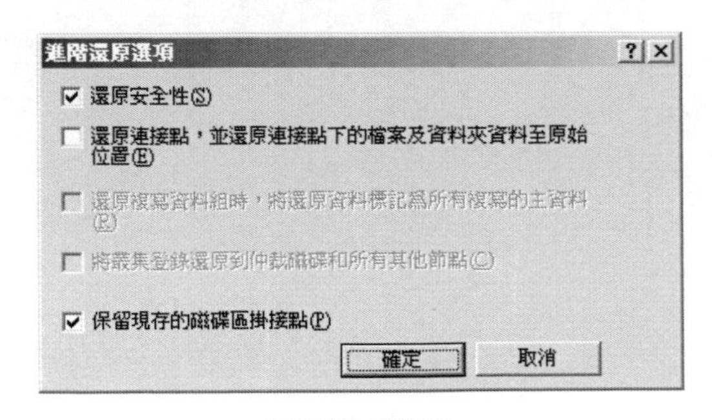

進階還原選項

進行還原備份資料時，同樣可以在畫面上看到目前處理的進度、經過的時間、估計剩餘的時間，也可以知道目前處理的檔案數量以及位元組的大小。

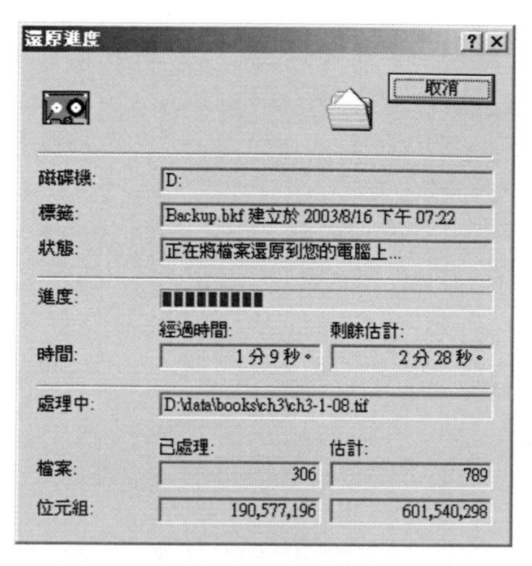

正在進行還原處理

可以排定進行備份或是還原的工作，讓系統的管理更為自動化與人性化，不過在設定排程時，大多會以備份資料為主，定期的自動進行重要檔案的備份，系統管理人員就只需要留意儲存媒體的剩餘空間即可。

備份公用程式 - [排定工作]

工作(J) 編輯(E) 檢視(V) 工具(T) 說明(H)

歡迎使用 | 備份 | 還原和管理媒體 | 排定工作

今天(O)

2003年8月

星期日	星期一	星期二	星期三	星期四	星期五	星期六
27	28	29	30	31	1	2
3	4	5	6	7	8	9
10	11	12	13	14	15	16
17	18	19	20	21	22	23
24	25	26	27	28	29	30
31	1	2	3	4	5	系統事件

新增工作(A)

排定工作

磁碟上除了儲存系統的資料外，也儲存著使用者的重要檔案，因此不論在規劃或是管理上，都需要注意各個細節，以避免重要的資料遺失。

國家圖書館出版品預行編目

Windows Server 2003 技術手冊. 系統管理篇 /
蔡一郎, 許雅惠著. -- 一版. -- 臺北市 :
秀威資訊科技, 2004[民 93]
面； 公分

ISBN 978-986-7614-26-1(平裝)

1. 網際網路

312.91653　　93009592

電腦資訊類　AD0001

Windows Server 2003 技術手冊
—系統管理篇

作　　者 / 蔡一郎、許雅惠
發 行 人 / 宋政坤
執行編輯 / 李坤城
圖文排版 / 張慧雯
封面設計 / 莊芯媚
數位轉譯 / 徐真玉　沈裕閔
圖書銷售 / 林怡君
網路服務 / 徐國晉
出版印製 / 秀威資訊科技股份有限公司
台北市內湖區瑞光路 583 巷 25 號 1 樓
電話：02-2657-9211　　傳真：02-2657-9106
E-mail：service@showwe.com.tw
經 銷 商 / 紅螞蟻圖書有限公司
台北市內湖區舊宗路二段 121 巷 28、32 號 4 樓
電話：02-2795-3656　　傳真：02-2795-4100
http://www.e-redant.com

2006 年 7 月 BOD 再刷
定價：490 元

讀　者　回　函　卡

感謝您購買本書，為提升服務品質，煩請填寫以下問卷，收到您的寶貴意見後，我們會仔細收藏記錄並回贈紀念品，謝謝！

1.您購買的書名：________________________

2.您從何得知本書的消息？

☐網路書店　☐部落格　☐資料庫搜尋　☐書訊　☐電子報　☐書店
☐平面媒體　☐ 朋友推薦　☐網站推薦　☐其他__________

3.您對本書的評價：(請填代號　1.非常滿意 2.滿意 3.尚可 4.再改進)

封面設計____　版面編排____　內容____　文/譯筆____　價格____

4.讀完書後您覺得：

☐很有收獲　☐有收獲　☐收獲不多　☐沒收獲

5.您會推薦本書給朋友嗎？

☐會　☐不會，為什麼？______________________________

6.其他寶貴的意見：________________________________

____

____

____

讀者基本資料

姓名：________________　年齡：_____　性別：☐女　☐男

聯絡電話：______________　E-mail：________________

地址：____

學歷：☐高中(含)以下　☐高中　☐專科學校　☐大學
☐研究所(含)以上　☐其他_____________

職業：☐製造業　☐金融業　☐資訊業　☐軍警　☐傳播業　☐自由業
☐服務業　☐公務員　☐教職　☐學生　☐其他__________

請貼
郵票

To：114

台北市內湖區瑞光路583巷25號1樓

秀威資訊科技股份有限公司　　　收

寄件人姓名：

寄件人地址：□□□

(請沿線對摺寄回,謝謝!)

秀威與BOD

BOD（Books On Demand）是數位出版的大趨勢，秀威資訊率先運用POD數位印刷設備來生產書籍，並提供作者全程數位出版服務，致使書籍產銷零庫存，知識傳承不絕版，目前已開闢以下書系：

一、BOD 學術著作—專業論述的閱讀延伸
二、BOD 個人著作—分享生命的心路歷程
三、BOD 旅遊著作—個人深度旅遊文學創作
四、BOD 大陸學者—大陸專業學者學術出版
五、POD 獨家經銷—數位產製的代發行書籍

BOD秀威網路書店：www.showwe.com.tw
政府出版品網路書店：www.*gov*books.com.tw

永不絕版的故事・自己寫・永不休止的音符・自己唱